高等职业教育 土建施工类专业教材

GAODENG ZHIYE JIAOYU TUJIAN SHIGONG LEI ZHUANYE JIAOCAI

建筑材料

JIANZHU CAILIAO

主 编 饶玲丽 李荣巧

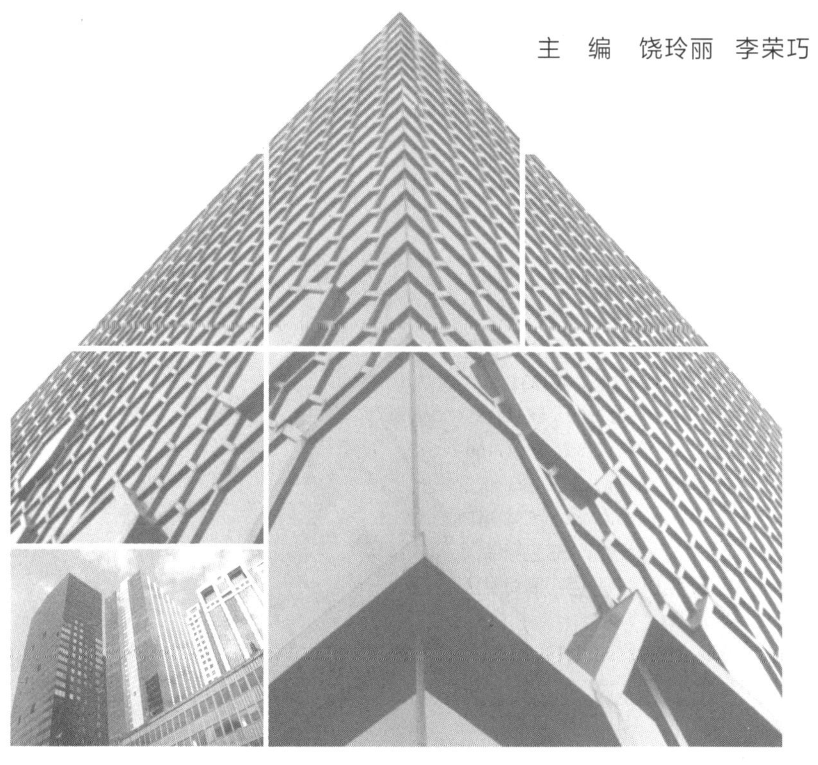

重庆大学出版社

内容提要

本书根据建筑工程施工的工作过程提炼出典型任务，以项目为驱动，以任务为载体，将有关知识点融合在任务中。本书分为8个项目模块，具体内容包括：认识建筑材料及材料清单统计分析；合理选择建筑材料与满足建筑物的基本要求；围绕混凝土工程、钢筋及钢结构工程、砌筑工程、防水工程、保温节能工程、装饰装修工程等典型工作过程中涉及的常用建筑材料，培养学生对材料品种、性质特点的认识，使其懂得如何正确选择与应用。

本书力求以实用为主，可使建筑专业的学生对建筑工程中的材料有理解和辨认的能力，掌握今后工作所需的选用与检测技能，从而进一步提高技能和现场质量管理水平。

本书可供高等职业教育土建类各专业学生作为教材使用，也可供工程技术人员作为参考用书。

图书在版编目(CIP)数据

建筑材料/饶玲丽，李荣巧主编. --重庆：重庆大学出版社，2021.7

高等职业教育土建施工类专业教材

ISBN 978-7-5689-2726-0

Ⅰ.①建… Ⅱ.①饶… ②李… Ⅲ.①建筑材料—高等职业教育—教材 Ⅳ.①TU5

中国版本图书馆CIP数据核字(2021)第116402号

高等职业教育土建施工类专业教材

建筑材料

主　编　饶玲丽　李荣巧

策划编辑：范春青

责任编辑：姜　凤　　版式设计：范春青

责任校对：陈　力　　责任印制：赵　晟

*

重庆大学出版社出版发行

出版人：饶帮华

社址：重庆市沙坪坝区大学城西路21号

邮编：401331

电话：(023)88617190　88617185(中小学)

传真：(023)88617186　88617166

网址：http://www.cqup.com.cn

邮箱：fxk@cqup.com.cn (营销中心)

全国新华书店经销

重庆市正前方彩色印刷有限公司印刷

*

开本：787mm×1092mm　1/16　印张：15　字数：376千

2021年7月第1版　2021年7月第1次印刷

印数：1—2 000

ISBN 978-7-5689-2726-0　定价：48.00元

前　言

建筑材料是建筑物的物质基础。建筑物的修建从一开始的造价估算、设计到后期的施工，整个过程都与建筑材料息息相关；建筑物使用功能的实现、造价的有效控制，都离不开设计人员、项目管理人员、一线施工人员等对建筑材料的正确选择、合理使用、质量把关。本书参照最新技术标准，结合建筑工程岗位工作所需知识与技能，对教材内容按学习任务分解与编排，重点培养学生运用知识解决问题的能力。本书具有以下特点：

第一，本书在内容编排上，每个项目通过问题导论，提出在实际工作中建筑材料方面产生的相关问题，随后将解决问题所需完成的知识、技能学习进行分解，形成各个学习任务。问题导论与任务背景的描述使学生在学习具体的知识点前，清晰地认识到学习本项目的重要性、重点知识之所在及可以利用所学知识去解决的实际问题，激发学生学习兴趣，帮助学生树立学习目标。

第二，本书在表现形式上通过扫描二维码的方式将一些补充、拓展资料（包括标准规范、案例、视频、图片）呈现出来，供教师与学生参考，从而有利于教师根据学生的学习情况、教学需要等自行掌握和使用。

第三，本书结合《混凝土结构工程施工质量验收规范》要求与施工现场的实际情况，对主要材料性能检测试验方面的知识进行筛选，仅重点介绍混凝土、钢筋、水泥三类材料的取样、性能检测试验方面的知识，材料基本性质及其他材料的试验检测知识通过二维码方式呈现，既避免了以往部分教材因大篇幅介绍试验导致课时不足、重点不突出，学生产生畏难情绪，也避免了不介绍试验而导致满足不了施工现场材料验收与复验需要的矛盾问题。同时结合施工现场实际情况，增加了混凝土、钢筋、水泥进场验收技巧和一些新型建筑材料（包括建筑装配式墙板、预拌砂浆、硅藻泥等新型装饰装修材料）的应用与选用介绍。删除或弱化了已淘汰材料品种（如黏土烧结砖）、部分材料的性能具体参数指标规定的介绍。

第四，书中增加了建筑材料价格、清单统计知识的介绍，培养学生统计建筑材料信息的能力，并让学生掌握获取材料价格的途径及对常用材料价格有初步的了解，为学生后面进行施工成本管理、造价知识的学习奠定基础。增加了材料技术标准选用的技巧、原则介绍，让学生在今后的工作中能快速地选择适宜的标准。

第五，根据教学重点、难点，本书设置了课堂随堂练习与思考内容，有助于教师在教学中与学生开展互动和巩固知识。

本书由贵州交通职业技术学院建筑工程系饶玲丽、李荣巧担任主编。其中，项目 1—3 由饶玲丽编写，项目 4—8 由李荣巧编写。全书由饶玲丽负责统稿。

本书引用了有关专业标准、文献和资料，在此对相关文献的作者表示感谢。

由于编写水平有限，书中难免存在疏漏之处，恳请同行、读者批评指正。

编　者

2021 年 1 月

目　录

项目一
认识建筑材料及材料清单统计分析

【学习目标】

一、知识目标

1. 认识房屋建筑工程中常用的建筑材料品种。
2. 掌握常用的建筑材料分类方式及方法。
3. 掌握建筑材料技术标准的层级及选用方法。
4. 掌握常用建筑材料的价格范围及计量单位、清单统计。

二、技能目标

1. 能通过施工图纸,掌握一个工程项目里所涉及的建筑材料品种及分类。
2. 能正确选用建筑材料的技术标准。
3. 能列出建筑材料品种清单表并标注相应的价格。

【问题导论】

建筑材料是指组成建筑物或构筑物各部分的实体材料。建筑材料随着人类的进化而发展,经历了悠久而又缓慢的过程。人类历史发展的各个阶段,建筑材料都是显示人类文化的主要标志之一。从人类文明发展早期利用土、石、木、竹等天然材料进行建造活动,到规矩石材的生产和砖瓦的烧制,近代以水泥、混凝土、钢材为代表的主体建筑材料,以及现代由金属材料、高分子材料、无机硅酸盐材料互相结合而产生的众多复合材料,逐步形成了现今丰富多彩的建筑材料大家庭。

面对现今种类繁多的建筑材料,我们在进行建筑材料的学习和选用、统计、叙述时,为了方便常常需按不同的角度对建筑材料进行分类;另外,建筑材料是建筑工程的物质基础,建筑工程的质量在很大程度上取决于建筑材料的质量控制。实现建筑材料从生产到选用严格把关,其相关技术标准将是我们必须认识和遵循的准则;在我国的一般土木建筑工程中,与材料有关的费用要占土建工程总造价的60%左右,特殊工程甚至高达80%。在进行建筑材料选用时,除了考虑技术性能外,还必须兼顾经济性,材料价格也是我们需要考虑的重要影响因素。为此,对建筑材料进行分类认识、熟悉,掌握各类材料品种、技术标准、相应价格范围,是建筑工程技术人员应具备的基本常识,也是为后期进一步结合材料性质、使用功能需求等进行综合考虑、合理选材奠定基础。

【学习内容】

任务一　常用建筑材料分类及技术标准选用

【任务背景】 从设计人员对建筑材料的选用到施工过程中对建筑材料的计划、供应、使用等每一个环节的工作,都需要建筑工程技术人员对建筑材料的品种有基本的分类认识,从而方便建筑工程技术人员能在同类材料品种中快速找到合格、适宜的建筑材料。同时,在进行生产、选用、检验、评定等过程中,需要利用建筑材料技术标准把好质量关。在选用技术标准时,往往会遇到同类产品有多个技术标准的情况,例如,砂、石的质量检验既有行业标准《普通混凝土用砂、石质量及检验方法标准》(JGJ 52—2006),也有国家标准《建设用砂》(GB/T 14684—2011),选择哪个标准进行检验更合适?这就需要依据一定的方法来区别并进行判断。对建筑材料技术标准的全面认识,是正确选用技术标准的基础。

1. 建筑材料的分类

建筑材料的分类方法较多,最常用的 3 种方法是按化学成分、使用功能及所处部位来分类。

(1)按化学成分分类

按化学成分分类,建筑材料可分为无机材料、有机材料、复合材料三大类,见表 1-1。

表 1-1　土木工程材料按化学成分分类

<table>
<tr><td rowspan="12">建筑材料</td><td rowspan="8">无机材料</td><td rowspan="6">非金属材料</td><td>天然石材</td><td>毛石、料石、碎石、石板材</td></tr>
<tr><td>烧土制品</td><td>烧结砖、瓦、土木工程陶瓷</td></tr>
<tr><td>玻璃及熔融制品</td><td>玻璃、玻璃棉</td></tr>
<tr><td>胶凝材料</td><td>石灰、石膏、水玻璃、各种水泥</td></tr>
<tr><td>混凝土及砂浆</td><td>各类混凝土及砂浆</td></tr>
<tr><td>硅酸盐制品</td><td>砌块、蒸压砖</td></tr>
<tr><td rowspan="2">金属材料</td><td>黑色金属</td><td>生铁、碳素钢、合金钢</td></tr>
<tr><td>有色金属</td><td>铝、锌、铜及其合金</td></tr>
<tr><td rowspan="3">有机材料</td><td>植物质材料</td><td colspan="2">木材、竹材、软木</td></tr>
<tr><td>沥青材料</td><td colspan="2">石油沥青、煤沥青、沥青防水制品</td></tr>
<tr><td>高分子材料</td><td colspan="2">塑料、橡胶、涂料、胶黏剂</td></tr>
<tr><td>复合材料</td><td>无机非金属材料与有机材料的复合</td><td colspan="2">聚合物混凝土、沥青混凝土、水泥刨花板、玻璃钢</td></tr>
</table>

(2)按使用功能分类

按使用功能分类，建筑材料可分为结构承重材料、墙体围护材料和建筑功能材料三大类。结构承重材料是指构成建筑物受力构件和结构所用材料，如梁、板、柱、基础等所用材料。一般来讲，建筑物的安全性与可靠度主要取决于结构承重材料，这类材料要有比较好的强度和耐久性。墙体围护材料在建筑中起围护、分隔和承重作用，这类材料要有一定的强度、较好的绝热和隔音吸声效果，如混凝土砌块和加气混凝土砌块、复合墙板、空心黏土砖、炉渣砖、煤矸石砖、粉煤灰砖、灰砂砖等新型墙体材料。建筑功能材料是指担负某些建筑功能的非承重材料，如防水、防火、绝热、吸声、隔音、采光、装饰等材料。随着国民经济的发展和人民生活水平的提高，人们将更加重视建筑物的使用功能。因此，建筑功能材料也是今后建筑材料的一个主要开发和研究方向。

(3)按所处部位分类

按所处部位分类，建筑材料可分为基础、主体、屋面、地面等材料。

【课堂思考与讨论 1-1】

(1)请同学们环顾教室四周，看看你认识的建筑材料有哪些，并按化学成分的分类方法将其进行分类。

建筑材料发展史与建筑风格

(2)请同学们扫描右边二维码，阅读扩展材料，进一步了解建筑材料与建筑发展史，谈谈建筑材料在建筑工程中的重要作用。

(3)试讨论建筑材料发展的趋势。

2. 建筑材料的技术标准

为了更好地做好建筑材料的生产和选用，多个主管部门批准发布了相关技术标准。建筑材料的技术标准主要分为产品标准与工程建设标准两大类。其中，产品标准是为建筑材料产品的适用性必须达到的某些或全部要求所规定的标准，产品标准的内容主要包括产品的适用范围、品种、规格和结构形式、技术要求、试验方法、检验规则(验收规则)、标志、包装、贮存和运输等。工程建设标准是对工程建设中的勘察、规划、设计、施工、安装、验收等需要协调统一的事项所制订的标准，其中结构设计规范、施工及验收规范中有与建筑材料的选用相关的内容。

1)建筑材料的技术标准含义

技术标准是从事产品生产、工程建设、科学研究及商品流通领域中需要共同遵循的技术依据。建筑材料的技术标准又称技术规范，包括原料、材料及产品的质量、规格、等级、性质要求，以及检验方法、生产及设计的技术规定等内容。

2)建筑材料的技术标准分级

根据发布单位与适用范围不同，技术标准可分为国家标准、行业标准、地方标准和企业标准 4 个等级。

(1)国家标准

国家标准是由国家质量监督检验检疫总局发布或由各行业主管部门和国家质量监督检验检疫总局联合发布的，针对需要在全国范围内统一的技术要求所制订的标准。国家标准在全国范围内适用，其他各级标准不得与之相抵触。国家标准是上述 4 类标准体系中的主体。

(2)行业标准

行业标准是针对没有国家标准而又需要在全国某个行业范围内统一的技术要求所制订的标准。行业标准由我国各行业主管部门批准,在特定行业内执行。行业标准是对国家标准的补充,是专业性、技术性较强的标准。行业标准的制订不得与国家标准相抵触,国家标准公布实施后,相应的行业标准即行废止。

(3)地方标准

地方标准是对没有国家标准和行业标准而又需要在该地区范围内统一的技术要求所制定的标准。

(4)企业标准

企业标准是对企业范围内需要协调、统一的技术要求、管理事项和工作事项所制订的标准。企业标准的制订:一是没有相应的国家标准、行业标准和地方标准;二是虽然有国家标准、行业标准和地方标准,但是企业为了质量控制想制订严于这些标准的企业标准。

以上各级标准,又依据《中华人民共和国标准化法》按法律属性将标准分为强制性和推荐性两种。强制性标准是国家要求对其规定的各项内容必须无条件遵照执行的标准。否则,国家将依法追究当事人的法律责任。推荐性标准是国家鼓励自愿采纳、具有指导作用而又不宜强制执行的标准。但是,推荐性标准一旦经法律、法规或经济合同采纳,被引用的推荐性标准则在规定的相应范围内强制执行。

3)技术标准的表示组成

(1)国家标准及行业标准的表示组成

国家标准及行业标准的表示组成一样,都是由 4 部分组成的,依次为标准名称、标准等级或发布机构的组织代号(代号用汉语拼音首字母表示)、标准顺序号、标准批准/修订的年代号。在表示推荐性国家标准时,在标准代号后加“/T”。

例如,《钢筋混凝土用余热处理钢筋》(GB/T 13014—2013)的各部分组成如图 1-1 所示。

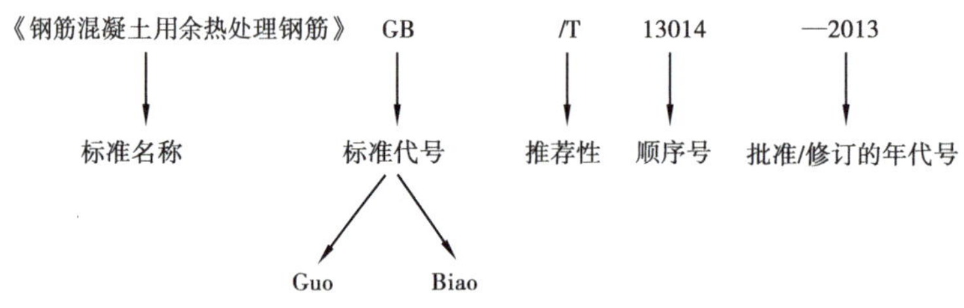

图 1-1 国家标准各部分组成示例

我国国家标准及部分行业标准示例,见表 1-2。

(2)地方标准的表示组成

地方标准的表示由 5 部分组成,依次是标准名称、标准代号、省/自治区/直辖市行政区划代码的前面两位数字(如北京市 11、天津市 12、上海市 13 等)、标准顺序号、标准批准/修订的年代号。同样,在表示推荐性的地方标准时,在行政区划代码后加“/T”。

表 1-2　我国国家标准及部分行业标准示例

各级标准	标准代号	代号含义	示　例
国家标准	GB	强制性国家标准	《混凝土外加剂》(GB 8076—2008)
	GB/T	推荐性国家标准	《建设用卵石、碎石》(GB/T 14685—2011)
行业标准	JC	建筑材料行业标准	《砌筑砂浆配合比设计规程》(JGJ/T 98—2010)
	JGJ	建工行业建设标准	
	SY	石油工业标准	
	YB	冶金工业标准	
	SL	水利行业标准	
	JT	交通行业标准	

例如，北京市地方标准《轻集料混凝土填充砌块技术规程》(DB 11/T 742—2019)的各部分组成如图 1-2 所示。

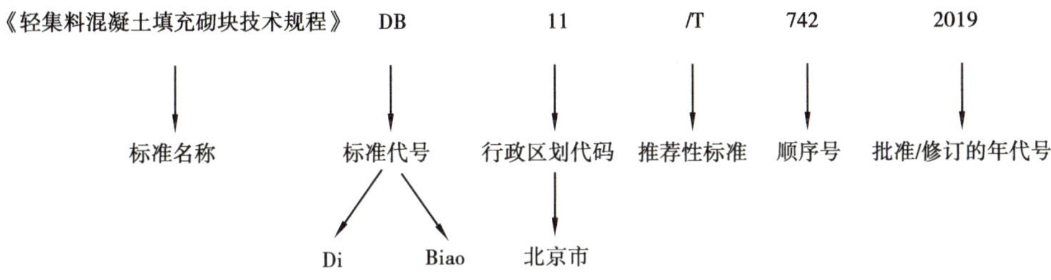

图 1-2　地方标准各部分组成示例

(3)企业标准的表示组成

企业标准的表示由标准名称、标准代号 Q、斜线“/”、企业代号、标准顺序号、标准批准/修订的年代号组成。其中，企业代号可用大写拼音字母或阿拉伯数字或者两者兼用所组成。例如，鞍山钢铁集团公司企业标准《50N 普通钢轨(JIS)》(Q/ASB 96—2014)。

4)技术标准的选择原则

面对众多的技术标准，我们在选择技术标准进行相关产品生产、验收、检验时，必须遵循选择现行有效的标准原则。所谓现行有效的标准，即指现在正在执行的有效标准。如果一个产品只有一个现行的有效标准，那么没有选择，只要选用的是现行有效的即可；但如果一个产品有两个以上的现行有效的技术标准，那么我们该如何选择呢？总体来说，可以依据以下方法来确定：

(1)根据产品的适用范围、配套标准来确定

例如，我们检测配制普通混凝土中的砂、石时，有效的标准就有国家标准《建设用砂》(GB/T 14684—2011)、《建设用卵石、碎石》(GB/T 14685—2011)及行业标准《普通混凝土用砂、石质量及检验方法标准》(JGJ 52—2006)。国家标准中砂、石的适用范围：建筑工程中混凝土及其制品和普通砂浆用砂、石。行业标准中砂、石的适用范围：一般工业与民用建筑和构筑物中普通混凝土用砂和石的质量要求及检验；另外，结合配套的标准来看，配制混凝

土的标准是《普通混凝土配合比设计规程》(JGJ 55—2011),在此标准中明确规定所用原材料的检测标准是行业标准。由此可知,所检测的砂、石如果是用在工业与民用建筑工程中的普通混凝土配制,那么就采用行业标准进行检测。如果所检测的砂、石是用在其他方面的,那么就需结合其他标准中的相关规定进行选择。所以,进行技术标准选择时,一定要弄清楚其用途和适用范围。

(2)根据标准的行业归属及分级来确定

如果从产品的用途及适用范围也难以做出对技术标准的选择时,还可从技术标准的行业归属及分级来确定。首先确定产品所属行业,是建筑行业、公路、水运行业、水利行业还是铁路运输行业。其次确定标准的层次,通常依据地方标准优于行业标准、行业标准优于国家标准进行选择。

【课堂思考与讨论 1-2】

某施工单位在进行材料进场验收标准的制订时,发现针对钢筋混凝土用热轧光圆钢筋的标准有 3 个,即 GB 13013—1991、GB 1499.1—2008 和 GB/T 1499.1—2017,它们都是针对热轧光圆钢筋的国家标准。如何快速判断应采用哪个技术标准作为材料进场验收标准呢?

任务二　依据图纸完成建筑材料清单

【任务背景】 材料费用一般占建筑工程总造价的 60% 左右。合理地组织建筑材料的计划、供应与使用,保证建筑材料从生产企业按品种、数量、质量、期限等要求进入建筑工地,减少流转环节,防止积压浪费,对缩短建设工期、加快建设速度、降低工程成本有着重要意义。

在建筑工程建设的各个阶段,常常需要进行关于建筑材料的品种和价格等信息的统计分析,列出清单。如设计时设计图纸、预算书、施工组织设计中都出现了关于主要材料的表述与统计表等。设计图纸是开展相关建设工作的基础,因此,各类建筑工程技术人员应学会依据图纸进行建筑材料的品种、数量、价格等相关信息找寻和统计分析,列出相应清单,为进行具体的建筑材料对比、选择、采购与应用及工程造价计算与控制等提供相应数据。

1.建筑材料清单包含要素及表现形式

对于一个完整的建筑材料清单,所包含的要素应该有材料名称、材料品质特征(包括材料规格、型号、颜色等)、材料依据的技术标准、材料用途、材料价格、材料数量、品牌等。但对于不同岗位的建筑工程技术人员而言,由于建筑材料清单的用途不同,在进行建筑材料清单统计时,其中的一些要素可能不会列出,其材料清单表现形式会有不同。如造价人员做预算时除计算出工程量外,在做分部分项工程清单与计价表时需进行项目特征描述(表1-3),会涉及对该分部分项工程中使用的材料描述,主要包括涉及的材料名称、品质特征描述,以方便投标人根据详细的描述确定相应的材料品种及价格,进而做出该分项工程的综合单价。但如果是做决算,那么提供的有关材料信息会更详细,比如,会列出生产厂家、品牌等信息。

表 1-3　分部分项工程和单价措施项目清单与计价表

工程名称:××××商住楼

序号	项目编码	项目名称	项目特征描述	计量单位	工程量	金额/元		
						综合单价	合价	其中 暂估价
1	010807001001	金属窗	窗代号:铝合金门连窗	m^2	27.00	860.27	23 227.29	
2	010807001002	金属窗	(1)框、扇材质:铝合金玻璃窗 (2)玻璃品种、厚度:6+9A+6	m^2	114.02	430.71	49 109.55	
3	010807007001	金属窗	(1)框、扇材质:铝合金玻璃窗 (2)玻璃品种、厚度:5+9A+5	m^2	95.65	428.81	41 015.68	
4	010902001001	屋面卷材防水	(1)4 mm 厚自粘性防水卷材 (2)干铺无纺聚酯纤维 (3)20 mm(最薄处)轻质陶粒混凝土找坡 2% (4)其余详见设计图	m^2	439.56	96.18	42 276.88	
5	010902002001	屋面涂膜防水	5 mm 厚聚氨酯防水涂料	m^2	439.56	19.51	8 575.82	

另外,造价人员在编制招标控制价时,还会提供主要材料(设备)数量与计价表,见表 1-4。

表 1-4　主要材料(设备)数量与计价表

工程名称:××××商住楼

序号	项目编码	材料设备名称	规格型号	单位	数量	金额/元	
						单价	合价
1		水泥	32.5	kg	68 637.13	0.32	
2		水泥	42.5	kg	122 869.15	0.39	
3		水泥煤渣空心砌块		m^3	186.43	80.00	
4		铝合金地弹簧门		m^2	13.28	240	
5		铝合金推拉窗		m^2	207.58	200	

设计人员在进行设计时,所列出的材料表比较简单,主要包含门窗表(表 1-5)、装饰装修做法表(表 1-6)、结构构件混凝土强度表(表 1-7)等。另外,设计人员对未在表中列出的其

他建筑部位的选材，其使用情况也常常采用文字说明，这就需要我们通过设计总说明的逐条阅读找到相关材料信息。

表 1-5　门窗表示例

类型	设计编号	洞口尺寸/mm	数量	图集名称	选用型号	备　注
门	FDM1	100×2 100	24			成品入户防盗门
	FDM2	150×2 100	2			成品电子防盗门
	M1	170×2 500	24	06J607-1	见大样	塑钢中空双玻门(5+9空气+5透明)
	M2	156×2 500	24	06J607-1	见大样	普通塑钢推拉门，玻璃厚度为5 mm
窗	C1	150×1 600	12	06J607-1	见大样	塑钢中空双玻窗(5+9空气+5透明)
	C2	90×1 600	24	06J607-1	见大样	
	C3	120×1 100	10	06J607-1	见大样	

表 1-6　室内装修做法表示例

房间名称		楼面/地面	踢脚/墙裙	内墙面	顶棚
地下一层	电梯厅	地面3	踢脚2	内墙面1	吊顶2
	楼梯间	地面3	踢脚2	内墙面2	顶棚1
	库房	地面2	踢脚1	内墙面1	顶棚1
	弱电室	地面2	踢脚1	内墙面1	顶棚1
	变电配室	地面2	踢脚1	内墙面1	吊顶1
一层	电梯厅、门厅	楼面1	踢脚2	内墙面1	吊顶1
	楼梯间	楼面1	踢脚2	内墙面2	顶棚1
	接待室、会议室、办公室	楼面3	踢脚3	内墙面2	顶棚1
	卫生间、清洁间	楼面2	—	内墙面2	吊顶2
	走廊	楼面3	踢脚3	内墙面1	吊顶2

表 1-7　结构构件强度等级表示例

构件名称	基础	基础垫层	柱及框架梁	次梁、板及楼梯	构造柱、过梁	备　注
强度等级	C25	C15	C30	C30	C20	除图中另有注明的

对于材料员或负责进行采购的人员，他们更要清楚知道材料的品种、品质要求、数量、价格、品牌等信息，根据施工进度要求，做好相关的材料采购与储备。

2. 确定建筑材料清单各要素

1）数量

材料数量可以通过造价人员、施工人员进行施工预算、施工图预算，结合施工图纸、工程量计算规则计算出各分部分项工程量后，进一步分析出相应的分部分项工程所需的材料消耗量。分析过程中需要依据定额知识、结合个人经验所得。

2）价格

（1）确定建筑材料价格

建筑材料（包括半成品）价格一般是指材料预算价格，是指从材料来源地（或交货地）至工地仓库或指定堆放地点出库后不含增值税进项税额的价格，包括材料原价（供应价）、材料运杂费、运输损耗费、采购及保管费等。其中：

①材料原价是指材料的出厂价格或商家供应价格。如同一种材料有几种价格时，要根据不同来源地的供应数量比例，采取加权平均法计算材料原价。

②运杂费是指材料自来源地运至工地仓库或指定堆放地点所发生的全部费用。

③运输损耗费是指材料在运输装卸过程中不可避免的损耗。场外运输损耗以材料的供应价格加运杂费之和为基数，乘以损耗率计算。

④采购及保管费是指为组织采购、供应和保管材料的过程中所需要的各项费用，包括采购费、仓储费、工地保管费、仓储损耗等费用。

材料价格按下式计算：

材料价格 =［（材料原价 + 运杂费）×（1 + 运输损耗率）］×（1 + 采购保管费率）

（2）建筑材料价格的影响因素

建筑材料价格是会发生变化的。建筑材料价格主要受以下因素影响：

①市场供需变化。材料原价是材料价格中最基本的组成部分，市场供大于求，价格就会下降；反之，价格就会上升，从而影响材料价格的涨落。

②材料生产成本的变动直接涉及材料价格的波动。

③流通环节的多少和材料供应体制对材料价格也有影响。

④运输距离和运输方法的改变会影响材料运输费用的增减，也会影响材料价格。

⑤国际市场行情会对进口材料价格产生影响。

建筑工程技术人员需要及时掌握材料的价格信息。了解建筑材料价格的主要途径，一是各地会定期发布当地的主要材料信息价格，可以通过各省/市出版的《造价信息》或造价信息网站（如贵州省工程造价信息网、重庆市工程造价信息网等）查询当地材料信息价格，这里公布的材料信息价格是在编制标底或招标控制价时执行的价格，可供施工单位投标和有关单位办理工程结算时参考。二是通过市场实际调研，例如，实地的建材市场走访、厂家的调研、询价等方式，一般主要针对新材料或前期没有价格历史资料的材料品种，通过该方法寻求到的价格，我们通常将其称为材料市场价。

（3）常见建筑材料的价格

下面以贵州省建设工程造价管理协会与重庆市工程造价信息网公布的同期工程造价信息，进行主要建筑材料品种的价格介绍、统计与比较，见表 1-8。

表 1-8　主要建筑材料价格统计表

名　称	规　格	是否含税	单位	重庆市除税价格/元	贵阳市除税价格/元	备　注
热轧光圆钢筋	HPB300 Φ6	不含税	t	3 566	3 620	
	HPB300 Φ8	不含税	t	3 433	3 490	
	HPB300 Φ10	不含税	t	3 433	3 490	
螺纹钢	HRB400E Φ 8~10	不含税	t	3 477	3 500	
	HRB400E Φ 12	不含税	t	3 584	3 600	
	HRB400E Φ 14	不含税	t	3 566	3 600	
	HRB400E Φ 16	不含税	t	3 460	3 485	
	HRB400E Φ 18~25	不含税	t	3 460	3 440	
	HRB400E Φ 28	不含税	t	3 601	3 600	
	HRB400E Φ 32	不含税		3 601	3 600	
原木		不含税	m^3	1 165	1 120.93	重庆市按综合价，贵阳市按松原木价
锯材		不含税	张	1 650	—	重庆市按综合价，贵阳市按不同木材及规格定价
普通硅酸盐水泥	P·O 42.5 袋装	不含税	t	460	292.04	
	P·O 42.5 散装	不含税	t	—	274.34	
碎石	综合	不含税	t	126	—	（到工地价）
		不含税	m^3	—	70.87	（到工地价）
毛石		不含税	m^3	112	66.99	（到工地价）
特细砂		不含税	t	257	—	（到工地价）
粗/中砂		不含税	m^3	—	71.84	（到工地价）
水泥标砖	240×115×53	不含税	千块	—	327.43	（到工地价）
页岩标砖	240×115×53	不含税	千块	466	—	
普通商品混凝土	C15	不含税	m^3	422	266.99	两市皆为不含泵送的价格
	C20	不含税	m^3	422	276.70	
	C25	不含税	m^3	432	286.41	
	C30	不含税	m^3	442	296.12	
	C35	不含税	m^3	456	310.68	
	C40	不含税	m^3	476	325.24	
	C45	不含税	m^3	500	344.66	

续表

名　称	规　格	是否含税	单位	重庆市除税价格/元	贵阳市除税价格/元	备　注
普通商品混凝土	C50	不含税	m^3	524	364.08	两市皆为不含泵送的价格
	C55	不含税	m^3	553	393.20	
	C60	不含税	m^3	597	422.33	
干拌抹灰商品砂浆	DP5	不含税	t	323.01	251.80	重庆主城区的价格信息中没有干拌商品砂浆信息，故此处引用了涪陵区的价格信息。两省价格皆为到工地价
	DP10	不含税	t	340.71	256.60	
	DP15	不含税	t	349.56	262.36	
	DP20	不含税	t	358.41	267.16	
干拌砌筑商品砂浆	DM5	不含税	t	300.88	245.40	
	DM7.5	不含税	t	309.73	249.58	
	DM10	不含税	t	319.47	253.72	
	DM15	不含税	t	328.82	257.82	
	DM20	不含税	t	337.17	261.91	
干拌地面商品砂浆	DS15	不含税	t	331.86	249.40	
	DS20	不含税	t	340.41	253.50	
浮法玻璃	δ5	不含税	m^2	23.89	19.67	
	δ8	不含税	m^2	39.82	35.06	
	δ10	不含税	m^2	53.10	51.30	
	δ12	不含税	m^2	61.95	69.26	
镀膜钢化中空玻璃	6T+9A+6T	不含税	m^2	150.44	200.22	
	6T+12A+6T	不含税	m^2	159.29	342.56	
	6T+9A+6T	不含税	m^2	137.17	171.03	

注：本表中价格信息分别源自贵州省建设工程造价管理协会与重庆市工程造价信息网公布的2020年5月造价信息。贵州省以贵阳市为例，重庆市主要以主城区为例。

【课堂思考与讨论1-3】

结合表1-8中的价格信息，试比较两地价格相差较大的材料主要有哪些？

3.品种及品质要求

一个工程所用材料品种及品质要求，是由设计人员在进行设计时根据建筑物的受力、使用功能、环境、防火等级等因素确定的，一旦设计图纸审核通过，施工单位在施工中是照图施工。所以，要知道一个工程所用的材料品种及品质要求，需要对施工图纸进行详细识读，从中找出相关的信息。

在识图寻找建筑材料的品种及品质要求相关信息中，对于钢筋混凝土结构、砖混结构，其结构设计总说明中常体现关于结构构件使用的混凝土材料信息，各层各构件具体的结构施工图则主要体现钢筋信息；除此之外，如建筑、室内外装饰部分、非承重墙体材料等则常在建筑设计说明中作了相应规定。而对于钢结构工程，其所用主钢材及连接件等钢材的信息除了在结构设计总说明中出现外，主要在施工图及大样图中具体给出相关结构构件的材料规格、材质等相关信息。具体的识读图技巧请参考相关建筑工程识读图教材。

课后作业

一、填空题

1. 建筑材料按化学组成，通常分为________、________、________三大类。

2. 建筑材料按使用性能可分为________、________、________三大类。

3. 建筑材料的技术标准根据发布单位与适用范围不同，可分为________、________、________、________。

二、多项选择题

1. 下列标准，不属于国家标准的是(　　)。

A. GB/T 9774—2020　　B. JC/T 637—1996

C. JGJ 52—2006　　D. JGJ/T 70—2009

2. 建筑材料(包括半成品)价格一般是指其材料预算价格，包括(　　)。

A. 材料原价(供应价)　　B. 材料运杂费

C. 运输损耗费　　D. 采购及保管费

3. 国家标准《混凝土外加剂》(GB 8076—2008)的表示组成中，标准名称是(　　)、标准顺序号是(　　)。

A. GB　　B. 混凝土外加剂

C. 8076　　D. 2008

项目二
合理选择建筑材料以满足建筑物的基本要求

【学习目标】

一、知识目标

1. 材料的密度、表观密度、体积密度、堆积密度的概念及计算表达式。

2. 材料吸水率、含水率、耐水性的概念及指标；材料导热性的影响因素及热导率、比热容等概念及表达式。

3. 材料的强度、强度等级、弹性和塑性、硬度等概念。

4. 材料耐久性的概念及耐久性的影响因素。

二、技能目标

1. 能运用密度、表观密度、体积密度、堆积密度的知识，解决施工、设计及生活中一些关于建筑材料质量、所占空间、运输中的一些实际问题。

2. 能运用建筑材料所具有的基本性质，满足不同工程环境下，建筑物对防水、保温、承载力、防火等方面的基本功能需求。

【问题导论】

建筑材料是建筑物的物质基础；建筑材料的发展赋予了建筑物的时代特性和风格；建筑材料的合理选择是保障建筑物满足结构稳定性、使用舒适性、防水、保温、隔音、耐热、耐腐蚀性、耐久性等基本要求的前提。

建筑材料的基本性质是指材料处于不同的使用条件和使用环境时，通常必须考虑的最基本、共有的性质。建筑材料所处建（构）筑物的部位不同、使用环境不同，所起的作用就不同，要求的性质也就不同。例如，在设计时，对于结构构件主要结合其受力不同考虑其强度；如果该建筑物长期处于潮湿环境或水环境，在考虑其力学性质的同时也要考虑水对其的破坏作用，即与水有关的基本性质。为此，必须从掌握建筑材料的基本性质（包括物理、力学、耐久性等方面）入手，结合建筑物不同需求进行正确选择，进而满足建筑物使用中的基本要求。

【学习内容】

任务一　分析建筑材料的基本物理性质

子任务一　材料与质量、体积有关的物理性质

【任务背景】 实际工程中，通常会遇到需要计算材料用量、构件自重、配料计算以及确定堆放空间、运输材料所需车辆型号及车子数量等问题，这些问题需要依据建筑材料的密度、表观密度和堆积密度等数据来解决；同时，也可利用这些数据为合理选择和使用材料提供参考，间接地预测或推断材料的其他物理性质和力学性质等。

1. 材料的体积及相关参数

1）建筑材料的体积构成

单体材料的体积（图 2-1）由绝对密实的矿质实体体积 V 和孔隙（即材料内部被空气所占据的空间）体积构成。孔隙因其连通性不同可分为开口孔隙（即与外界连通的孔隙）和闭口孔隙（即与外界不连通的孔隙），故孔隙体积进一步划分为开口孔隙体积 $V_{开}$ 与闭口孔隙 $V_{闭}$ 两部分。为了研究方便，又将绝对密实的矿质实体体积 V 与闭口孔隙 $V_{闭}$ 之和定义为表观体积，用 V' 表示；将 $V+V_{开}+V_{闭}$ 体积之和定义为自然体积，用 V_0 表示。

散粒状或粉状材料在堆积状态下的体积（图 2-2）由颗粒的矿质实体体积 V、颗粒的开口孔隙体积 $V_{开}$、颗粒的闭口孔隙体积 $V_{闭}$ 和颗粒间的空隙体积 $V_{空}$ 构成，即材料颗粒的自然体积 V_0 与空隙体积 $V_{空}$ 的体积之和，称为堆积体积，用 V_0' 表示。

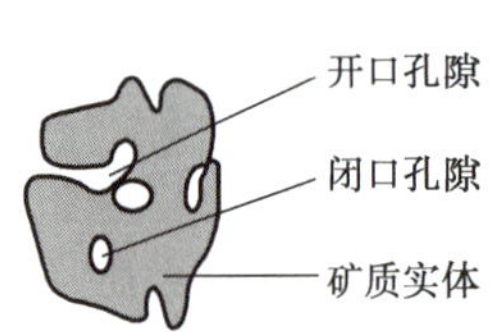

图 2-1　单体材料的体积示意图

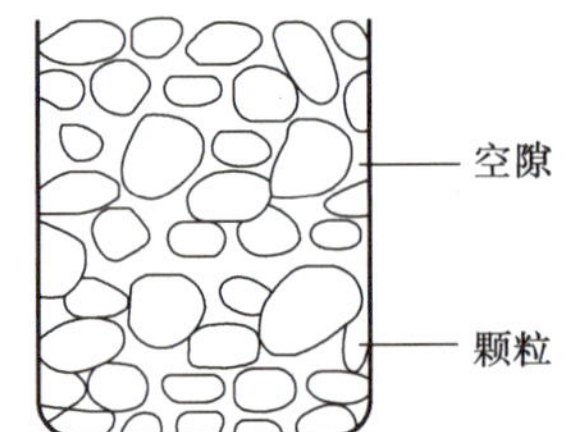

图 2-2　散粒状或粉状材料在堆积状态下的体积示意图

2）建筑材料的孔隙状况及结构密实参数

建筑材料的孔隙状况对其各种基本性质都具有重要的不同影响。孔隙状况通常指孔隙的孔隙率、孔隙连通性和孔隙直径 3 个方面。

（1）孔隙率

孔隙率即孔隙在材料体积中所占的比例，用 P 表示，其计算式为

$$P=\frac{V_0-V}{V_0}\times 100\% \tag{2-1}$$

式中　P——孔隙率，%；

V_0——材料的自然体积，m^3；

V——材料绝对密实状态下的矿质实体体积，m^3。

与材料孔隙率相对的物理指标是材料的密实度，材料的密实度是指材料体积内，被固体物质充满的程度，用 D 表示，其计算式为

$$D = \frac{V}{V_0} \times 100\% \tag{2-2}$$

由式(2-1)和式(2-2)直接导出：

$$P + D = 1 \tag{2-3}$$

孔隙率、密实度皆反映了材料内部结构构造的致密程度，孔隙率越大，密实度越低，材料结构密实性越差。质地越疏的材料，材料强度越低、保温隔热性越好、吸声隔声能力越高。

(2)孔隙连通性

一般情况下，开口孔隙对材料的吸水性、吸声性影响较大，而闭口孔隙对材料的保温隔热性能影响较大。

(3)孔隙直径

孔隙按其直径的大小可分为粗大孔、毛细孔、极细微孔三类。粗大孔指直径大于毫米级的孔隙，主要影响材料的密度、强度等性能。毛细孔是指直径在微米至毫米级的孔隙，这类孔隙对水具有强烈的毛细作用，主要影响材料的吸水性、抗冻性等性能。极细微孔是指直径在微米级以下的孔隙，其直径微小，对材料的性能反而影响不大。矿渣、石膏制品、陶瓷锦砖分别以粗大孔、毛细孔、极细微孔为主。

3)材料堆积紧密程度参数

(1)空隙率

空隙率是指散粒状或粉状材料颗粒之间的空隙体积占堆积体积的百分率，用 P' 表示，其计算式为

$$P' = \frac{V_0' - V_0}{V_0'} \times 100\% \tag{2-4}$$

式中　P'——材料的空隙率，%；

V_0'——材料的堆积体积，m^3；

V_0——材料的自然体积，m^3。

空隙率的大小反映了散粒材料的颗粒间互相填充的紧密程度。空隙率可作为控制混凝土集料级配的依据，空隙率越小，说明其颗粒大小搭配得越合理。

(2)填充率

填充率是指散粒状或粉状材料颗粒体积占其堆积体积的百分率，用 D' 表示，即

$$D' = \frac{V_0}{V_0'} \times 100\% \tag{2-5}$$

由式(2-4)和式(2-5)直接导出

$$P' + D' = 1 \tag{2-6}$$

2. 密度 ρ

密度也称真密度，是指材料在绝对密实状态下(不含任何孔隙)，单位体积的矿质实体所具有的质量，其计算式为

$$\rho = \frac{m}{V} \tag{2-7}$$

式中 ρ——材料的密度,kg/m^3;

m——材料的质量,kg;

V——材料在绝对密实状态下的实体体积,m^3。

在研究建筑材料真密度问题时,常将密实度较高的材料(如钢材、玻璃和4 ℃的水)看成绝对密实。对绝对密实且外形规则的材料如钢材、玻璃等,体积 V 可采用测量计算的方法求得。对可研磨的非密实材料如砌块、石膏等,体积 V 可采用研磨成细粉,再用李氏密度瓶测定的方法求得。材料磨得越细,测得的数值越接近材料的真实体积。一般要求磨细的细粉粒径至少小于0.20 mm。

密度试验(李氏密度瓶法)

3. 表观密度 ρ'

表观密度是材料单位表观体积(矿质实体体积+闭口孔隙体积)所具有的质量,用 ρ' 表示,其计算式为

$$\rho' = \frac{m}{V'} \tag{2-8}$$

式中 ρ'——材料的表观密度,kg/m^3;

m——材料的质量,kg;

V'——材料的表观体积,m^3。

材料表观体积的测定常常采用排水体积置换法求得。

表观密度试验

4. 体积密度 ρ_0

材料的体积密度是指材料在自然状态下单位体积(矿质实体体积+闭口孔隙体积+开口孔隙体积)所具有的质量,其计算式为

$$\rho_0 = \frac{m}{V_0} \tag{2-9}$$

式中 ρ_0——材料的体积密度,kg/m^3;

m——材料的质量,kg;

V_0——材料的自然体积,m^3。

体积密度与材料结构组成中孔隙的多少和孔隙的含水程度密切相关。材料的孔隙越多,表观密度越小;当孔隙中含有水分时,其质量和体积均发生变化。因此,测定材料的体积密度时须注明含水情况。标准状态下测定的体积密度为材料在烘干状态下的体积密度。

体积密度的测定

材料自然体积的测量,对于外形规则的材料,如烧结砖、砌块等,可采用测量方法直接求得。对外形不规则的散粒状材料,如果被测材料溶于水或其吸水率大于0.5%,则试件须进行蜡封处理(蜡封法)。

5. 堆积密度 ρ_0'

堆积密度是指粉状、颗粒状及纤维状等材料在自然堆积状态下单位体积(包括矿质实体体积+闭口孔隙体积+开口孔隙体积+颗粒或纤维间空隙体积)的质量,其计算式为

$$\rho_0' = \frac{m}{V_0'} \tag{2-10}$$

式中　ρ_0'——材料的堆积密度,kg/m^3;

m——材料的质量,kg;

V_0'——材料在堆积状态下的堆积体积,m^3。

建筑材料的堆积体积可采用容积筒测量法得到。

堆积密度试验

堆积密度与材料堆积的紧密程度有关,根据材料堆积的紧密程度,堆积密度分为松散堆积密度和紧密堆积密度。松散堆积密度是指在自然堆积状态下单位体积的质量;紧密堆积密度是指材料按规定方法填实后单位体积的质量。

【课堂思考与讨论 2-1】

(1)结合前面介绍的建筑材料与体积、质量有关的物理性质,完成表 2-1 中的空缺部分。

表 2-1　建筑材料与体积、质量有关的物理性质知识比较表

比较项目	真密度 ρ	表观密度 ρ'	体积密度 ρ_0	堆积密度 ρ_0'
材料体积	$V=V$	$V'=($　　$)$	$V_0=V+V_闭+V_开$	$V_0'=($　　$)$
计算公式	$\rho=\frac{m}{V}$	$\rho'=\frac{m}{V'}$	$\rho_0=\frac{m}{V_0}$	$\rho_0'=\frac{m}{V_0'}$
体积测量方法	测量法或(　　)	排水法	测量法或(　　)	(　　)

(2)对同一种材料,质量相同的情况下,其真密度、表观密度、体积密度、堆积密度四者的大小关系如何?

(3)建筑工程中钢材、水泥混凝土空心砌块、水泥混凝土三种材料,试推测哪种材料的体积密度最大,哪种最小?

(4)某农村私人住宅进行装修,现场拌制建筑砂浆需要大约 7.5 m^3 的砂子,根据以往经验,当地干砂的堆积密度为 1 378 kg/m^3,试想用额定承载质量为 3 t 的货车拉沙是否超载。

(5)某房屋建筑设计中,设计框架梁的混凝土等级为 C20,依据以往的经验数据其硬化后的体积密度为 2 500 kg/m^3,经计算其体积为 1.5 万 m^3,计算其自重,为后期设计提供参考数据。

子任务二　材料与水有关的性质

【任务背景】　不论处于地下、水中甚至地面的建筑物以及许多工程设施常会与水及大气中的水汽接触,同时也不可避免地会受到外界雨、雪、水及其冻融等作用;为了防止建筑物及相关设施受到水介质的侵蚀,必须清楚建筑材料与水有关的性质,特别是地下建筑、水工建筑物、防水工程中选用建筑材料时更应特别关注这些与水有关的性质。

1. 亲水性与憎水性

当水与建筑材料在空气中接触时,常常会出现如图 2-3 所示的两种不同现象。其中图 2-3(a)显示水能在建筑材料表面铺开,表明建筑材料能被水润湿;图 2-3(b)显示水不能在建筑材料表面铺开,表明建筑材料不能被水润湿。

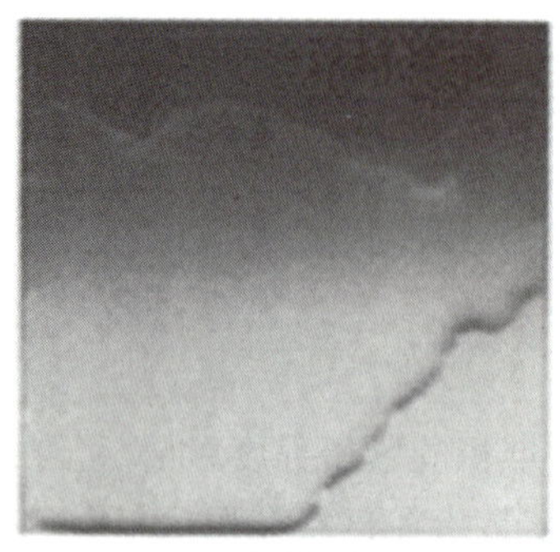

(a)亲水性材料

(b)憎水性材料

图 2-3　水与不同材料接触时的情形

根据建筑材料是否能够被水润湿，依据润湿角可将其分为亲水性材料和憎水性材料。润湿角是在材料、空气和水的交点处，沿水滴表面的切线与水和材料接触面所成的夹角。如图 2-4 所示，当润湿角 $\theta \leqslant 90°$时，材料为亲水性材料；当润湿角 $\theta > 90°$时，材料为憎水性材料。润湿角越小，材料越易被水润湿。

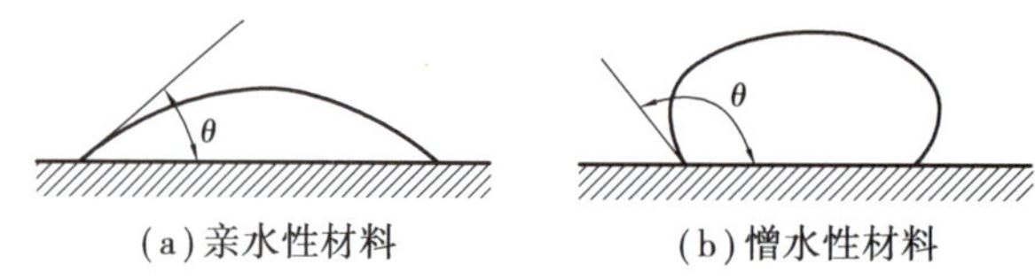

(a)亲水性材料　　(b)憎水性材料

图 2-4　材料的润湿角

【课堂思考与讨论 2-2】

(1)混凝土、沥青、油漆、木材、石蜡、黏土砖、砂、石等哪些属于亲水性材料，哪些属于憎水性材料？除了前面提到的建筑材料，生活中你还发现了哪些建筑材料是亲水性材料或憎水性材料呢？

(2)房屋做防水处理时，所选材料应具有憎水性还是亲水性。试通过网络查询说明理由。

(3)还记得小时候用荷叶遮雨和古人制伞的故事吗？说说故事里包含的与本节学习内容相关的知识。

2. 吸湿性

材料在空气中吸收水分的性质称为吸湿性。吸湿性用含水率表示，即材料所含水的质量占材料干燥质量的百分数，称为材料的含水率。其计算式为

$$W_{含} = \frac{m_w - m_0}{m_0} \times 100\% \tag{2-11}$$

式中　$W_{含}$——材料的含水率，%；

m_w——材料含水状态的质量，kg；

m_0——材料烘干至恒重时的质量，kg。

材料的含水率随空气的温度、湿度的变化而改变，既能在空气中吸收水分，又可向外界扩散水分，最终材料吸收水分与周围空气的湿度相平衡时，这时材料的含水率称为平衡含水率。木材吸湿后强度降低；保温隔热材料吸湿后，其保温隔热性能将大大降低；承重材料吸湿后，其强度和变形也会受到较大影响。在选用材料时，必须考虑吸湿性对其性能的影响，

同时采取相应的防护措施。

【课堂思考与讨论 2-3】

木门窗制作后如果长期处于空气湿度小的环境中，为什么会出现干裂现象。

3. 吸水性

材料在水中吸收水分的性质称为吸水性，材料吸水性的大小用吸水率表示。吸水率常用质量吸水率 W_w 和体积吸水率 W_V 两种表达方式。其计算式分别为

$$W_w = \frac{m_{湿} - m}{m} \times 100\% \tag{2-12}$$

式中　W_w——材料的质量吸水率，%；

$m_{湿}$——材料在吸水饱和状态下的质量，kg；

m——材料干燥状态下的质量，kg。

$$W_V = \frac{V_w}{V_0} \times 100\% = \frac{m_{湿} - m}{V_0} \times \frac{1}{\rho_w} \times 100\% \tag{2-13}$$

式中　W_V——材料的体积吸水率，%；

V_w——材料所吸收水分的体积，m^3；

V_0——干燥材料在自然状态下的体积，m^3；

ρ_w——水的密度，kg/m^3。

对于质量吸水率大于 100% 的材料（如木材等），通常采用体积吸水率；而对于大多数材料，经常采用质量吸水率。两种吸水率存在以下关系：

$$W_V = W_w \times \rho_0 \times \frac{1}{\rho_w} \tag{2-14}$$

式中　ρ_0——材料的体积密度。

材料的吸水能力主要取决于材料本身的性质、孔隙率及孔隙构造特征。密实材料及具有闭口孔的材料是不吸水的。具有粗大孔的材料因水分不易在孔中留存，其吸水率常会减小。而那些孔隙率较大又具有开口细小孔隙的亲水性材料，则具有较大的吸水能力。

【课堂思考与讨论 2-4】

（1）吸湿性与吸水性的区别？

（2）施工现场露天堆放的砂石，进行混凝土配合比设计称重时需要考虑其吸水情况，我们应该测定它们的含水率还是质量吸水率？

4. 耐水性

材料长期在水的作用下不被破坏，强度也不显著降低的性质称为耐水性。材料的耐水性用软化系数表示，其计算式为

$$K_{软} = \frac{f_{饱}}{f_{干}} \tag{2-15}$$

式中　$K_{软}$——材料的软化系数；

$f_{饱}$——材料在吸水饱和状态下的抗压强度，MPa；

$f_{干}$——材料在干燥状态下的抗压强度，MPa。

一般材料在吸水后，强度都有不同程度的降低，材料的软化系数在 0 ~ 1 范围内波动。软化系数越小，说明材料吸水饱和后强度降低得越多，耐水性越差。处于干燥环境中的材料

可不考虑耐水性问题，但长期受水浸泡或处于潮湿环境中的重要建筑物，其结构材料的软化系数应大于0.85，次要建筑物或受潮较轻的情况下材料的软化系数不应小于0.75。通常软化系数大于0.8的材料可认为是耐水材料。

5. 抗渗性

材料抵抗压力水渗透的性质称为抗渗性（或不透水性）。材料抵抗其他液体渗透的性质也属于抗渗性。抗渗性用渗透系数 K 表示材料抗渗性的好坏。根据水力学的渗透定律，材料在水压力作用下，水将沿材料内部开口连通孔渗透，透过的水量与试件的面积、水压力、渗透时间成正比，与试件的厚度成反比，即

$$K = \frac{Qd}{HAt} \tag{2-16}$$

式中 K——材料的渗透系数，$mL/(cm^2 \cdot s)$；

Q——透过材料试件的渗水总量，mL；

d——试件的厚度，cm；

H——材料两侧的水压力，cm；

A——材料垂直于渗水方向的渗水面积，cm^2；

t——渗水时间，s。

渗透系数 K 值越大，材料的抗渗性越差。

材料的抗渗性也可用抗渗等级表示。抗渗等级以符号“P”和材料可承受的水压力值（以0.1 MPa为单位）来表示。例如，混凝土的抗渗等级为P8，表示该混凝土能承受最大0.8 MPa的静水压力而不渗水。材料抗渗等级越高，抗渗性越好。抗渗等级不小于P6的混凝土为抗渗混凝土。

材料抗渗性主要与材料的孔隙率及孔隙的构造特征有关。绝对密实的或只具有闭口孔的材料是不会发生透水现象的。具有较大的孔隙率，且为较大孔径开口连通孔的亲水性材料通常抗渗性较差。对于地下建筑工程及水工构筑物，因常受压力水的作用，要求其所用材料应具有较好的抗渗性。

6. 抗冻性

材料在吸水饱和状态下，抵抗多次冻融循环而不被破坏、强度也不显著降低的性质称为抗冻性。

建筑物在自然环境中，温暖季节被水浸泡，寒冷季节水又结冰；处于材料内部孔隙中的水受冻结冰后，其体积增大约9%，对孔壁产生很大应力（可达100 MPa）；如此反复冻融交替作用，使材料遭受严重破坏。

抗冻性用抗冻等级F表示。例如，抗冻等级F15表示在标准试验条件下，材料强度下降不大于25%，质量损失不小于5%，所能经受的冻融循环的次数最多为15次。实际工程中选择材料抗冻等级时要综合考虑工程种类、结构部位、使用条件和气候条件等诸多因素。在冬季室外温度低于－10 ℃的寒冷地区，建筑物的外墙及露天工程中使用的材料必须进行抗冻性检验。

【课堂思考与讨论2-5】

（1）水工建筑中的材料，需要特别关注哪些与水有关的基本性质？

(2)试分析建筑材料的内部结构越密实、闭口孔隙越多,则该材料的抗冻性如何?

子任务三 材料与热有关的性质

【任务背景】 保温、隔热、防火都属于建筑物应具备的基本功能。在《夏热冬冷地区居住建筑节能设计标准》(JGJ 134—2010)和《夏热冬暖地区居住建筑节能设计标准》(JGJ 75—2012)两个标准中都对建筑物提出了明确的保温要求。《建筑设计防火规范》(GB 50016—2014)中对建筑防火做了详细规定,指出建筑物的耐火等级是防火技术措施中的最基本措施之一。建筑物耐火等级由建筑材料的燃烧性能和耐火极限直接决定。现今因保温材料的防火性能不足而导致的火灾事故时有发生,只有全面认识材料的热工性质,正确选择保温、防火材料,才能有效满足设计规范要求,保证建筑物的保温隔热、防火性能,从而有效保障人们的生命财产安全。

与建筑材料相关的火灾事故案例

1. 导热性

材料传导热量的性质称为材料的导热性,可用材料的热导率(导热系数)λ 表示其导热能力,即

$$\lambda = \frac{Qd}{(T_1 - T_2)At} \tag{2-17}$$

式中 λ——热导率(导热系数),W/(m·K);

Q——传递的热量,J;

d——材料的厚度,m;

$T_1 - T_2$——材料两侧的温差,K;

A——材料传热面的面积,m^2;

t——传热的时间,s。

导热系数是评价材料绝热性能的重要指标。材料的导热系数越小,则材料的保温隔热性能越好。工程中通常把 $\lambda < 0.175$ W/(m·K)的材料称为绝热材料。

2. 热容量

材料具有受热时吸收热量,冷却时放出热量的性质。材料的热容量是指材料温度变化 1 K 所吸收或放出的热量,其大小可用比热容 C 表示,其计算式为

$$C = \frac{Q}{m(T_1 - T_2)} \tag{2-18}$$

式中 C——材料的比热容,J/(kg·K);

Q——材料吸收(或放出)的热量,J;

m——材料的质量,kg;

$T_1 - T_2$——材料受热(或冷却)前后的温度差,K。

导热系数、比热容可以综合表示材料的热工性能,对建筑物的保温、隔热,实现建筑工程节能具有重要意义。几种常用建筑材料的导热系数和比热容见表 2-2。

表 2-2　几种常用建筑材料的导热系数和比热容

材　料	导热系数/[$W\cdot(m\cdot K)^{-1}$]	比热容/[$J\cdot(kg\cdot K)^{-1}$]	材　料	导热系数[$W\cdot(m\cdot K)^{-1}$]	比热容[$J\cdot(kg\cdot K)^{-1}$]
钢材	58	480	泡沫塑料	0.035	1 300
花岗岩	3.489	920	水	0.58	4 190
普通混凝土	1.51	840	冰	2.33	2 050
普通烧结砖	0.80	880	密闭空气	0.023	1 000
松木	横纹 0.17 顺纹 0.35	2 500			

【课堂思考与讨论 2-6】

(1)为了使房屋冬暖夏凉,结合建筑材料与热有关的性质,想想在选择墙体材料时应如何选择?

(2)依据表 2-2 中的数据,比较单一的石屋和木屋、砖屋、钢板房,其屋内自然温度哪个最舒适?哪个最不舒适?

(3)试推断保温材料的导热系数大小与孔隙状况之间的关系,以及保温材料在受潮受冻后其导热系数的变化。

3. 耐燃性和耐火性

1)耐燃性

耐燃性是指材料在火焰或高温作用下可否燃烧的性质。参照我国国家标准《建筑材料及制品燃烧性能分级》(GB 8624—2018)将建筑材料的燃烧性能分为 A1,A2,B,C,D,E,F 共 7 个等级,其中:

①A1,A2 级属于不燃性建筑材料,几乎不发生燃烧的材料。

②B,C 级属于难燃性建筑材料,难燃类材料有较好的阻燃作用,其在空气中遇明火或在高温作用下难起火,不易很快发生蔓延,且当火源移开后燃烧立即停止。

③D,E 级属于可燃性建筑材料,可燃类材料有一定的阻燃作用。在空气中遇明火或在高温作用下会立即起火燃烧,易导致火灾蔓延,如木柱、木屋架、木梁、木楼梯等。

④E,F 级属于易燃性建筑材料,易燃性建筑材料无任何阻燃效果,极易燃烧,火灾危险性很大。

2)耐火性

耐火性是材料在火焰或高温作用下,保持其不破坏、性能不明显下降的能力。用其耐受时间来表示,称为耐火极限。建筑构件达到耐火极限有 3 个条件:失去支持能力、失去完整性、失去隔火作用,只要 3 个条件中达到任一个条件,就确定其达到耐火极限了。

【课堂思考与讨论 2-7】

耐燃的材料一定耐火吗?请举例说明。

任务二　分析建筑材料的力学性质

【任务背景】 建筑材料的力学性质是指材料在外力作用下，抵抗破坏的能力和变形方面的性质。它对保证建筑物最基本的安全性至关重要。一栋建筑的安全性主要由结构设计和结构材料的性能来保证，作为设计人员，在进行设计选材时，要特别关注结构材料的力学性质。

1. 强度

1）材料的强度

强度是材料在应力（荷载）作用下抵抗破坏的最大能力。根据外力作用方式的不同，材料强度有抗压、抗拉、抗剪、抗弯或抗折强度等。工程上，材料的强度值大多在特定条件下采用标准试件静力破坏试验法来测定，故称为静力强度。材料在各种状态下的受力特点和计算方法，见表2-3。

表2-3　材料在各种状态下的受力特点和计算方法

强度分类	受力示意图	计算公式	备　注
抗压强度	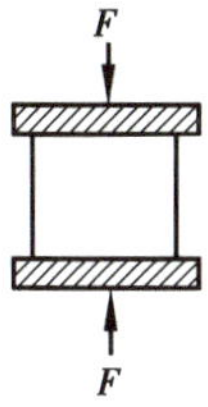 F F	$f_c = \frac{F}{A}$	F——材料受拉、受压、剪切作用产生破坏时的荷载，N； A——材料的受力面积，mm^2； l——跨度，mm； b，h——试件横断面的宽度及高度，mm
抗拉强度	 F F	$f_t = \frac{F}{A}$	
抗弯强度	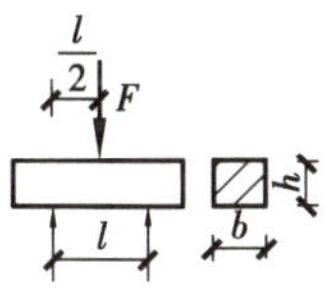 $\frac{l}{2}$ F l b h	$f_m = \frac{3Fl}{2bh^2}$	
抗剪强度	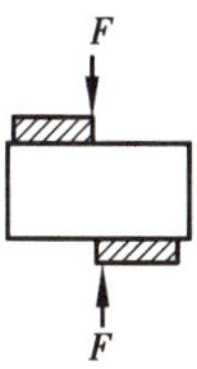 F F	$f_v = \frac{F}{A}$	

材料的强度与它的组成和构造特点有关。不同材料具有不同抵抗外力的能力,同一种材料强度的大小,一般情况下随其孔隙率的增大而降低。

另外,材料的强度还与其试验条件密切相关。如试件的形状与尺寸、试验装置情况、试件表面的平整度、试验时的加荷速度、温度和湿度条件,以及材料本身的含水状态等都对试验结果有影响。对于同种材料,通常情况下试件的形状相同时,尺寸越大(高宽比越大),强度值越小;试验时的加荷速度越快,强度值越大;含水状态不同,强度测定值不同,通常干燥状态下的强度要大于水饱和状态下的强度,水饱和状态下的强度又要大于冻融循环状态下的强度;表面粗糙时的强度测定值大于表面光滑时的强度测定值。除了这些试验条件的影响外,试验机的精度、操作人员的技术水平等也对试验强度值的准确性有影响。所以,材料的强度试验只能提供一定条件下的强度指标。为了得到具有可比性的试验结果,就必须严格遵照规定的标准试验方法进行试验。工程中,常用建筑材料的强度见表2-4。

表2-4 几种常用建筑材料的强度

材料名称	抗压强度/MPa	抗拉强度/MPa	抗弯强度/MPa
花岗岩	100~250	5~8	10~14
普通烧结砖	5~20	—	1.6~4.0
普通混凝土	5~60	1~9	—
松木(顺纹)	30~50	80~120	60~100
建筑钢材	240~1 500	240~1 500	—

2)强度等级

建筑材料常按其强度的大小划分成若干个等级,称为强度等级。各种材料的强度差别较大,将建筑材料划分为若干强度等级后,更便于建筑工程技术人员掌握材料的性质、合理选用材料、正确进行设计和施工以及控制工程质量。

3)比强度

比强度是反映材料单位体积质量的强度,其值等于材料强度与其表观密度之比。比强度是衡量材料轻质高强性能的重要指标,比强度大则表明材料轻质高强,优质的结构材料必须具有较高的比强度。

通常,在高层建筑、大跨度结构、软土地基中,要特别考虑材料自重与结构受力要求之间的关系,宜选用比强度大的建筑材料。

【课堂思考与讨论2-8】

松木、低碳钢与普通混凝土的比强度分别为0.068 0,0.030 1,0.012 5,试将这3种材料按轻质高强的优良程度进行排序并说明理由。

2.弹性与塑性

材料在外力作用下产生变形,外力取消后能够完全恢复原来形状的性质称为弹性,这种能够完全恢复的变形称为弹性变形;反之,当外力取消仍保持变形后的形状和大小,并且不产生裂缝及破坏的性质称为塑性,这种不能恢复的变形称为塑性变形。

实际上,单纯的弹性和塑性材料都是不存在的。材料在一定限度荷载作用下表现出弹性，当荷载超出这一限度后就出现塑性，例如，钢材和混凝土的受力变形就是这样的。

3. 脆性与韧性

当外力达到一定限度时，材料发生无先兆的突然破坏，且破坏时不出现明显塑性变形的性质称为脆性。砖、石材、玻璃、陶瓷、混凝土、铸铁等都属于脆性材料。这类材料抵抗冲击和震动的能力差，其抗压强度往往比抗拉强度高得多，因此，它们主要用于基础、墙体、柱子等受压的建筑部位。

在冲击、振动荷载的作用下，材料能够承受较大的变形也不致破坏的性能称为韧性（或冲击韧性）。建筑工程中，钢材、木材、沥青混凝土等都属于韧性材料。用作路面、桥梁、吊车梁以及有抗震要求的结构材料都应考虑其韧性。

4. 硬度与耐磨性

硬度是指材料表面抵抗其他物体刻画或压入的能力。通常，天然矿物的硬度采用刻画法测定，其评定指标为莫氏硬度；钢材、木材、混凝土等材料的硬度采用钢球压入法测定，其评定指标为布氏硬度（HB）。

耐磨性是材料表面抵抗磨损的能力，通常用磨损率 N 表示，即

$$N = \frac{m_1 - m_2}{A} \times 100\% \tag{2-19}$$

式中　m_1——试件磨损前的质量，kg；

m_2——试件磨损后的质量，kg；

A——试件受磨损的表面积，m^2。

建筑工程中用于地面、楼梯踏步、人行道路等部位的材料，均应考虑其硬度和耐磨性。一般强度较高的材料，其硬度较大，耐磨性较好。

任务三　分析建筑材料的耐久性

【任务背景】　建筑材料除应满足各项物理、力学的性质要求外，还必须经久耐用，反映这一要求的即建筑材料耐久性。在实际工程中，由于各种原因，建筑物结构常常会因建筑材料耐久性不足而过早被破坏，因此，耐久性是建筑材料的一项重要技术性质，它决定了建筑物的使用年限。掌握建筑材料耐久性的含义及影响因素，围绕工程环境的具体情况，分析确定耐久性的评价指标，将有利于为建筑设计提供更具科学性和实用性的参考。

1. 耐久性的含义

耐久性是指材料在使用过程中能抵抗周围各种介质侵蚀而不破坏，也不失去原有性能的能力。耐久性是材料的一项综合性质，诸如抗冻性、抗风化性、抗老化性、耐化学腐蚀性等均属耐久性的范围。此外，材料的强度、抗渗性、耐磨性等也与材料的耐久性有密切关系。不同材料、不同工程环境中的耐久性通常包含不同的具体内容。如混凝土的耐久性，主要以抗渗性、抗冻性、抗腐蚀性和抗碳化性所体现。

2. 耐久性的影响因素及评价指标

建筑材料耐久性在使用中逐步变弱，通常是其内、外部影响因素综合作用的结果。与材

料耐久性有关的内部因素，主要是材料化学组分和结构、构造的特点。影响材料耐久性的外部因素(包括材料在使用中所处的一切环境和外界条件)有很多，诸如日光暴晒、介质侵蚀(大气、水、化学介质)、温湿度变化、冻融循环、机械摩擦、荷载、疲劳、电解、虫菌寄生等都是其外部影响因素。

影响各类建筑材料耐久性的因素各有不同。如金属材料主要易被电化学腐蚀；水泥砂浆、混凝土、砖瓦等无机非金属材料，主要是通过干湿循环、冻融循环、温度变化等物理作用以及溶解、溶出、氧化等化学作用；高分子材料主要由紫外线、臭氧等所起的化学作用使材料变质失效；木材主要是由腐烂菌引起腐朽和昆虫引起蛀蚀而使其失去使用性能。

材料耐久性的测定需要长期观察，这通常满足不了工程的需要，所以常根据使用要求、所受的影响因素不同，用一些实验室可测定又能基本反映其耐久性特性的短时试验指标来表达。常见建筑材料的耐久性影响因素与评价指标，见表2-5。

表2-5 常用建筑材料的耐久性影响因素与评价指标

建筑材料	耐久性破坏因素	破坏原因	评价指标
普通混凝土	水	冻融	抗冻等级
	压力水	渗透	抗渗等级
	酸、碱、盐	水泥石化学腐蚀	—
	CO_2, H_2O	炭化	炭化深度
	碱-集料反应	水、过量碱、活性 SiO_2	膨胀率
建筑钢材	H_2O, O_2, Cl^-	电化学腐蚀	电位锈蚀率
建筑石材	机械力、流水、泥沙	磨损	磨耗值、磨光值
防水卷材	压力水	渗透	渗透系数

课后作业

一、填空题

1. 水与材料表面接触后形成的润湿角________90°，则该种材料为亲水性材料。(此题选填“≥”或“≤”)

2. 材料的吸水性是指材料在________中吸收水分的性质。材料的吸湿性是指材料在________中吸收水分的性质。

3. 衡量材料轻质高强性能的一个主要指标是________。

4. 某岩石在干燥状态、水饱和状态下测得的抗压强度分别为178,168 MPa，该岩石的软化系数等于________，是否可以用于水下工程？________(此题选填“是”或“否”)

二、单项选择题

1. 物体绝对密实状态下的单位体积 V、表观体积 V'、自然体积 V_0 的大小排列为(　　)。

A. 单位体积 V≥自然体积 V_0≥表观体积 V'

B. 单位体积 $V \geq$ 表观体积 $V' \geq$ 自然体积 V_0

C. 自然体积 $V_0 \geq$ 表观体积 $V' \geq$ 单位体积 V

D. 自然体积 $V_0 \geq$ 单位体积 $V \geq$ 表观体积 V'

2. 评价材料抵抗水的破坏能力的指标是(　　)。

A. 抗渗等级　　B. 渗透系数　　C. 软化系数　　D. 抗冻等级

3. 通常材料的软化系数(　　)时,可以认为是耐水材料。

A. >0.95　　B. >0.80　　C. >0.75　　D. >0.65

4. 在 100 g 含水率为 3% 的湿砂中,水的质量为(　　)。

A. 3.0 g　　B. 2.5 g　　C. 3.3 g　　D. 2.9 g

5. 根据材料耐燃性的不同,可分为(　　)。

A. 不燃材料　　B. 难燃材料　　C. 易燃材料　　D. 以上都是

6. 某一材料的下列指标中为常数的是(　　)。

A. 密度　　B. 含水率　　C. 导热系数　　D. 强度

三、名词解释

1. 孔隙率

2. 表观密度

3. 含水率

4. 堆积密度

5. 耐水性

6. 耐久性

四、计算题

1. 某种石子经完全干燥后，其质量为 482 g，将其放入盛有水的量筒中，待其吸水饱和后，水面由原来的448 cm^3 上升至630 cm^3，取出石子擦干表面水后称质量为488 g，试求该石子的表观密度、体积密度及质量吸水率。

2. 已知某砌块的外包尺寸为 240 mm × 240 mm × 115 mm，孔隙率为 36%，干燥质量为2 490 g，浸水饱和后的质量为2 986 g，试求该砌块的体积密度、密度、质量吸水率。

项目三

混凝土工程施工材料——混凝土材料组成、选用与配合比

【学习目标】

一、知识目标

1. 了解混凝土及其特点，掌握混凝土的基本组成。
2. 掌握通用硅酸盐水泥的性能及使用范围。
3. 掌握水泥进场验收、存储、质量检测方法等知识。
4. 掌握普通混凝土用砂、石的质量要求。
5. 掌握混凝土和易性、强度、耐久性等技术性能及影响因素与测定方法。
6. 掌握混凝土配合比的设计方法和步骤。

二、技能目标

1. 具有检测混凝土原材料(水泥、砂、石)技术性能的试验操作能力，会根据工程特点及所处的环境合理选择原材料，并做好材料进场的质量检查。
2. 具有检测混凝土技术性能的试验操作能力。
3. 能根据普通混凝土设计要求和各组成材料的特点进行混凝土配合比设计。

【问题导论】

混凝土作为主要的结构材料，对建筑物的结构安全、可靠度和耐久性方面起到不容置疑的绝对影响作用，因此，加强对混凝土的质量控制也就至关重要。

对于混凝土质量的控制，要特别抓好混凝土质量的事前控制。一方面鉴于混凝土质量评定具有滞后性，不能当时给予评定；另一方面，如果事后发现混凝土质量有问题，其涉及的将是建筑物结构稳定性的问题，处理起来必将影响工程的质量、进度和投资，故要特别抓好混凝土质量的事前控制，做好提前预判与干预。混凝土质量的事前控制，主要涉及混凝土各组成材料的质量与选用、混凝土的和易性、强度等技术性能、配合比设计的科学性等方面。

作为建筑工程技术人员,必须掌握各类原材料的性能及质量技术要求,懂得影响混凝土的和易性、强度等性能的主要因素,做到正确选用合适原材料、严格把好材料进场检查关、科学进行配比,通过这些工作的落实,才能最终有效地做好混凝土质量的事前控制。

【学习内容】

任务一　认识混凝土及其组成材料的技术要求

子任务一　了解混凝土

【任务背景】 混凝土作为主要的结构施工材料,与其他建筑材料相比,有着自身独特的优点。随着工程建设不断发展所提出的特殊功能要求,各种具有特殊性能的混凝土不断出现。对于混凝土的概念、特点、分类、特殊品种认识等方面的初步了解,是我们后期对其进行深入学习、应用的前提。

1. 混凝土的概念

混凝土简称“砼”,是由胶凝材料(即在一定条件下,经自身一系列的物理、化学作用后,能由液体或膏状体变为坚硬的固体,同时能将砂、石子等散粒材料或砖、石块、砌块等块状材料黏结成有一定强度的整体的材料)、骨料(包括粗骨料、细骨料)、水及其他材料(包括外加剂、掺合料),按适当比例配合并经拌制、浇筑、成型、养护、硬化而成的具有所需的形体、强度和耐久性的人造石材。

2. 混凝土的分类

混凝土可从以下不同角度进行分类:

1)按胶凝材料分类

胶凝材料依其化学成分可分为有机胶凝材料(如沥青、各类树脂等)和无机胶凝材料(如水泥、石灰、石膏、水玻璃等)两大类。混凝土按所用胶凝材料不同可分为水泥混凝土、沥青混凝土、水玻璃混凝土等。以水泥为胶凝材料的水泥混凝土是目前工程中使用最多的混凝土,也称为普通混凝土。这是后面重点介绍的混凝土品种。

2)按体积密度分类

混凝土按体积密度不同可分为特重混凝土($\rho_0>2\ 500\ kg/m^3$)、重混凝土($\rho_0=1\ 900\sim 2\ 500\ kg/m^3$)、轻混凝土($\rho_0=600\sim 1\ 900\ kg/m^3$)、特轻混凝土($\rho_0<600\ kg/m^3$)。

3)按性能特点分类

混凝土按性能特点不同可分为抗渗混凝土、耐热混凝土、耐酸混凝土、高强混凝土、高性能混凝土、防水混凝土等。

4)按施工方法分类

混凝土按施工方法不同可分为碾压混凝土、离心混凝土、喷射混凝土、泵送混凝土等。

5)按生产方式分类

混凝土按生产方式不同可分为现场拌制混凝土、商品混凝土。

3. 特殊混凝土品种

近 200 年来混凝土广泛用于建筑工程，随着工程建设不断发展及对其特殊功能要求的提出，各种具有特殊性能的混凝土不断涌现。这些具有独特性能的混凝土不断满足了建筑工程发展的需要，反过来也极大地促进了建筑科学技术的日新月异。大多数混凝土的新品种是基于传统普通混凝土的基础上发展起来的，但性能又各具特色，不同于普通混凝土，它们共同组成混凝土大家族，扩大了混凝土的应用范围，从长远看有很大的发展潜力。本节简要介绍几种典型的特殊性能混凝土。

1）抗渗混凝土

抗渗混凝土是指抗渗等级等于或大于 P6 级的混凝土。抗渗混凝土按抗渗压力不同分为 P4，P6，P8，P10，P12 和大于 P12 共 6 个等级。普通混凝土主要是根据强度和工作性要求配制的，因此水灰比 W/C（即混凝土中水的用量与水泥用量的质量比值）较高，硬化后的混凝土中含有较多的泌水通道，造成抗渗透性较低的缺点（一般不超过 P4）。抗渗混凝土在普通混凝土的基础上，通过提高混凝土的密实度，改善孔隙结构，从而减少渗透通道，提高抗渗性。常用方法是掺用引气型外加剂，使混凝土内部产生不连通的气泡，截断毛细管通道，改变孔隙结构，从而提高混凝土的抗渗性。此外，减小水灰比，选用适当品种及强度等级的水泥，保证施工质量，特别是注意振捣密实、养护充分等，都对提高抗渗性能有重要作用。

抗渗混凝土适用于地下防水工程，抗渗漏的容器如高水压容器或储油罐等工程和部位。

2）抗冻混凝土

抗冻混凝土是指抗冻等级等于或大于 F50 级的混凝土。混凝土的冻害主要是孔隙内水结冰体积膨胀对混凝土孔壁形成的冰胀应力以及构件受冻后不同部位间存在温差而引起的温度压力。从材料本身可克服的技术措施看，主要应从提高混凝土的密实度、减少水的渗入或在孔隙中留有释放冰胀体积的空间等方面给予解决。

抗冻混凝土主要用于处在受潮的冻融环境中的混凝土工程，如道路、桥梁、飞机场跑道及地下水升降活动的冻土层范围内的基础工程等。

3）耐酸混凝土

耐酸混凝土是指能防止酸性介质腐蚀作用的混凝土。由于普通混凝土极不耐酸，所以不能用于有酸性介质作用的环境中。耐酸混凝土的种类很多，按耐酸胶凝材料可分为水玻璃耐酸混凝土、硫黄混凝土、沥青混凝土和树脂混凝土等。在化工、冶金等工业的大型设备（储酸槽、反应塔等）和构筑物的外壳及内衬或厂房的地面等常采用水玻璃耐酸混凝土。

4）高强混凝土

高强混凝土是指强度等级为 C60 及以上的混凝土。传统混凝土一般只以水泥、砂、石和水作为四大组分，而现代高强混凝土则以高效减水剂等化学外加剂和优质矿物掺合料作为其第五和第六组分。现代高强混凝土技术是在高效减水剂发明之后，从 20 世纪 70 年代开始发展起来的，开始是以高纯度和高工作性为目标，而其致密结构通常又使得这种混凝土兼具其他优良性能。高强混凝土在高层建筑、超高层建筑、大型桥梁、道路以及受有侵蚀介质作用的车库、储罐等构筑物中都得到广泛应用。目前，在技术上高强混凝土强度可达 400 MPa，将能建造出高度为 600 ~ 900 m 的超高层建筑以及跨度达 500 ~ 600 m 的桥梁。只是由强度太高带来的脆性问题尚未从根本上解决，因此，目前在使用高强混凝土方面仍有一定限度。

5)泵送混凝土

泵送混凝土是指混凝土拌合物的坍落度(表征混凝土稠度的参数)不低于100 mm并用泵送施工的混凝土。近年来,为提高施工效率和减少施工现场组织的复杂性,商品预拌混凝土和混凝土泵送机械的应用逐渐被推广,对泵送混凝土的需求也不断增加。泵送混凝土的特点可归纳为以下几点:

①施工效率高,一般混凝土泵送量可达60 m^3/h,目前世界上最大功率的混凝土泵送量可达159 m^3/h,这是其他任何一种施工机械都难以相比的。

②施工占地小,特别适用于建筑物集中区使用。

③施工方便,可使混凝土一次连续完成垂直和水平输送、浇筑,从而减少混凝土的运转次数,较好地保证混凝土的性能,有利于结构的整体性。

④有利于环境保护,泵送混凝土是商品(预拌)混凝土,一般不在施工现场拌制,从而减少了现场粉尘污染和运输(封闭运输)过程中的泥水污染。

泵送混凝土在混凝土泵的推动下沿管道进行传输和浇筑,因此它不但要满足强度和耐久性的要求,更要满足管道输送对混凝土拌合物提出的可泵性要求。所谓可泵性,是指混凝土拌合物应具有顺利通过管道,与管道间的摩擦阻力小、不离析、不泌水、不阻塞的性能,为保持良好的可泵性,往往需要外掺泵送剂。

6)大体积混凝土

大体积混凝土是指混凝土结构物实体最小尺寸等于或大于1 m或预计会因水泥水化热引起混凝土内外温差过大而导致裂缝的混凝土。在建筑工程中,常见的高层建筑基础、大型整体浇筑的模块、水利和海工工程中的坝体、港口堤坝及市政工程中的大型桥、挡土墙等都属于大体积混凝土,随着经济社会的发展,超大体积的混凝土工程日渐增多,大体积混凝土的应用也日益广泛。

大体积混凝土在生产中主要应采取以下措施以降低和延缓水化热的集中释放:

①采用低水化热的水泥品种。

②采用能降低早期水化热的外加剂(如缓凝剂等)。

③采用掺合料。

④采用一切措施增加骨料和掺合料的用量以降低水泥用量。

4.混凝土的特点

混凝土之所以在土木工程中得到广泛应用,是由于它有许多独特的技术性能。这些特点主要反映在以下几个方面:

①原材料来源丰富。混凝土中占整个体积70%以上的砂、石料均就地取材,避免远距离运输,其资源丰富,有效降低了制作成本。

②性能可调整范围大。根据使用功能要求,改变混凝土的材料配合比例及施工工艺可在相当大的范围内对混凝土的强度、保温耐热性、耐久性及工艺性能进行调整。

③有良好的塑性。混凝土拌合物在硬化前,有优良的可塑成型性,可根据施工浇筑需要适应各种形状复杂的结构构件的施工要求。

④施工工艺简易、多变。混凝土既可简单进行人工浇筑,也可根据不同的工程环境特点灵活采用泵送、喷射、水下等施工方法。

⑤可用钢筋增强。钢筋与混凝土虽为性能迥异的两种材料，但两者却有近乎相等的线膨胀系数（即单位长度的材料在温度每升高 1 ℃时的伸长量），致使它们可共同工作，弥补了混凝土抗拉强度低的缺点，扩大了其应用范围。

⑥有较高的强度和耐久性。近代高强混凝土的抗压强度可达 100 MPa 以上，同时具备较高的抗渗、抗冻、抗腐蚀、抗炭化性，其耐久年限可达数百年以上。

混凝土除以上优点外也存在自重大、养护周期长、导热系数较大、不耐高温、拆除废弃物再生利用性较差等缺点，随着混凝土新功能、新品种的不断开发，这些缺点正在不断地被克服和改进。

5. 混凝土应用的基本要求

混凝土应用的基本要求主要包括以下几个方面：

①要满足结构安全和施工不同阶段所需的强度要求。

②要满足混凝土搅拌、浇筑、成型过程所需的工作性要求。

③要满足设计和使用环境所需的耐久性要求。

④要满足节约水泥、降低成本的经济性要求。

简单地说，就是要满足强度、工作性、耐久性和经济性的要求。

子任务二　认识普通混凝土的组成材料

【任务背景】 在建筑工程中，普通混凝土的应用最广泛、用量最大。同时，因为普通混凝土是其他特殊混凝土研发的基础。所以普通混凝土是进行混凝土学习与应用的重要品种。混凝土作为一种人工合成的石材，每一种原材料在其中起不同的作用，产生不同的影响，混凝土的性能特点在很大程度上取决于其组成材料的性质及相对含量，因此，我们有必要从认识普通混凝土的组成材料出发，了解各组成材料的作用及常见品种的相关基础知识，为后面进一步深化原材料的选择、质量检验、混凝土配合比设计等工作做好铺垫。

1. 普通混凝土的组成及其作用

水、水泥、细骨料（砂）、粗骨料（石子）是普通混凝土（以下简称“混凝土”）的 4 种基本组成材料。除此之外，为了改善混凝土的某些性能还常掺入一些化学外加剂和矿物掺合料。

在混凝土中，骨料一般占总体积的 70% ~ 80%，水泥浆（硬化后为水泥石）占 20% ~ 30%，此外，还含有少量的充满空气的气孔。混凝土的结构如图 3-1 所示。

在混凝土中，砂、石起骨架作用，称为骨料或集料。水泥与水形成水泥浆，水泥浆包裹在骨料表面并填充其空隙。硬化前，水泥浆起润滑作用，赋予混凝土拌合物一定的流动性，便于施工操作。水泥浆硬化后，则将砂、石骨料胶结成一个坚实的整体。砂、石一般不参与水泥与水的化学反应，主要作用是节约水泥、承担荷载、限制硬化水泥的收缩。外加剂、掺合料起节约水泥和改善混凝土性能的作用。

2. 胶凝材料——水泥

普通混凝土中的胶凝材料水泥是普通混凝土的主要胶凝材料，它是一种无机胶凝材料。无机胶凝材料按硬化条件又可分为气硬性胶凝材料和水硬性胶凝材料两种。气硬性胶凝材料只能在空气中凝结硬化，保持和继续发展其强度，在水中不能硬化且不具有强度，如石膏、

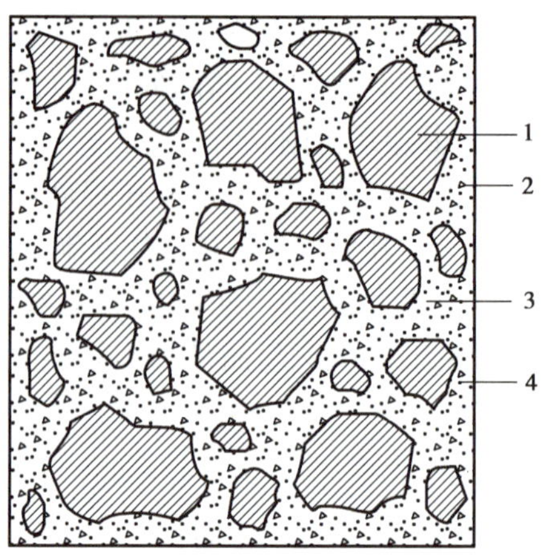

图 3-1　混凝土的结构示意图

1—石子;2—砂;3—水泥浆;4—气孔

石灰、水玻璃等。水硬性胶凝材料既能在空气中硬化,也能更好地在水中硬化,保持并继续发展其强度,如各种水泥。

水泥作为一种典型的粉状水硬性无机胶凝材料,广泛用于土木建筑、水利、国防等工程中,与骨料及增强材料制成混凝土、钢筋混凝土、预应力混凝土构件,也可配制砌筑砂浆、防水砂浆、装饰砂浆用于建筑物的砌筑、抹面、装饰等。水泥品种繁多,按其主要水硬性物质的种类不同,可分为硅酸盐水泥、铝酸盐水泥、硫铝酸盐水泥、铁铝酸盐水泥等类别,其中,硅酸盐类水泥生产量最大、应用最为广泛。本节重点讲述硅酸盐类水泥。

硅酸盐类水泥是以硅酸钙为主要成分的水泥熟料、按一定量的混合材料和适量石膏共同磨细制成的。硅酸盐类水泥按其性能和用途不同,又可分为通用水泥、专用水泥和特性水泥三大类。硅酸盐类水泥分类,具体如图 3-2 所示。

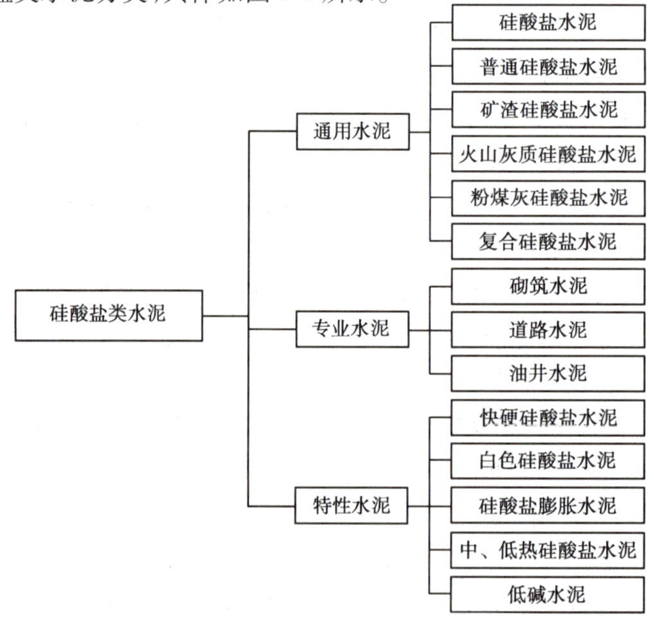

图 3-2　硅酸盐类水泥分类

1)通用硅酸盐水泥

(1)通用硅酸盐水泥的定义及品种

通用硅酸盐水泥是以硅酸盐水泥熟料和适量的石膏及规定的混合材料制成的水硬性胶凝材料。

通用硅酸盐水泥按混合材料的品种和掺量不同,可分为硅酸盐水泥、普通硅酸盐水泥(简称"普通水泥")、矿渣硅酸盐水泥(简称"矿渣水泥")、火山灰质硅酸盐水泥(简称"火山灰水泥")、粉煤灰硅酸盐水泥(简称"粉煤灰水泥")、复合硅酸盐水泥(简称"复合水泥")6种。

(2)通用硅酸盐水泥的生产

通用硅酸盐水泥的生产原料主要是石灰质和黏土质两类。常用的石灰质原料包括石灰石、白垩等,主要提供 CaO。常用的黏土质原料包括黏土、黄土等,主要提供 SiO_2, Al_2O_3 及 Fe_2O_3。有时为了补充前面两类原料化学组成的不足,补充铁质及改善煅烧条件,还要加入少量校正原料,如铁粉、萤石等。各类原料按一定比例配合、磨细即制成生料,生料中各种化学成分的含量需满足表3-1中的含量要求。

表3-1　生产通用硅酸盐水泥的生料中各种化学成分的含量要求

化学成分	含量范围/%	化学成分	含量范围/%
CaO	62~67	SiO_2	20~24
Al_2O_3	4~7	Fe_2O_3	2.5~6.0

水泥的生产包括生料制备、熟料煅烧和水泥粉磨3个主要工序。生料制备是水泥生产中的第一步,随后将生料均化后送入窑中锻烧至部分熔融,得到以硅酸钙为主要成分的水泥熟料,熟料与适量的石膏、不同掺量的混合材料共同磨细,即得到不同类别的水泥。整个生产过程可概括为"两磨一烧",其生产示意图如图3-3所示。

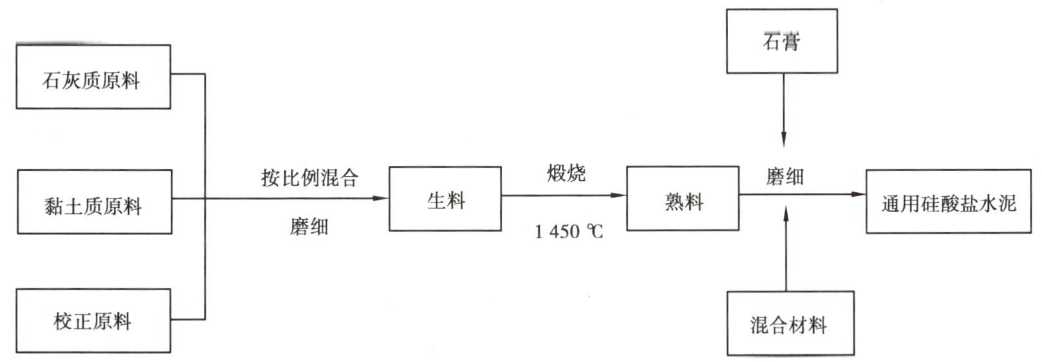

图3-3　通用硅酸盐水泥生产示意图

(3)通用硅酸盐水泥的组分要求

6个通用硅酸盐水泥品种的组分要求见表3-2,常依据表中各组分百分含量要求对通用硅酸盐水泥品种进行分类及定义。

表 3-2　通用硅酸盐水泥组分百分含量表

品　种	代号	组分/%				
		熟料＋石膏	粒化高炉矿渣	火山灰质混合材料	粉煤灰	石灰石
硅酸盐水泥	P·Ⅰ	100	—	—	—	—
	P·Ⅱ	≥95	≤5	—	—	—
		≥95	—	—	—	≤5
普通硅酸盐水泥	P·O	≥80 且＜95	＞5 且≤20			—
矿渣硅酸盐水泥	P·S·A	≥50 且＜80	＞20 且≤50	—	—	—
	P·S·B	≥30 且＜50	＞50 且≤70	—	—	—
火山灰质硅酸盐水泥	P·P	≥60 且＜80	—	＞20 且≤40	—	—
粉煤灰硅酸盐水泥	P·F	≥60 且＜80	—	—	＞20 且≤40	—
复合硅酸盐水泥	P·C	≥50 且＜80	＞20 且≤50			

（4）通用硅酸盐水泥的组成材料

①硅酸盐水泥熟料，是指由生产通用硅酸盐水泥的生料在窑体中通过高温煅烧、发生化学反应所生成的一系列盐的混合物。硅酸盐水泥熟料的主要矿物组成、化学简写式、含量等见表 3-3。通过表 3-3 可知，硅酸盐水泥熟料中占比最多的矿物是硅酸三钙，铝酸三钙、铁铝酸四钙含量相对较少。

表 3-3　硅酸盐水泥熟料的矿物组成及含量

矿物名称	硅酸三钙	硅酸二钙	铝酸三钙	铁铝酸四钙
矿物组成	$3CaO \cdot SiO_2$	$2CaO \cdot SiO_2$	$3CaO \cdot Al_2O_3$	$4CaO \cdot Al_2O_3 \cdot Fe_2O_3$
简写式	C_3S	C_2S	C_3A	C_4AF
矿物含量/%	37～60	15～37	7～15	10～18

②石膏，在水泥生产中起着缓凝剂的作用，主要用于延缓由铝酸三钙导致的水泥闪凝或假凝现象。

③活性混合材料，是指具有一定的化学活性，能和水泥的水化产物产生化学反应，生成新的水硬性胶凝材料，凝结硬化产生强度，从而改变水泥的某些特性的一种或一类矿物混合材料称为活性混合材料。生产水泥时常用的活性混合材料有粒化高炉矿渣、火山灰质混合材料和粉煤灰等，其主要化学成分为活性氧化硅和活性氧化铝。这些活性材料本身不会发生水化反应，不产生胶凝性；但在氢氧化钙或石膏等溶液中，它们却能产生明显的水化反应，形成水化硅酸钙和水化铝酸钙。

a. 粒化高炉矿渣是高炉炼铁的熔融矿渣，经水或水蒸气迅速冷却处理所得的质地疏松、多孔的粒状物，也称水淬矿渣。粒化高炉渣在急冷过程中，熔融矿渣的黏度增加很快，来不及结晶，大部分呈玻璃态，储存有潜在的化学能。粒化高炉矿渣 90% 以上的化学成分是 CaO，SiO_2，Al_2O_3 及少量的 MgO，FeO 和一些硫化物。粒化高炉矿渣磨成细粉后，其中的活性

SiO_2 和活性 Al_2O_3 可与 $Ca(OH)_2$ 化合,生成具有胶凝性质的水化产物。

b. 火山灰质混合材料是泛指具有火山灰质的天然的或人工的以 SiO_2 和 Al_2O_3 为主要成分的矿物质原料,如天然的火山灰、凝灰岩、硅藻土等;属于人工的有煤渣、煤矸石渣、硅灰、粉煤灰等。火山灰质混合材料结构疏松多孔,内比表面积大,易反应。

c. 粉煤灰是燃煤发电厂通过静电吸尘的方式,从煤粉锅炉烟气中收集到的灰色或浅灰色粉末状工业废渣。从化学成分讲,粉煤灰属于火山灰质混合材料中的一类,但粉煤灰结构致密,性质与火山灰质混合材料有所不同,又是一种工业废料,通常作为其中一种活性混合材料单独列出。

④非活性混合材料,是指不具有活性或活性低于水泥活性混合材料标准要求的人工或天然的矿物质材料,它们与水泥不起或仅起微弱的化学作用。非活性混合材料在水泥中起着调节水泥的强度等级范围、增加水泥产量、降低水泥水化热等作用。

2)专用水泥

专用水泥是指有专门用途的水泥,如砌筑水泥、道路水泥、大坝水泥、油井水泥等。这里简单介绍砌筑水泥和道路水泥。

(1)砌筑水泥

砌筑水泥是由一种或一种以上活性混合材料或具有水硬性的工业废料为主要原料,加入适量硅酸盐水泥熟料和石膏,经磨细制成的水硬性胶凝材料,代号 M。砌筑水泥中混合材料掺加量按质量百分比计应大于 50%,允许掺入适量的石灰石(石灰石中的 Al_2O_3 不超过 2.5%)或窑灰。

砌筑水泥的强度较低,不能用于钢筋混凝土或结构混凝土,主要用于工业与民用建筑的砌筑和抹面砂浆、垫层混凝土等。

(2)道路水泥

道路水泥是以适当成分生料烧至部分熔融,得到以硅酸钙为主要成分并含有较多量的铁铝酸盐的硅酸盐水泥熟料,加入 0% ~10% 的混合材料和适量石膏磨细制成的水硬性胶凝材料,代号 P·R。与硅酸盐水泥相比,道路水泥具有以下特点:

①耐磨性好。与同强度等级的硅酸盐水泥相比,道路水泥的磨耗率降低 20% ~40%。

②强度高,特别是抗折强度高。道路水泥的早期强度增长率相当于或高于同强度等级早强型硅酸盐水泥的增长率,且抗折强度的增长率高于抗压强度的增长率,28 d 抗折强度高于同强度等级的早强型硅酸盐水泥。

③水化热低,耐久性好。道路水泥的水化热可达到中热硅酸盐水泥的要求,在冻融交替环境下,具有良好的耐久性。

④干缩率低。道路水泥的干缩率比硅酸盐水泥低 10% 以上。其干缩稳定期短,施工时可减少路面预留缝的数量,从而提高路面平整度和行车舒适度。

⑤抗硫酸盐腐蚀能力较强。道路水泥的熟料中 C_3A 含量少,水化生成的硫铝酸钙少,抵抗硫酸盐腐蚀能力增强。

基于以上特点,道路水泥主要用于道路路面、机场跑道道面、车站、城市广场等工程的混凝土面层,能有效减少混凝土路面的裂缝和磨耗等病害,减少维修费用,延长路面的使用年限。

3)特性水泥

(1)快硬硅酸盐水泥

凡以硅酸盐水泥熟料和适量石膏磨细制成的和以 3 d 抗压强度表示强度等级的水硬性胶凝材料,称为快硬硅酸盐水泥,简称快硬水泥。

快硬硅酸盐水泥与硅酸盐水泥的生产方法基本相同,但为了使其具有比硅酸盐水泥硬化更快的特性,在生产过程中,常常通过提高熟料中凝结硬化最快的 C_3S 与 C_3A 的总含量(总量不应小于 60% ~65%,其中 C_3S 为 50% ~60%,C_3A 为 8% ~14%)、增加石膏的掺量(达到 8%)及提高水泥的粉磨细度(比表面积达到 330 ~450 m^2/kg)3 种主要措施来实现。

快硬水泥凝结硬化快,早期强度增长较快,因此它适用于早期强度要求高的工程、紧急抢修工程、冬季施工工程以及制作混凝土或预应力钢筋混凝土预制构件。由于快硬水泥颗粒较细,易受潮变质,故运输、储存时须特别注意防潮,且不宜久存,从出厂之日起超过 1 个月则应重新检验,合格后方可使用。

(2)白色硅酸盐水泥

以适当成分的生料烧至部分熔融,得到以硅酸钙为主要成分、氧化铁含量很少的白色硅酸盐水泥熟料,加入适量石膏共同磨细制成的水硬性胶凝材料称为白色硅酸盐水泥,简称白水泥,代号 P·W。

硅酸盐水泥由于氧化铁含量较多(3% ~4%),呈暗灰色,而白水泥则因 Fe_2O_3 等着色氧化物很少而呈白色。为了满足白色水泥的白度要求,在生产过程中应尽量降低 Fe_2O_3 的含量,同时对于其他着色氧化物(如氧化锰、氧化钛、氧化铬等)的含量也要加以限制。为此,白色硅酸盐水泥生产中要求原料采用纯净的高岭土、纯石英砂、纯石灰石或白垩等含着色杂质(铁、铬、锰等)极少的较纯原料;在煅烧、粉磨、运输、包装过程中也需防止着色杂质混入;研磨体应采用硅质卵石或人造瓷球等。

白水泥主要用于建筑物内外的装饰,如地面、楼面、墙柱、台阶;建筑立面的线条、装饰图案、雕塑等;配以彩色大理石、白云石石子和石英石砂作为粗细骨料,可拌制成彩色砂浆和混凝土,做成水磨石、水刷石、斩假石等饰面,起艺术装饰效果。

【课堂思考与讨论 3-1】

现有两袋白色粉状材料,分别是生石灰粉、白色硅酸盐水泥,试问采用什么简易方法可以鉴别出哪袋是生石灰粉,哪袋是白色硅酸盐水泥?

(3)膨胀水泥

硬化过程中不产生收缩而具有一定膨胀性能的水泥,属膨胀水泥。按水泥的主要成分不同,膨胀水泥分为硅酸盐型、铝酸盐型和硫铝酸盐型膨胀水泥;按膨胀值的大小,膨胀水泥可分为补偿收缩水泥(线膨胀率 <1%)和自应力水泥(线膨胀率 1% ~3%)两大类。

一般硅酸盐水泥在空气中硬化时,体积会发生收缩。收缩会使水泥石结构产生微裂缝,降低水泥石结构的密实性,影响结构的抗渗、抗冻、耐腐蚀性等,利用补偿收缩水泥线膨胀率较小、在硬化过程中体积略有膨胀的特点可以解决由于收缩带来的不利后果,有效防止混凝土产生收缩裂缝;自应力水泥硬化时膨胀率较大,当这种膨胀受到水泥混凝土中钢筋的约束时,钢筋受到拉力,混凝土受到压力,钢筋和混凝土会一起发生变形,这种压力是水泥自身水化产生的体积变化所引起的,所以叫自应力。利用自应力水泥的膨胀值较大,在限制的条件

(如配有钢筋)下,可使混凝土受到压应力,从而达到预应力的目的。

常用膨胀水泥及主要用途:

①硅酸盐膨胀水泥,主要用于制造防水砂浆和防水混凝土,适用于加固结构、浇筑机器底座或固结地脚螺栓,也可用于接缝及修补工程,但禁止在有硫酸盐侵蚀的水下工程中使用。

②低热微膨胀水泥,主要用于较低水化热和要求补偿收缩的混凝土、大体积混凝土,也适用于要求抗渗和抗硫酸盐侵蚀的工程。

③硫铝酸盐膨胀水泥,主要用于浇筑构件节点,以及应用于抗渗和补偿收缩的混凝土工程中。

④自应力水泥,主要用于自应力钢筋混凝土压力管及其配件。

(4)中低热硅酸盐水泥

根据国家标准,中低热硅酸盐水泥主要有 3 个品种,即中热硅酸盐水泥(简称"中热水泥",代号 P·MH)、低热硅酸盐水泥(简称"低热水泥",代号 P·LH)、低热矿渣硅酸盐水泥(简称"低热矿渣水泥",代号 P·SLH)。

在中热水泥中,硅酸盐水泥熟料里 C_3S 的含量应不超过 55%,C_3A 的含量应不超过 6%,游离氧化钙的含量应不超过 1.0%。

在低热水泥中,硅酸盐水泥熟料里 C_3S 的含量应不小于 40%,C_3A 的含量不得超过 6%,游离氧化钙的含量应不超过 1.0%。

在低热矿渣水泥中,掺入粒化高炉矿渣量按质量百分比计为 20% ~60%,允许用不超过混合材料总量 50% 的粒化电炉磷渣或粉煤灰代替部分粒化高炉矿渣;熟料中的 C_3A 的含量应不超过 8%,游离氧化钙的含量应不超过 1.2%,氧化镁的含量不应超过 5.0%;如果水泥经压蒸安定性试验合格,则熟料中氧化镁的含量允许放宽到 6.0%。

中热水泥水化热较低,抗冻性与耐磨性较高,适用于大体积水工建筑物水位变动区的覆面层及大坝溢流面,以及其他要求低水化热、高抗冻性和耐磨性的工程。低热矿渣水泥水化热更低,适用于大体积建筑物或大坝内部要求更低水化的部位,此外,这些水泥有一定的抗硫酸盐侵蚀能力,可用于低硫酸侵蚀工程。

3. 砂

行业标准《普通混凝土用砂、石质量及检验方法标准》(JGJ 52—2006)中规定:公称粒径小于 5.00 mm 的岩石颗粒,称为砂。

按砂的生产过程特点,可将砂分为天然砂、人工砂和混合砂。

天然砂是由自然条件作用形成的岩石颗粒。根据其产地特征,可进一步分为河砂、湖砂、山砂和海砂。河砂、湖砂材质最好,洁净、无风化、颗粒表面圆滑;山砂风化较严重,含泥较多,含有机杂质和轻物质也较多,质量最差;海砂中常含有贝壳等杂质,所含氯盐、硫酸盐、镁盐会引起水泥的腐蚀,对混凝土有一定的影响。

人工砂是岩石经除土处理,由机械破碎、筛分制成的颗粒。人工砂颗粒形状棱角多,表面粗糙不光滑,粉末含量较大。用人工砂配制混凝土时用水量应比用天然砂配制混凝土的用水量多,增加量由试验确定。

混合砂是人工砂与天然砂按一定比例混合制成的。混合砂的使用是克服人工砂粗糙、天然砂颗粒偏细的缺点。

另外,砂还可以按粗细程度不同分为粗砂、中砂、细砂、特细砂 4 种。

4. 石子

行业标准《普通混凝土用砂、石质量及检验方法标准》(JGJ 52—2006)中规定:公称粒径大于 5.00 mm 的岩石颗粒为石,包括卵石和碎石。

卵石是指由自然条件作用形成的,公称粒径大于 5.00 mm 的岩石颗粒。碎石是指由天然岩石或卵石经破碎、筛分而得的,公称粒径大于 5.00 mm 的岩石颗粒。

碎石与卵石相比,表面比较粗糙、多棱角,与水泥的黏结强度较高;在水灰比相同的条件下,用碎石拌制的混凝土,流动性较小,但强度较高;而卵石正好相反,流动性大,但强度较低。

5. 混凝土用水

混凝土用水按水源不同分为饮用水、地表水、地下水、再生水、混凝土设备洗刷水和海水等。

混凝土用水要求不得影响混凝土的和易性及凝结;不得有损于混凝土强度的发展;不得降低混凝土的耐久性、加快钢筋锈蚀及导致预应力钢筋脆断;不得污染混凝土表面。行业标准《混凝土用水标准》(JGJ 63—2006) 对混凝土用水提出了具体的质量要求:符合国家标准的生活用水可用于拌制混凝土;地表水、地下水和再生水等必须按照标准规定经检验合格后方可使用;混凝土企业设备洗刷水不宜用于预应力混凝土、装饰混凝土、加气混凝土和暴露在腐蚀环境的混凝土,不得用于使用碱活性骨料的混凝土;海水中含有较多硫酸盐、镁盐和氯盐,影响混凝土的耐久性并加速钢筋的锈蚀,因此,未经处理的海水严禁用于混凝土和预应力混凝土,在无法获得水源的情况下,海水可用于素混凝土,但不宜用于装饰混凝土。混凝土拌和用水水质要求见表 3-4。

表 3-4　混凝土拌和用水水质要求

项　目	预应力混凝土	钢筋混凝土	素混凝土
pH 值　≥	5.0	4.5	4.5
不溶物/($mg \cdot L^{-1}$)　≤	2 000	2 000	5 000
可溶物/($mg \cdot L^{-1}$)　≤	2 000	2 000	10 000
Cl^-/($mg \cdot L^{-1}$)　≤	500	1 000	3 500
SO_4^{2-}/($mg \cdot L^{-1}$)　≤	600	2 000	2 700
碱含量/($mg \cdot L^{-1}$)　≤	1 500		

注:①使用钢丝或经热处理钢筋的预应力混凝土氯化物含量不得超过 350 mg/L。

②对于设计使用年限为 100 年的结构混凝土,氯离子含量不得超过 500 mg/L。

6. 混凝土外加剂

1)混凝土外加剂的定义及分类

混凝土外加剂是一种在混凝土搅拌之前或拌制过程中掺入量不超过水泥质量的 5%、用

以改善新拌混凝土和(或)硬化混凝土性能的材料,被称为混凝土的第五组分。根据《混凝土外加剂术语》(GB/T 8075—2017)规定,混凝土外加剂按其主要功能分为以下4类:

第一类,改善混凝土拌合物流变性能的外加剂,包括各种减水剂和泵送剂等。

第二类,调节混凝土凝结时间、硬化性能的外加剂,包括缓凝剂、促凝剂和速凝剂等。

第三类,改善混凝土耐久性的外加剂,包括引气剂、防水剂、阻锈剂和矿物外加剂等。

第四类,改善混凝土其他性能的外加剂,包括膨胀剂、防冻剂和着色剂等。

2)工程中常用的几类外加剂

随着建筑科学技术的迅速发展,工程土建对混凝土的性能不断提出新的要求,采用混凝土外加剂对满足这些要求是十分有效的手段。以下重点介绍几种工程中常用的外加剂。

(1)减水剂

减水剂是指在混凝土流动性基本相同的条件下,能显著减少混凝土拌和用水量的外加剂。根据减水剂的作用效果及功能情况,可分为普通减水剂、高效减水剂、早强减水剂、缓凝减水剂和引气减水剂等。

在混凝土中加入减水剂,根据使用目的不同,一般可取得以下几种效果:

①减少用水量。保持流动性不变的情况下,可减少用水量10%~20%。

②提高流动性。在不改变混凝土拌和用水量时,可大幅度提高新拌混凝土的流动性。

③节约水泥。在保持混凝土和易性、强度不变的情况下,可节约水泥量5%~20%。

④提高混凝土强度。在保持流动性及水泥用量不变的情况下,可减少用水量,从而降低水灰比,提高混凝土强度。

⑤改善混凝土的耐久性。掺入减水剂,能显著改善混凝土的孔结构,使混凝土密实度提高,从而提高混凝土抗渗、抗冻、抗腐蚀和耐久性等性能。

减水剂在使用中,普通减水剂宜用于日最低气温在5 ℃以上环境条件下,强度等级为C40以下的混凝土,不宜单独用于蒸养混凝土。早强型普通减水剂宜用于在常温、低温和最低温度不低于-5 ℃环境中施工的有早强要求的混凝土工程。炎热环境条件下不宜使用早强型普通减水剂。缓凝型普通减水剂可用于大体积混凝土、碾压混凝土、炎热气候条件下施工的混凝土、大面积浇筑的混凝土、避免冷缝产生的混凝土、需长时间停放或长距离运输的混凝土、滑模施工或拉模施工的混凝土及其他需要延缓凝结时间的混凝土,不宜用于有早强要求的混凝土。高效减水剂可用于素混凝土、钢筋混凝土、预应力混凝土,并可用于制备高强混凝土。

(2)早强剂

早强剂是指加速混凝土早期强度发展的外加剂。这类外加剂能加速水泥的水化过程,提高混凝土的早期强度,缩短养护周期,并对后期强度无显著影响。早强剂按化学成分不同,分为强电解质无机盐类、水溶性有机物类、有机类和无机物复合的复合早强剂。为了更好地发挥各种早强剂的技术特性,实际工程中常采用复合早强剂。

早强剂宜用于蒸养、常温、低温和最低温不低于-5 ℃环境中有早强要求的混凝土工程;炎热条件以及温度低于-5 ℃环境下不宜使用早强剂,不宜用于大体积混凝土结构。常温及低温下使用早强剂或早强水剂的混凝土采用自然养护时宜使用塑料薄膜覆盖或喷洒养护液。终凝后应立即浇水潮湿养护。最低气温低于 0 ℃时除塑料薄膜外还应加盖保温材料。最低气温低于 -5 ℃时应使用防冻剂。

(3)引气剂

引气剂是指在搅拌混凝土过程中能引入大量均匀分布、稳定而封闭的微小气泡的外加剂。引气剂能改善混凝土的和易性;提高混凝土的抗冻性、抗渗性等耐久性;降低混凝土的强度。引气剂及引气减水剂宜用于有抗冻融要求的混凝土、泵送混凝土和易产生泌水的混凝土;可用于抗渗混凝土、抗硫酸盐混凝土、贫混凝土、轻骨料混凝土、人工砂混凝土和有饰面要求的混凝土;不宜用于蒸养混凝土及预应力混凝土。

(4)缓凝剂

缓凝剂是指能延长混凝土凝结时间并对混凝土的后期强度发展无不利影响的外加剂。

缓凝剂除了具有延缓混凝土凝结功能外,还具有减水、增强、降低水化热等功能,对钢筋无腐蚀作用。缓凝剂宜用于高温季节施工和泵送混凝土、滑模混凝土及大体积混凝土的施工或远距离运输的商品混凝土。但缓凝剂不宜用于日最低气温在 5 ℃以下施工的混凝土,也不宜单独用于有早强要求的混凝土或蒸养混凝土。

(5)速凝剂

速凝剂是使混凝土迅速凝结和硬化的外加剂。速凝剂与水泥和水拌和后立即反应,使水泥中的石膏失去缓凝作用,促成水泥中 C_3A 迅速水化,并在溶液中析出其化合物、导致水泥迅速凝结。国产速凝剂“711”型,当其掺量为 2.5% ~4.0% 时、可使水泥在 5 min 内初凝,10 min 内终凝,并能提高早期强度,虽然 28 d 强度比不掺速凝剂时有所降低,但可长期保持稳定值不再下降。速凝剂主要用于道路、隧道、机场的修补、抢修工程以及喷锚支护时的喷射混凝土施工。

(6)泵送剂

泵送剂是指能改善混凝土拌合物泵送性能的外加剂。随着商品混凝土的推广,采用泵送混凝土施工越来越普遍。泵送剂能提高混凝土拌合物的和易性,降低泌水离析现象,增大稠度,减小与输送管内壁的摩擦,有效增强混凝土的可泵性。混凝土泵送剂常采用由减水剂、缓凝剂、引气剂、润滑剂等复合而成。

泵送剂宜用于配制泵送混凝土、商品混凝土、大体积混凝土、大流动混凝土及夏季施工、滑模施工、大模板施工等场合;施工环境宜为日平均气温 5 ℃以上的;不宜用于蒸汽养护混凝土和蒸压养护的预制混凝土。

3)外加剂的选择与使用

混凝土外加剂的种类很多。在对外加剂进行选择时,应根据设计和施工要求、工程环境及外加剂的主要作用选择;同时应根据产品说明及有关规定,如《混凝土外加剂应用技术规范》(GB 50119—2013)及国家有关环境保护的规定进行品种选择。当不同供方、不同品种的外加剂同时使用时,应经试验验证,并应确保混凝土性能满足设计和施工要求后再使用。

外加剂掺量虽小,但可对混凝土的性质和功能产生极大影响,取得显著的技术经济效果。外加剂在具体应用时要严格按照产品说明操作,特别是其掺量及掺入方法的选择稍有不慎,便会造成事故,因此使用时应注意以下几点:

①外加剂的掺量和水泥品种、环境温湿度、搅拌条件等有关。掺量的微小变化对混凝土的性质会产生明显影响，掺量过小，作用不显著；掺量过大，有时会物极必反起反作用，造成事故。故在大批量使用前要通过基准混凝土与试验混凝土的试验对比，取得实际性能指标的对比后，再确定应采用的掺量。

②外加剂掺量很少，必须保持外加剂能均匀分散。不论粉状还是液态状的外加剂在掺入时一般不能采用直接倒入搅拌机的方法。对于可溶于水的外加剂，应先配成一定浓度的溶液，随水加入搅拌机。对于不溶于水的外加剂，应与适量水泥或砂混合均匀后再加入搅拌机内。外加剂倒入搅拌机内，要控制好搅拌时间，以满足混合均匀、时间又在允许范围内的要求。

7. 矿物掺合料

在拌制混凝土过程中掺入的、具有一定细度和水硬性的、用以改善混凝土拌合物和硬化混凝土性能（特别是耐久性）的某些矿物类产品，称为矿物掺合料或矿物外加剂。它被誉为混凝土的第六组分。矿物掺合料能显著改善混凝土的和易性，提高混凝土的密实度、抗渗性、耐腐蚀性和强度等，应用十分普遍。建筑工程中常用的矿物掺合料有粉煤灰或磨细粉煤灰、磨细矿渣、硅灰、磨细天然沸石等。

任务二　深化认识，做好水泥的质量把控、正确选用

子任务一　掌握水泥技术要求，做好进场检验与保管

【任务背景】　混凝土原材料的质量是影响混凝土质量的主要因素。符合标准和规范要求的混凝土原材料是保证混凝土的和易性、强度、耐久性等性能符合要求的必要前提条件。同时，因混凝土使用中经历了生产搅拌、运输、浇注、养护等环节，故混凝土的质量把控是原料生产单位、商品混凝土生产单位、施工单位、质检部门等工作人员都会面临的工作内容，只有做好每个环节的质量把控，才能有效控制混凝土质量，减少工程事故的发生。

水泥作为普通混凝土的主要胶凝材料，水泥质量是否合格也显得尤为重要。水泥厂需要对出厂水泥做质量检验。商品混凝土生产单位、施工员等必须对水泥进行进场验收，这些工作都需要技术人员掌握判定水泥质量是否合格的技术标准要求，掌握水泥进场检验技巧与规范要求，这是做好水泥质量把控的基本前提。本节主要以混凝土工程中最常用的通用硅酸盐水泥作为学习对象进行相关知识介绍。

1. 通用硅酸盐水泥技术要求

1）化学指标

（1）不溶物

不溶物是指水泥中不发生水化反应的残渣。不溶物含量越高，水泥的质量越差。不溶物不符合规定的水泥为不合格品。

(2)烧失量

烧失量是成品水泥再次煅烧时质量损失的百分率,水泥煅烧不完全或水泥受潮后,都会导致烧失量的增加。烧失量越大,水泥的质量越差。烧失量不符合规定的水泥为不合格品。

(3)SO_3 含量

水泥中的 SO_3 源于生产水泥时掺入的石膏,或者煅烧水泥熟料时加入的石膏矿化剂。通常生产水泥时石膏掺量占水泥质量的 3%~5%,以保证 SO_3 含量不超过 3.5%,过量的石膏会产生大量体积膨胀的钙矾石晶体,导致水泥石或混凝土结构出现裂缝甚至破坏。

(4)MgO 含量

水泥中的 MgO 源于生产水泥的原料。在生产水泥的过程中,MgO 被高温煅烧成过火颗粒,水化速度很慢,过量的 MgO 会在水泥硬化后生成体积膨胀的氢氧化镁,导致水泥石结构出现裂缝甚至破坏。

通用硅酸盐水泥的化学指标应符合表 3-5 的规定。化学指标中有任何一项不合格,则判定该水泥为不合格品。

表 3-5　通用硅酸盐水泥的化学指标

<table>
<tr><th>品种</th><th>代号</th><th>不溶物(质量分数)/%</th><th>烧失量(质量分数)/%</th><th>SO_3(质量分数)/%</th><th>MgO(质量分数)/%</th><th>氯离子(质量分数)/%</th></tr>
<tr><td rowspan="2">硅酸盐水泥</td><td>P·I</td><td>≤0.75</td><td>≤3.0</td><td rowspan="3">≤3.5</td><td rowspan="3">≤5.0①</td><td rowspan="8">≤0.06①</td></tr>
<tr><td>P·Ⅱ</td><td>≤1.50</td><td>≤3.5</td></tr>
<tr><td>普通硅酸盐水泥</td><td>P·O</td><td>—</td><td>≤5.0</td></tr>
<tr><td rowspan="2">矿渣硅酸盐水泥</td><td>P·S·A</td><td>—</td><td>—</td><td rowspan="2">≤4.0</td><td>≤6.0②</td></tr>
<tr><td>P·S·B</td><td>—</td><td>—</td><td>—</td></tr>
<tr><td>火山灰质硅酸盐水泥</td><td>P·P</td><td>—</td><td>—</td><td rowspan="3">≤3.5</td><td rowspan="3">≤6.0③</td></tr>
<tr><td>粉煤灰硅酸盐水泥</td><td>P·F</td><td>—</td><td>—</td></tr>
<tr><td>复合硅酸盐水泥</td><td>P·C</td><td>—</td><td>—</td></tr>
<tr><td colspan="7">①如果水泥压蒸试验合格,则水泥中氧化镁的含量允许放宽至6.0%。
②水泥中氧化镁的含量大于6.0%时,需进行水泥压蒸安定性试验并合格。
③当有更低要求时,该指标由买卖双方协商确定。</td></tr>
</table>

2)物理指标

(1)凝结时间

凝结时间分初凝时间和终凝时间两种。初凝时间是指从水泥全部加入水中到水泥开始失去可塑性所需的时间;终凝时间是指从水泥全部加入水中到水泥完全失去可塑性开始产生强度所需的时间。国家标准《通用硅酸盐水泥》(GB 175—2007)规定:硅酸盐水泥初凝时间不小于45 min,终凝时间不大于390 min;其他5种通用水泥初凝时间不小于45 min,终凝时间不大于600 min。凝结时间不符合规定的水泥为不合格品。

水泥凝结时间按国家标准《水泥标准稠度用水量、凝结时间、安定性检验方法》(GB/T 1346—2011)规定的方法进行测定。需要注意的是,在测定水泥凝结时间(包括测定水泥体积安定性)时,应使水泥净浆在一个规定的稠度下进行,将这个规定的稠度称为水泥标准稠度。达到标准稠度时的用水量称为标准稠度用水量,以水与水泥质量之比的百分数表示。对不同的水泥品种,水泥的标准稠度用水量各不相同,一般为21% ~28%。

【课堂思考与讨论3-2】

结合工程中混凝土运输、浇筑、振捣、拆模等工作内容,试讨论规定水泥凝结时间对工程施工有什么重要意义?

(2)体积安定性

水泥凝结硬化过程中,体积变化是否均匀适当的性质称为体积安定性。安定性不良的水泥,在浆体硬化过程中或硬化后产生不均匀的体积膨胀并引起开裂,进而影响和破坏工程质量,甚至引起严重事故。体积安定性不良、不符合规定的水泥为不合格品,禁止使用。

水泥体积安定性不良,一般是熟料中所含游离氧化钙、游离氧化镁过多或掺入的石膏过多等造成的。熟料中所含的游离氧化钙和游离氧化镁均属过烧物质,水化速度很慢,在已硬化的水泥石中继续与水反应,固相体积分别增大到1.98倍和2.48倍,在水泥石中产生膨胀应力,从而导致水泥石强度降低,严重时会造成结构开裂和崩溃。

国家标准规定:由游离氧化钙过多引起的水泥体积安定性不良可用沸煮法(分雷氏法和试饼法)检验,在有争议时以雷氏法为准。由于游离氧化镁的水化作用比游离氧化钙更加缓慢,所以必须用压蒸法才能检验出它的危害作用;石膏的危害则需长期浸在常温水中才能发现。因氧化镁和石膏的危害作用不便于快速检验,故国家标准规定:水泥出厂时,通用硅酸盐水泥中氧化镁的含量不得超过5.0%,如经压蒸安定性检验合格,允许放宽到6.0%。通用硅酸盐水泥中三氧化硫的含量不得超过3.5%。

(3)强度和强度等级

通用硅酸盐水泥除了火山灰质硅酸盐水泥外,其强度皆按国家标准《水泥胶砂强度检验方法(ISO法)》(GB/T 17671—1999)进行试验,即以1:3的水泥和标准砂,按0.5的水胶比,用标准方法制成40 mm×40 mm×160 mm的标准试件。在标准养护条件下[1 d内为(20±1) ℃、大于90%的相对湿度的养护箱中,1 d后放入(20±1) ℃水中养护)]达规定的龄期(3 d和28 d),分别测定其3 d和28 d的抗压强度和抗折强度。按3 d和28 d的抗压强度和抗折强度划分水泥强度等级,并按照3 d强度的大小分为普通型和早强型(用R表示)。不同强度等级的通用硅酸盐水泥各龄期强度不得低于表3-6的规定,如有一项指标低于表中的数值,则应降低强度等级,直到4个数值全部满足表中规定为止。强度不合格的水泥应判定为不合格品。

表 3-6　通用硅酸盐水泥的强度等级(GB 175—2007/XG3—2009)

品　种	强度等级	抗压强度/MPa		抗折强度/MPa	
		3 d	28 d	3 d	28 d
硅酸盐水泥	42.5	17.0	42.5	3.5	6.5
	42.5R	22.0		4.0	
	52.5	23.0	52.5	4.0	7.0
	52.5R	27.0		5.0	
	62.5	28.0	62.5	5.0	8.0
	62.5R	32.0		5.5	
普通硅酸盐水泥	42.5	17.0	42.5	3.5	6.5
	42.5R	22.0		4.0	
	52.5	23.0	52.5	4.0	7.0
	52.5R	27.0		5.0	
矿渣硅酸盐水泥 火山灰质硅酸盐水泥 粉煤灰硅酸盐水泥	32.5	10.0	32.5	2.5	5.5
	32.5R	15.0		3.5	
	42.5	15.0	42.5	3.5	6.5
	42.5R	19.0		4.0	
	52.5	21.0	52.5	4.0	7.0
	52.5R	23.0		4.5	
复合硅酸盐水泥	42.5	15.0	42.5	3.5	6.5
	42.5R	19.0		4.0	
	52.5	21.0	52.5	4.0	7.0
	52.5R	23.0		4.5	

【课堂思考与讨论 3-3】

通过试验测出某硅酸盐水泥的 3 d 和 28 d 的抗折抗压强度分别为:3 d 抗折强度为 4.1 MPa,3 d 抗压强度为 22.5 MPa;28 d 抗折强度为 7.2 MPa,28 d 抗压强度为 55.3 MPa,试分析评定该水泥的强度等级。

(4)细度(选择性指标)

细度是指水泥颗粒的粗细程度,它是影响水泥性能的重要指标。水泥颗粒越细,与水反应的表面积越大,水化反应快而且较完全,早期强度和后期强度都较高;但水泥越细,在空气中硬化时收缩性较大,生产成本较高,在储运过程中易受潮从而降低活性。若水泥颗粒过粗则不利于水泥活性的发挥。因此,为保证水泥具有一定的活性和具有一定的凝结硬化速度,必须对水泥提出细度要求。

国家标准规定,水泥的细度可用筛析法和比表面积法检验。筛析法是采用孔径为 80 μm 的方孔筛,筛余量≤10%。筛析法有干筛法、水筛法、负压筛法 3 种检验方法。比表面积是单位质量的水泥颗粒所具有的总表面积。国家标准《通用硅酸盐水泥》(GB 175—2007)规定,硅酸盐水泥和筛余的细度以比表面积法表示,不小于 300 m^2/kg;但不大于 400 m^2/g 普通矿渣硅酸盐水泥、火山灰质硅酸盐水泥、粉煤灰硅酸盐水泥和复合硅酸盐水泥的细度以筛余量表示,0.8 μm 方孔筛筛余量不大于 10% 或 45 μm 方孔筛筛余量不大于 30%。

2. 通用硅酸盐水泥的进场验收与保管

1)通用硅酸盐水泥进场验收

水泥进场时应对其品种、等级、包装或散装仓号、出厂日期等进行检查,并应对其强度、安定性及其他必要的性能指标进行复验,其质量必须符合现行国家标准的规定。水泥的进场验收,主要包括看包装、核数量、查质量 3 个方面。

(1)看包装

水泥包装有袋装或散装两种。对于袋装水泥,国家标准《水泥包装袋》(GB/T 9774—2020)中规定:水泥包装袋上正面应清楚地标明水泥品牌、注册商标名称、产品名称、代号、净含量、强度等级、生产许可证标志(GS)及编号、生产企业名称和地址、出厂编号、执行标准号、包装年月日等主要包装标志(图 3-4)。包装袋两侧应印有水泥名称和强度等级。印刷水泥名称和强度等级时,应根据水泥品种不同,选用不同颜色印刷:硅酸盐水泥和普通硅酸盐水泥为红色,矿渣水泥为绿色,火山灰质硅酸盐水泥、粉煤灰硅酸盐水泥和复合硅酸盐水泥为黑色或蓝色。掺火山灰质混合材料的普通硅酸盐水泥,必须在包装上标上“掺火山灰”字样。对于散装水泥,供应时须提交与袋装水泥标志内容相同的卡片和散装仓号。

图 3-4　通用硅酸盐水泥包装示意图

水泥进场检验时,通过看包装,可以快速核对水泥的基本信息与材料采购单、质量检测报告单的信息是否一致。同时,要特别留意生产日期,核实水泥是否过期。

(2)核数量

市场上袋装水泥多采用净含量为 50 kg/袋的包装。对于数量的检查,除了核实袋数总数量外,还应查实每袋的净含量是否与包装袋上标志质量吻合。国家标准规定每袋水泥的净含量不得少于标志质量的 99%,查实时应随机抽取 20 袋且总质量(含包装袋)不少于 1 000 kg进行数量检验;其他包装形式由供需双方协商确定。

(3)查质量

交货时水泥的质量验收可抽取实物试样以其检验结果为依据,也可以生产者同编号水泥的检验报告为依据,其中:

①以抽取实物试样的检验结果为验收依据时,买卖双方应在发货前或交货地共同取样和签封。取样方法按国家标准《水泥取样方法》(GB 12573—2008)进行,取样数量为 20 kg,缩分为二等份。一份由卖方保存 40 d,一份由买方按国家标准规定的项目和方法进行检验。

②以生产者同编号水泥的检验报告为依据验收时,供应商应提供检查产品合格证、出厂检验报告。出厂检验报告一般是水泥 3 d 质量检测报告单,水泥 28 d 质量检测报告单一般是当用户需要时才会提供。水泥 3 d 质量检测报告单内容应包括出厂检验项目(包括表 3-5 中列出的 5 项化学指标及强度、凝结时间、安定性 3 项物理指标)、细度、混合材料品种和掺加量、石膏和助磨剂的品种及掺加量、属旋窑或立窑生产及合同约定的其他技术要求。查看质量检测报告单时,除了看报告单里是否包含全部要求的内容外,还要检查是否有供方质监部门的检验专用章及检测员签章并加盖“合格”章。

采取何种方法验收由买卖双方商定,并在合同或协议中注明。当无书面合同或协议,或未在合同、协议中注明验收方法的,卖方有告知买方验收方法的责任,卖方应在发货票上注明“以本厂同编号水泥的检验报告为验收依据”字样。

另外,进行质量检查时,如属于下列情况之一者,水泥必须进行复验并出具进场复验报告:

①用于承重结构的水泥。

②用于使用部位有强度等级要求的水泥。

③水泥出厂超过 3 个月(快硬硅酸盐水泥为 1 个月),复试合格可按复试强度使用。

④对水泥质量有怀疑的。

⑤进口水泥。

2)通用硅酸盐水泥的保管

通用硅酸盐水泥在运输与储存期间,应采取以下措施加强保管。

①水泥在运输期间,应注意防雨防潮,避免受潮风化而结块失效。

②水泥应按品种、强度、出厂日期、生产厂家等分别存放,先到先用。

③储存袋装水泥的仓库或散装水泥的储罐应密闭、干燥、隔潮。袋装水泥码垛时下面应垫高 30 cm 左右,离墙 30 cm 以上,堆放高度不宜超过 10 袋。

④一般情况下,袋装水泥不宜露天堆放,但受库房限制必须库外堆放时,下面应有防潮垫板,上面应盖防雨篷布。

⑤水泥自出厂日期算起的有效储存期为 3 个月(快硬硅酸盐水泥为 1 个月)。试验表明,3 个月后水泥强度将降低 10% ~20%,6 个月后降低 15% ~30%,一年后降低 25% ~40%。过期水泥及虽未过期但有受潮结块现象的水泥必须重新试验,确定其实际强度后才可继续使用。

子任务二　水泥的特性与品种选用

【任务背景】 水泥是混凝土中价格最贵、最重要的原材料,它直接影响混凝土的强度、耐久性、混凝土的生产成本,故水泥的选用格外重要。在配制混凝土时,应根据工程性质和特点、工程所处环境和施工条件，从水泥的品种和强度等级的选择两个方面着手考虑。其中，水泥品种的选择与水泥的特性密切相关，不同特性的水泥在不同的工程环境中的适应度各有不同。通过认识水泥中对其性能起决定性影响作用的硅酸盐水泥熟料的特性，并结合水泥石在不同介质环境中存在的腐蚀情况与原因，进而从多个方面综合分析出不同的混凝土工程或环境条件下应选择何种适宜的水泥品种。本节仍以建筑工程中常用的通用硅酸盐水泥作为学习对象。

1. 通用硅酸盐水泥的水化、凝结、硬化

1）水化

通用硅酸盐水泥遇水后，其熟料中各矿物成分即与水发生水化反应，生成水化产物并放出一定的热量，以硅酸水泥为例，其熟料中各种矿物成分水化反应如下：

$$2(3CaO \cdot SiO_2) + 6H_2O = 3CaO \cdot 2SiO_2 \cdot 3H_2O + 3Ca(OH)_2$$

（水化硅酸钙）　　（氢氧化钙）

$$2(2CaO \cdot SiO_2) + 4H_2O = 3CaO \cdot 2SiO_2 \cdot 3H_2O + Ca(OH)_2$$

（水化硅酸钙）　　（氢氧化钙）

$$3CaO \cdot Al_2O_3 + 6H_2O = 3CaO \cdot Al_2O_3 \cdot 6H_2O$$

（水化铝酸钙）

$$4CaO \cdot Al_2O_3 \cdot Fe_2O_3 + 7H_2O = 3CaO \cdot Al_2O_3 \cdot 6H_2O + CaO \cdot Fe_2O_3 \cdot H_2O$$

（水化铝酸钙）　　（水化铁酸钙）

$$3CaO \cdot Al_2O_3 \cdot 6H_2O + 3(CaSO_4 \cdot 2H_2O) + 19H_2O = 3CaO \cdot Al_2O_3 \cdot 3CaSO_4 \cdot 31H_2O$$

水化硫铝酸钙（钙矾石）

由以上反应式可知，硅酸盐水泥与水作用后，主要水化产物有水化硅酸钙凝胶（C—S—H）和水化铁酸钙凝胶（CFH）、$Ca(OH)_2$、水化铝酸钙（C_3AH_6）和难溶物钙矾石（AFt）晶体。其性能及结构形态见表 3-7。

表 3-7　硅酸盐水泥熟料的水化产物

水化产物及占比	结构形态	性　能
水化硅酸钙，70%	凝胶体	不溶于水，强度高，胶凝性强，对水泥石的强度起决定性作用
水化铁酸钙	凝胶体	难溶于水，强度低，呈絮凝状，胶凝性差
氢氧化钙，20%	六方体状晶体	溶于水，强度较高
水化铝酸钙	立方晶体	溶于水，强度低
水化硫铝酸钙，7%	针状晶体	不溶于水，强度高，能提高水泥石早期强度

水化作用从水泥颗粒表面开始逐步向内部渗透，最初的几天（1 ~ 3 d），水分渗入速度快，所以强度增长快，大致 28 d 可完成这个过程的基本部分。随后，水分渗入越来越困难，水化作用也越来越慢。实践证明，若温度和湿度适宜，未水化的水泥颗粒仍将继续水化，水泥石的强度在几年甚至几十年后仍缓慢增长。

通用硅酸盐水泥熟料中各种矿物组成与水作用时，不仅水化产物种类有所不同，而且水化特性也各有不同，对水泥强度、凝结硬化速度、水化热等的影响也各不相同。因此，在实际

生产中可通过改变生料的配料比例及各种矿物组分在熟料中的含量生产出不同性能的水泥。例如,提高熟料中 C_3S 的含量,可制得强度高的水泥;减少 C_3A 和 C_3S 的含量,提高 C_2S 的含量,可制得水化热低的水泥(如大坝水泥);降低 C_3A 的含量,适当提高 C_4AF 的含量,可制得耐硫酸盐水泥。水泥熟料矿物水化特性见表 3-8。

表 3-8 水泥熟料矿物水化特性

矿物名称		硅酸三钙	硅酸二钙	铝酸三钙	铁铝酸四钙
矿物组成		C_3S	C_2S	C_3A	C_4AF
矿物特性	强度	高	早期低,后期高	低	低
	硬化速度	快	慢	最快	快
	水化放热量	大	小	最大	中
	耐腐蚀性	差	好	最差	中
	干缩	中	小	大	小

【课堂思考与讨论 3-4】

(1)依据书中水泥熟料矿物的水化反应知识,试说明在生产水泥时为何要掺入适量石膏?如果过量,会出现什么情况?

(2)依据水泥熟料中各矿物组成的水化特性,若生产快硬早强的混凝土需如何调整水泥熟料中各矿物组成的含量?

(3)现有甲、乙两种硅酸盐水泥熟料,其矿物组成及其含量(%)见表 3-9。

表 3-9 甲、乙两种硅酸盐水泥熟料的矿物组成及其含量

组　别	C_3S	C_2S	C_3A	C_4AF
甲	53	21	10	13
乙	45	30	7	15

分别与适量石膏共同磨细后得到甲、乙两种水泥,结合水泥熟料矿物水化特性,试估计两种水泥的强度发展、水化热、耐腐蚀性和 28 d 的强度有什么差异,并说明原因。

2)凝结、硬化

水泥加水拌和后,水从水泥颗粒表面开始逐渐向内部渗透,与熟料中的各矿物组成接触发生水化反应,最初形成具有可塑性的浆体,随着水化产物的不断生成,浆体逐渐变稠至开始失去可塑性,表现为水泥的初凝;当浆体稠度增大至完全失去可塑性并开始产生强度时,水泥表现为终凝。终凝后强度逐渐提高并变成坚硬的石状体(水泥石)的过程称为硬化。水泥的凝结硬化是一个连续而复杂的交错进行的物理化学变化过程,且持续时间漫长。实践证明,若温度与湿度适宜,未水化的水泥颗粒仍将继续水化,水泥石的强度在几年甚至几十年后仍旧缓慢增长。图 3-5 为水泥的水化、凝结与硬化示意图。

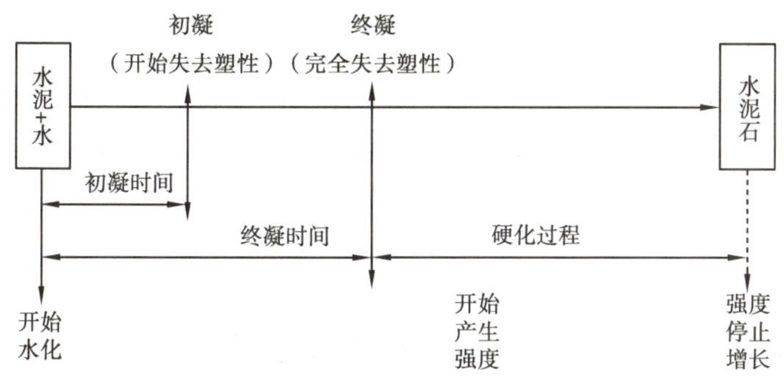

图 3-5　水泥的水化、凝结与硬化示意图

硬化后的水泥石是由水化产物（凝胶体、结晶体）、未水化的水泥颗粒和水分蒸发形成的毛细孔、凝胶体中的凝胶孔组成的。水泥石的强度主要取决于各水化产物的相对含量和孔隙的数量、大小、形状和分布情况，如图 3-6 所示。

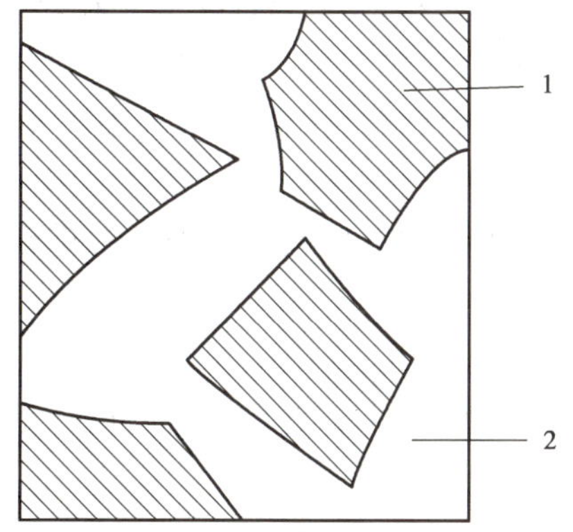

(a) 分散在水中未水化的水泥颗粒

(b) 在水泥颗粒表面形成水化物膜层

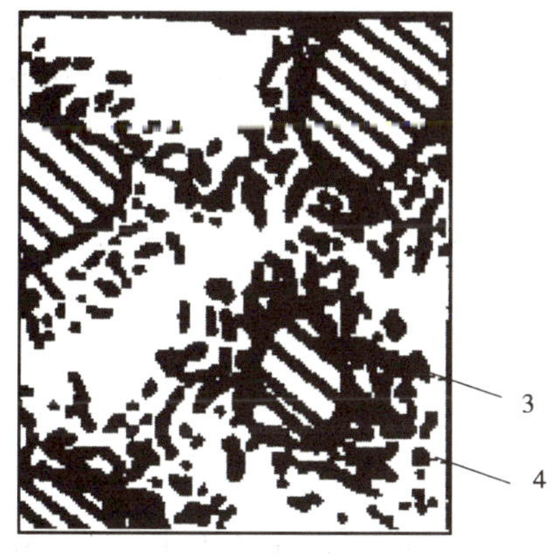

(c) 膜层长大并互相连接（凝结）

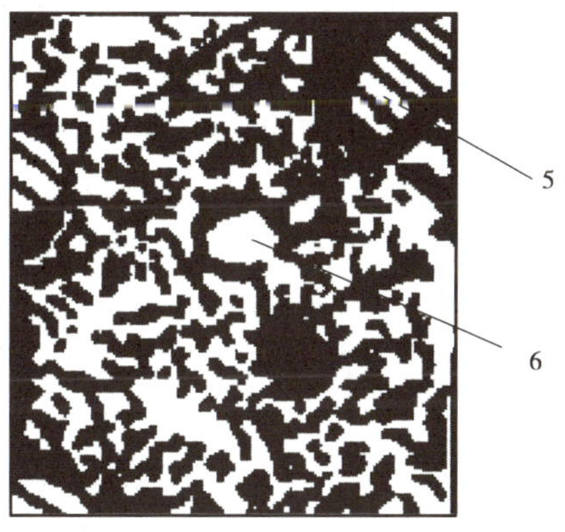

(d) 水化物进一步发展、填充毛细孔（硬化）

图 3-6　水泥凝结硬化过程

1—水泥颗粒；2—水分；3—凝胶；4—晶体；5—水泥颗粒的未水化的内核；6—毛细孔

【课堂思考与讨论 3-5】

结合前面学习的知识，试分析说明水泥熟料的矿物组成、水泥细度、环境的温湿度等对水泥凝结时间产生怎样的影响？

2. 水泥石的腐蚀

水泥石的腐蚀是指在某些腐蚀性介质的长期作用下，水泥石中某些水化产物与介质发生各种物理化学作用，导致水泥石强度降低甚至破坏的现象。水泥石腐蚀的有效防止，是提高混凝土耐久性，决定混凝土使用年限的重要影响因素。

1）腐蚀的类型

（1）溶析性侵蚀

研究表明：水泥石中氢氧化钙等易溶于水的成分，在淡水中有较大的溶解度，水质越纯，溶解度越大。水泥石在江、河、湖水及地下水等作用下，尤其是在不流动的水中不会受到明显侵蚀。但是，当水泥石接触到雨水、雪水、蒸馏水、工厂冷凝水及含少量重碳酸盐的河水，特别是在流动水的冲刷或压力水的渗透作用下会加速其溶解，致使水泥石孔隙增大，强度降低，逐渐被破坏。

当 $Ca(OH)_2$ 溶出 5% 时，水泥石强度下降 7%；当溶出 24% 时，水泥石强度下降 29%。因为硅酸盐水泥石中 $Ca(OH)_2$ 含量高达 20%，所以受溶析性侵蚀尤为严重；而掺混合材料的水泥由于硬化后水泥石中 $Ca(OH)_2$ 含量较少，耐溶析性侵蚀能力比硅酸盐水泥有所提高。

在工程实际应用中，可采取将混凝土构件事先在空气中硬化形成碳酸钙外壳的措施抑制混凝土的溶析性侵蚀。

（2）酸类腐蚀

①碳酸腐蚀。在雨水、工业污水及地下水中，常含有较多的 CO_2，当其含量超过一定量时，将使水泥石结构遭到破坏，其反应机理如下：

$$Ca(OH)_2 + CO_2 + nH_2O = CaCO_3 + (n+1)H_2O$$

$$CaCO_3 + CO_2 + H_2O = Ca(HCO_3)_2$$

由上述两个化学反应式可知，当水中含有较多的 CO_2 并超过平衡浓度时，则上式反应向右进行，使 $Ca(OH)_2$ 转变为易溶于水的碳酸氢钙而流失。$Ca(OH)_2$ 浓度降低，还会导致水泥石中其他水化物的分解，使腐蚀作用进一步加剧。

②其他酸的腐蚀。在工业废水、地下水、沼泽水中常含有的无机酸和有机酸，它们与水泥石中的 $Ca(OH)_2$ 作用后生成的化合物，有的易溶于水，有的使水泥石体积膨胀，在水泥石内产生内应力而导致破坏。

以盐酸、硫酸与水泥石中的氢氧化钙作用为例，其反应式如下：

$$2HCl + Ca(OH)_2 = CaCl_2 + 2H_2O$$

$$H_2SO_4 + Ca(OH)_2 = CaSO_4 \cdot 2H_2O$$

反应生产的氯化钙易溶于水，生成的二水石膏不但在水泥石中结晶产生膨胀，还可和水泥石中的水化铝酸钙反应生成含有大量结晶水的水化硫铝酸钙（体积可膨胀 1.5 倍左右），对水泥石有严重的破坏作用。

（3）盐类的腐蚀

①硫酸盐的腐蚀。在海水、湖水、地下水、某些工业污水中常含有钾、钠、铵等的硫酸盐，它们与水泥石中的氢氧化钙发生反应生成硫酸钙，当水中硫酸盐浓度较高时，将会生成体积膨胀的硫酸钙晶体，导致水泥石被破坏。同时硫酸钙与水泥石中的固态水化硫铝酸钙作用

生成高硫型水化硫铝酸钙(水泥杆菌),对已经硬化的水泥石有极大的破坏作用。

②镁盐的腐蚀。在海水及地下水中,常含有大量的镁盐,如硫酸镁、氯化镁等。它们与水泥石中的氢氧化钙发生下面的复分解反应:

$$MgSO_4 + Ca(OH)_2 + 2H_2O = CaSO_4 \cdot 2H_2O + Mg(OH)_2$$

$$MgCl_2 + Ca(OH)_2 = CaCl_2 + Mg(OH)_2$$

生成的氢氧化镁松软且无胶凝能力,氯化钙易溶于水,二水石膏则引起硫酸盐的破坏作用。因此,硫酸镁对水泥石起到了镁盐和硫酸盐的双重腐蚀作用。

(4)强碱的腐蚀

水泥石在一般情况下能抵抗碱类的腐蚀,但是在长期处于较高浓度的强碱溶液中时,也会受到腐蚀,随着温度的升高,腐蚀作用也会加快。

2)腐蚀的原因

水泥石的腐蚀过程是一个十分复杂的物理化学作用过程,产生腐蚀的原因有以下几点:

①水泥石中存在能引起腐蚀的组成成分,即氢氧化钙和水化铝酸钙等。

②水泥石本身结构不密实,内部有很多毛细孔通道,侵蚀介质易进入水泥石内部。

③外界因素的影响,如环境中有腐蚀性介质的存在、环境温度、湿度等。当腐蚀性物质处于溶液状态且浓度较高时容易发生腐蚀。环境温度、湿度较高,水流速度较快,结构物经常处于干湿交替状态时,腐蚀程度往往加重。

3)防腐措施

根据以上腐蚀产生的原因分析,可采取以下防止措施:

①根据建筑物所处的环境特点,合理选择水泥品种。选用硅酸三钙含量低的水泥,进而减少水化产物中氢氧化钙的含量,提高耐溶析侵蚀的能力;选用铝酸三钙含量低的抗硫酸盐水泥,降低硫酸盐类侵蚀;通用硅酸盐水泥中的硅酸盐水泥是耐腐蚀性最差的一种,在有腐蚀的情况下,如无可靠防护措施则不宜使用。

②提高水泥石的密实度。降低水胶比,提高水泥石自身结构的密实度,减少水泥硬化后水泥石内部的毛细孔隙;水泥石越密实,抗渗能力越强,环境中的侵蚀介质就越难进入。

③敷设保护层。当混凝土结构物处于侵蚀性较强的环境中时,可在混凝土表面敷设耐腐蚀性能强且不透水的保护层,如陶瓷层、塑料层、不透水的水泥砂浆、沥青砂浆等,有效阻隔腐蚀性介质与水泥石直接接触。

3.通用硅酸盐水泥的特性

1)硅酸盐水泥的特性

①强度发展快且强度等级高,水化热大。因为硅酸盐水泥中 C_3S 和 C_3A 的含量较多,其凝结硬化速度较快,强度等级高(42.5～62.5 级),尤其是早期强度增长率大。水化过程中水化放热量大、抗冻性好。适合早期强度要求高的或拆模快的工程及冬季施工或严寒地区遭受反复冻融的混凝土工程、高强度混凝土结构和预应力混凝土工程。但不宜用于大体积混凝土工程。

②碱度高、抗碳化能力强。硅酸盐水泥硬化后显示强碱性,埋于其中的钢筋表面能生成一层钝化膜,可保持几十年不生锈,抗碳化能力强,特别适用于重要的钢筋混凝土结构和预应力混凝土工程。

③耐腐蚀性差。硅酸盐水泥石中含有较多的氢氧化钙和水化铝酸钙，容易引起软水、酸类和盐类的侵蚀。所以不宜用于长期流动的淡水工程，也不宜用于海水、矿物水等有腐蚀性介质的工程。

④干缩小、耐磨性好。硅酸盐水泥在硬化过程中，形成大量的水化硅酸钙凝胶，增强水泥石密实度、耐磨性，减少游离水分，不易产生干缩裂纹，干缩小。

⑤耐热性较差。硅酸盐水泥石的水化物在高于 250 ℃高温下会发生脱水和分解，强度降低，当温度超过 700 ℃时会导致结构遭受破坏，故硅酸盐水泥不宜用于配制耐热混凝土，也不宜用于耐热要求高的混凝土工程。

⑥湿热养护效果差。硅酸盐水泥在常规养护条件下硬化快、强度高。但经蒸汽养护后再经自然养护，测得的 28 d 抗压强度往往低于未经蒸汽养护的 28 d 抗压强度。

2）普通硅酸盐水泥的特性

由于普通硅酸盐水泥的组成、技术要求等与硅酸盐水泥比较相近，故普通硅酸盐水泥性能、应用范围与同强度等级的硅酸盐水泥大致相同。与硅酸盐水泥相比，普通硅酸盐水泥早期硬化速度稍慢，强度略低；抗冻性、耐磨性及抗碳化性稍差；而耐腐蚀性稍好，水化热略有降低。

3）掺混合材料的硅酸盐水泥的特性

由于矿渣硅酸盐水泥、火山灰质硅酸盐水泥、粉煤灰硅酸盐水泥和复合硅酸盐水泥 4 种水泥与硅酸盐水泥或普通水泥相比，都是在硅酸盐水泥熟料的基础上掺入更多的混合材料，再加上适量石膏共同磨细制成的，故这 4 种水泥通常被称为掺混合材料硅酸盐水泥。由于活性混合材料的掺量较多，且活性混合材料的化学成分基本相同（主要是活性氧化硅和活性氧化铝），因此，它们具有与硅酸盐水泥或普通水泥相比明显的不同特性；同时，由于掺入的不同混合材料结构上的不同，它们相互之间又具有彼此不同的个性。这 4 种外掺混合材料的硅酸盐类水泥的共性及个性如下：

（1）掺混合材料的硅酸盐水泥的共性

①早期强度低，后期强度高。由于熟料矿物含量少，致使由熟料水化析出的氢氧化钙作为碱性激发剂激发活性混合材料发生的二次水化速度较慢，故早期凝结硬化稍慢，早期强度较低，适用于无早强要求的工程。后期由于二次水化的不断进行，水化产物不断增多，使后期强度得到较快提升。

②水化热低，抗冻性差。在外掺混合料的水泥中，因为熟料较少，二次水化反应慢，所以水化热低，宜用于大体积混凝土工程。

③抵抗软水、海水和硫酸盐腐蚀的能力较强，抗碳化能力较差。由于熟料含量低，C_3S 的含量较少，水化生成的氢氧化钙较少，并且在与活性混合材料进行二次水化反应时又消耗掉大量的氢氧化钙，硬化的水泥石中氢氧化钙就更少了。因此，这种水泥抵抗软水、海水和硫酸盐的腐蚀能力较强，宜用于有腐蚀性要求的基础、水工和海港工程中。但由于水泥硬化后的碱度较低，故抗碳化能力较差，对钢筋的保护能力不如硅酸盐水泥。

（2）掺混合材料的硅酸盐水泥的个性

①矿渣硅酸盐水泥。

a. 耐热性较强。矿渣出自炼铁高炉，常作为水泥的耐热掺料使用，可用于耐热混凝土工程。

b. 泌水性和干缩性大，抗渗性差。由于矿渣硅酸盐水泥中矿渣掺量较大，矿渣颗粒本身为玻璃体结构，亲水性差，因此，拌制混凝土时易泌水形成毛细管通道或粗大孔隙，硬化时产生干缩裂缝，其抗冻性、抗渗性和抵抗干湿交替的性能均不及硅酸盐水泥及普通硅酸盐水泥。

②火山灰质硅酸盐水泥。

a. 抗渗性好，耐水性强。火山灰质混合材料颗粒较细、泌水性小，对湿热反应敏感，当处在潮湿环境或水中养护时，火山灰质混合材料和 $Ca(OH)_2$ 作用生成较多的水化硅酸钙凝胶，使水泥石结构致密，因此具有较高的抗渗性和耐水性。

b. 干燥环境中收缩大，易产生裂缝。磨细的火山灰质混合材料的表面粗糙多孔，内比表面积大，易吸水、易反应。在干燥环境中，火山灰质硅酸盐水泥水分蒸发，体积收缩，产生裂缝，故不宜用于干燥地区和高温环境中的混凝土工程。

③粉煤灰硅酸盐水泥。粉煤灰硅酸盐水泥内含有很多球状玻璃体颗粒，内比表面积小，结构致密，吸附能力小，标准稠度用水量小。凝结硬化时干缩性小，抗裂性好。用粉煤灰硅酸盐水泥制成的砂浆或混凝土的和易性好，体积稳定性好，混凝土的抗拉强度高，不易产生裂缝。适合于大体积水工混凝土及地下和海港工程等。

④复合硅酸盐水泥。复合硅酸盐水泥中掺有两种或两种以上的混合材料，可以综合利用各种混合材料的优点，改善水泥的性质。复合硅酸盐水泥早期强度接近于水泥，而其他性能优于矿渣硅酸盐水泥、火山灰质硅酸盐水泥和粉煤灰硅酸盐水泥。

4. 通用硅酸盐水泥品种的选用

配制混凝土时，水泥品种的选用应根据工程性质特点、所处环境及施工条件，结合水泥的特性进行合理选择。具体选用原则可参考表 3-10。

表 3-10　通用硅酸盐水泥品种的选用

水泥品种	混凝土工程特点及所处环境条件	优先选用	可以选用	不宜选用
普通混凝土	在一般气候环境中	普通硅酸盐水泥	矿渣/火山灰质/粉煤灰/复合硅酸盐水泥	—
	在干燥环境中	普通硅酸盐水泥	矿渣硅酸盐水泥	火山灰质/粉煤灰硅酸盐水泥
	在高湿度环境中或长期处于水中	矿渣/火山灰质/粉煤灰/复合硅酸盐水泥	普通硅酸盐水泥	—
	厚大体积的混凝土	矿渣/火山灰质/粉煤灰/复合硅酸盐水泥	普通硅酸盐水泥	硅酸盐水泥

续表

水泥品种	混凝土工程特点及所处环境条件	优先选用	可以选用	不宜选用
有特殊要求的混凝土	要求快硬、高强（>C60）	硅酸盐水泥	普通硅酸盐水泥	矿渣/火山灰质/粉煤灰/复合硅酸盐水泥
	严寒地区的露天、寒冷地区处于水位升降范围内	普通硅酸盐水泥	矿渣水泥(强度等级>32.5)	火山灰/粉煤灰硅酸盐水泥
	严寒地区处于水位升降范围内	普通水泥(强度等级>42.5)	—	矿渣/火山灰质/粉煤灰/复合硅酸盐水泥
	有抗渗要求的混凝土	普通硅酸盐水泥、火山灰质硅酸盐水泥	—	矿渣/粉煤灰硅酸盐水泥
	有耐磨性要求	硅酸盐水泥、普通硅酸盐水泥	—	火山灰质/粉煤灰硅酸盐水泥
	受侵蚀性介质作用	矿渣/火山灰质/粉煤灰/复合硅酸盐水泥	—	硅酸盐水泥、普通硅酸盐水泥

【课堂思考与讨论 3-6】

在下列工程中，优先选择什么水泥品种适宜，并说明理由。

(1)厚大体积的混凝土工程。

(2)高强混凝土工程。

(3)高温设备或窑炉的混凝土基础。

(4)硫酸盐生产车间的混凝土工程。

子任务三　运用试验方法，复验水泥质量

【任务背景】　水泥质量是否合格，需要通过科学的试验方法进行检测，并结合相关质量控制指标要求进行判定。水泥合格性判定的出厂检验项目涉及 5 项化学指标：不溶物、烧失量、三氧化硫、氧化镁、氯离子的含量；3 项物理指标：凝结时间、安定性、强度。而在《混凝土结构工程施工质量验收规范》(GB 50204—2015)中针对混凝土结构工程使用的水泥提出在进场时必须对凝结时间、安定性、强度三项强制复验的要求。故在工程建设过程中，质量检测机构、施工方、监理方、建设方等单位经常会面临水泥取样与质量检测的问题。本节重点围绕水泥的凝结时间、安定性、强度三项强制复验项目的检验及与之相关的标准稠度用水量的试验进行详细学习。

1. 通用硅酸盐水泥试验的一般规定

1)通用硅酸盐水泥试验取样

通用硅酸盐水泥的正确取样是保证试验结果具有代表性、正确性的首要前提，其取样方

法及数量应符合表3-11中的相关规定。

表3-11　通用硅酸盐水泥试验取样依据及方法

项目	检验或验收依据	检测内容	组批原则或取样频率	取样方法及数量	送样时应提供的信息
水泥	①《通用硅酸盐水泥》(GB 175—2007) ②《水泥取样方法》(GB/T 12573—2008) ③《混凝土结构工程施工质量验收规范》(GB 50204—2015)	凝结时间 安定性 强度	①按同一生产厂家、同一等级、同一品种、同一批号且连续进场的水泥,袋装不超过200 t为一批,散装不超过500 t为一批,每批抽样不少于一次 ②当使用中对水泥质量有怀疑或水泥出厂超过3个月(快硬硅酸盐水泥超过1个月)时,应进行复验,并按复验结果使用	应从同一批的20袋或20个不同部位的水泥中尽量取等量,总量至少为12 kg	①生产单位 ②品种和强度等级 ③生产日期 ④批号 ⑤使用部位

2)试验用水

试验用水应是洁净的饮用水,如有争议时应以蒸馏水为准。

3)试验条件

试验室温度应为(20±2)℃,相对湿度应不低于50%;水泥试样、拌和水、仪器和用具的温度应与试验室一致。

湿气养护箱的温度为(20±1)℃,相对湿度不低于90%。

2. 水泥标准稠度用水量试验

1)试验标准

本试验依据国家标准《水泥标准稠度用水量、凝结时间、安定性检验方法》(GB/T 1346—2011)进行。一般有标准法和代用法两种测定方法。代用法又分为调整水量和不变水量两种,测定时选用任一种皆可。采用调整水量的方法时拌和用水量按经验找水;采用不变水量的方法时按水泥500 g,加入拌和用水量142.5 mL的固定量。

当标准法和代用法试验结果不一致时,以标准法为准。

2)试验目的

为测定水泥凝结时间及安定性时制备标准稠度的水泥净浆确定加水量。

3)主要仪器设备

主要仪器设备有水泥净浆搅拌机、标准法维卡仪(图3-7)、代用法的试锥和试模。

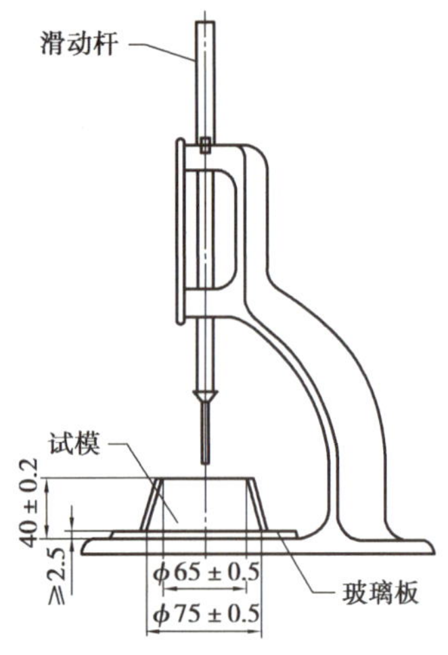

(a)初凝时间测定用立式试模的侧视图

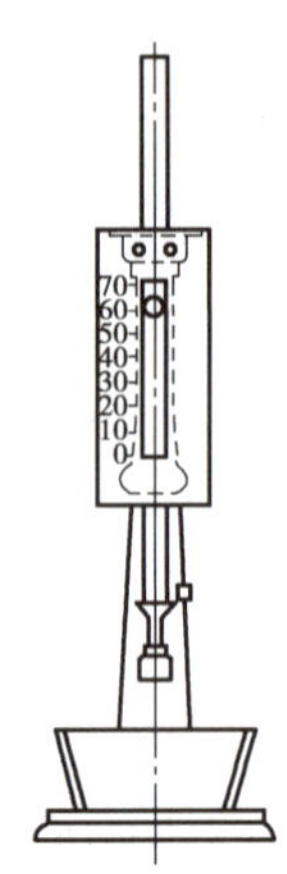

(b)终凝时间测定用反转试模的前视图

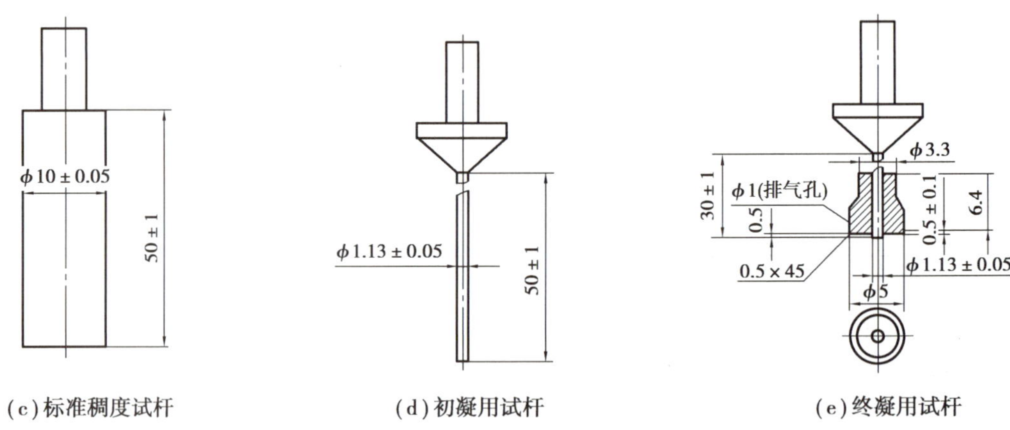

(c)标准稠度试杆　(d)初凝用试杆　(e)终凝用试杆

图 3-7　测定水泥标准稠度和凝结时间用维卡仪及配件示意图

4)试验步骤及试验结果

(1)标准法

①试验准备。检查维卡仪的滑动杆是否能自由滑动、搅拌机运行是否正常。试模和玻璃底板用湿巾擦过,将试模放在底板上。调整至试杆接触玻璃时指针对准零点。

②水泥净浆的拌制。用水泥净浆搅拌机搅拌,搅拌锅和搅拌叶片用湿布擦过,将拌和水倒入搅拌锅内,然后在 5 ~10 s 内小心将称好的 500 g 水泥加入水中,防止水和水泥溅出;拌和时,先将锅放在搅拌机的锅座上,升至搅拌位置,启动搅拌机,低速搅拌 120 s,同时将叶片和锅壁上的水泥刮入锅中,接着高速搅拌 120 s 停机。

③标准法测定步骤。拌和结束后,立即取适量水泥净浆将其一次性装入玻璃底板上的试模中,浆体超过试模上端,用宽约 25 mm 的直边刀轻轻拍打超出试模部分的浆体 5 次以排除浆体中的空隙,然后在试模上表面约 1/3 处,略倾斜于试模分别向外轻轻锯掉多余净浆,再从试模边缘轻抹顶部一次,使净浆表面光滑。在锯掉多余净浆和抹平的操作过程中,注意不要压实净浆;抹平后迅速将试模和底板移到维卡仪上,并将其中心定在试杆下,降低试杆直至与水泥净浆表面接触,拧紧螺丝 1 ~2 s 后,突然放松,使试杆垂直自由地沉入水泥净浆

中。在试杆停止沉入或释放试杆 30 s 时记录试杆距底板之间的距离，升起试杆后，立即擦净；整个操作应在搅拌后 1.5 min 内完成。

④试验结果确定。以试杆沉入净浆并距底板（6 ±1）mm 的水泥净浆为标准稠度净浆。其拌和用水量为该水泥的标准稠度用水量 P，按水泥质量的百分比计。其计算式为

$$P = \frac{\text{拌和用水量}}{\text{水泥质量}} \times 100\% \tag{3-1}$$

（2）代用法（调整水量法）

①试验前准备。检查维卡仪的金属棒能否自由滑动、搅拌机运行是否正常；调整至试锥接触锥模顶面时指针对准零点。

②水泥净浆的拌制。其拌制方法与标准法一样。

③调整水量法测定步骤。

拌和结束后，立即将拌制好的水泥净浆装入锥模中，用宽约 25 mm 的直边刀在浆体表面轻轻插捣 5 次，再轻振 5 次，刮去多余的净浆；抹平后迅速放到试锥下面固定的位置上，将试锥降至净浆表面，拧紧螺丝 1 ~2 s 后，突然放松，让试锥垂直自由地沉入水泥净浆中。到试锥停止下沉或释放试锥 30 s 时记录试锥下沉深度 S（单位为毫米）。整个操作应在搅拌后 1.5 min内完成。

④试验结果。用调整水量方法测定时，以试锥下沉深度（30 ±1）mm 时的净浆为标准稠度净浆。其拌和用水量为该水泥的标准稠度用水量，按水泥质量的百分比计。如下沉深度超出范围需另称试样，调整水量，重新试验，直至达到（30 ±1）mm 为止。

（3）代用法（固定水量法）

水泥用量为 500 g，拌和用水量为固定值 142.5 mL。试验前准备、水泥净浆的拌制、测定步骤皆与调整水量法相同。

用不变水量方法测定时，根据下式（或从仪器上对应标尺读出）计算得到标准稠度用水量 P：

$$P = 33.4 - 0.185S \tag{3-2}$$

式中　P——标准稠度用水量，%；

S——试锥下沉深度，mm。

当试锥下沉深度小于 13 mm 时，应改用调整水量法测定。

3. 水泥凝结时间试验

1）试验标准

本试验依据《水泥标准稠度用水量、凝结时间、安定性检验方法》（GB/T 1346—2011）进行。

2）试验目的

测定水泥加水后至开始凝结（初凝）以及完全凝结（终凝）所用的时间，用以评定水泥性质和对开展各项施工工序提供时间参考。

3）主要仪器设备

①标准维卡仪：与测定标准稠度用水量时的测定仪相同（图 3-6）。

②水泥净浆搅拌机、人工拌合圆形钵、拌合铲。

4)试验步骤及试验结果

(1)试验准备

调整凝结时间测定仪的试针接触玻璃板时指针对准零点。

(2)试件的制备

以标准稠度用水量制成标准稠度净浆,装模和刮平后,应立即放入湿气养护箱中。记录水泥全部加入水中的时间作为凝结时间的起始时间。

(3)初凝时间的测定

试件在湿气养护箱中养护至加水后30 min时进行第一次测定。测定时,从湿气养护箱中取出试模放到试针下,降低试针与水泥净浆表面接触。拧紧螺丝1～2 s后,突然放松,试针垂直自由地沉入水泥净浆。观察试针停止下沉或释放试针30 s时指针的读数。临近初凝时间时每隔5 min(或更短时间)测定一次,当试针沉至底板(4±1)mm时,为水泥达到初凝状态;由水泥全部加入水中至初凝状态的时间为水泥的初凝时间,用分钟来表示。

(4)终凝时间的测定

为了准确观测试针沉入的状况,在终凝针上安装了一个环形的附件。在完成初凝时间测定后,立即将试模连同浆体以平移的方式从玻璃板取下,翻转180°,直径大端向上,小端向下放在玻璃板上,再放入湿气养护箱中继续养护。临近终凝时间时每隔15 min(或更短时间)测定一次,当试针沉入试体0.5 mm时,即环形附件开始不能在试体上留下痕迹时,为水泥达到终凝状态。由水泥全部加入水中至终凝状态的时间为水泥的终凝时间,用分钟来表示。

(5)测定时的注意事项

测定时应注意,在最初测定的操作时应轻轻扶持试针的滑棒,使其徐徐下降,以防止试针被撞弯,但结果以自由下落为准;在整个测试过程中试针沉入的位置至少要距试模内壁10 mm。临近初凝时间时,每隔5 min(或更短时间)测定一次,临近终凝时每隔15 min(或更短时间)测定一次,达到初凝时应立即重复测一次,当两次结论相同时才能确定达到初凝状态;达到终凝时,需要在试体另外两个不同点测试,确认结论相同才能确定达到终凝状态。每次测定不能让试针落入原针孔,每次测试完毕须将试针擦净并将试模放回湿气养护箱内,整个测试过程要防止试模受振。

(6)试验结果判定

依据国家标准《通用硅酸盐水泥》(GB 175—2007)中的规定进行判定。符合规定的,则其凝结时间合格;相反,则不合格。

4.水泥安定性试验

1)试验标准

本试验依据《水泥标准稠度用水量、凝结时间、安定性检验方法》(GB/T 1346—2011)进行。本标准中检验游离CaO带来的对体积安定性危害的测定方法是沸煮法,沸煮法又分为标准法(雷氏法)和代用法(试饼法)。雷氏法是通过测定水泥标准稠度净浆在雷氏夹中煮沸后试针的相对位移表征其体积膨胀的程度。试饼法是通过观测水泥标准稠度净浆试饼煮沸后的外形变化情况表征其体积安定性。试验时两种方法均可用,有争议时以雷氏法为准。

2)试验目的

检验水泥硬化后体积变化是否均匀,是否因体积变化而引起膨胀、裂缝或翘曲。

3)主要仪器设备

①雷氏夹(图 3-8)。

②雷氏夹膨胀测定仪(标尺最小刻度为 0.5 mm,见图 3-9)。

③水泥净浆搅拌机、煮沸箱、直尺、小刀等。

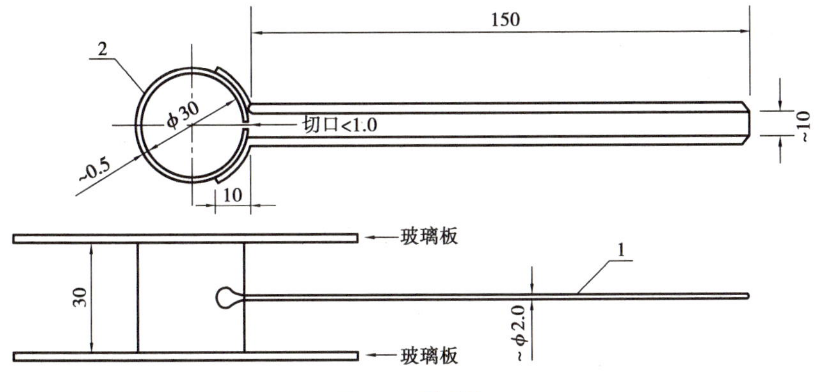

图 3-8　雷氏夹

1—指针;2—环模

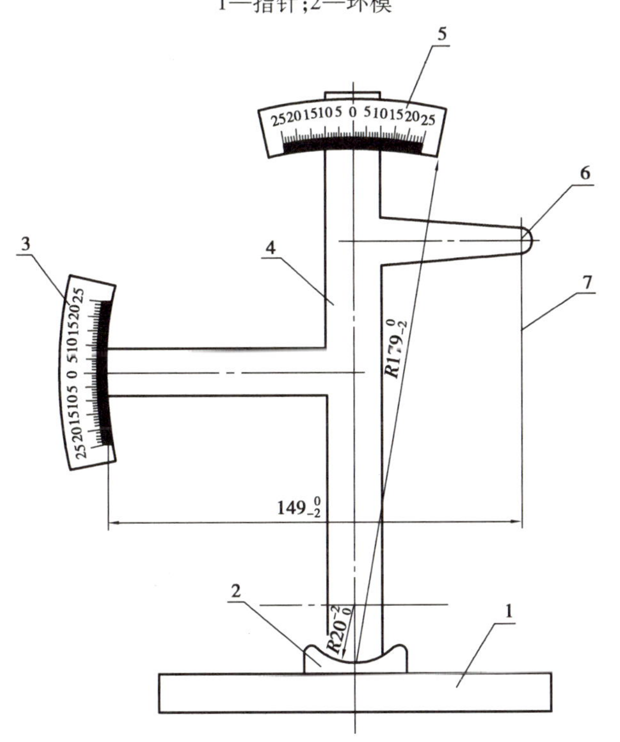

图 3-9　雷氏夹膨胀测定仪

1—底座;2—模子座;3—测弹性标尺;
4—立柱;5—测膨胀值标尺;6—悬臂;7—悬丝

4)试验步骤及试验结果

(1)标准法(雷氏法)

①试验前准备。每个试样需成型两个试件,每个雷氏夹配备两个边长或直径约 80 mm、厚度 4 ~5 mm 的玻璃板,凡与水泥净浆接触的玻璃板和雷氏夹表面都要涂上一层薄机油。

②雷氏夹试件的成型。将预先准备好的雷氏夹放在已稍擦油的玻璃板上,并立即将已制好的标准稠度净浆一次装满雷氏夹。装浆时,一只手轻轻扶持雷氏夹,另一只手用宽约 25 mm 的直边刀在浆体表面轻轻插捣 3 次,然后抹平,盖上稍涂油的玻璃板,接着立即将试件移至湿气养护箱内养护(24 ±2)h。

③煮沸。首先调整好煮沸箱内的水位,使其能够保证在整个煮沸过程中都不超过试件,不需中途添补试验用水,同时又能保证在(30 ±5)min 内升至沸腾。然后脱去玻璃板取下试件,先测量雷氏夹指针尖端间的距离 A,精确到 0.5 mm,接着将试件放入煮沸箱水中的试件架上,指针朝上,最后在(30 ±5)min 内加热至恒沸(180 ±5)min。

④试验结果。煮沸结束后,立即放掉沸煮箱中的热水,打开箱盖,待箱体冷却至室温,取出试件进行判别。测量雷氏夹指针尖端的距离 C,精确至 0.5 mm,当两个试件煮后增加距离($C-A$)的平均值不大于 5.0 mm 时,即认为该水泥安定性合格;当两个试件煮后增加距离($C-A$)的平均值大于 5.0 mm 时,应用同一样品立即重做一次试验,以复检结果为准。

(2)代用法(试饼法)

①试验前准备。每个试件准备两块约 100 mm × 100 mm 的玻璃板,并将与水泥净浆接触的玻璃板面涂上一层薄机油。将已制好的标准稠度净浆取出一部分,分成两等份,使之呈球形,并放在玻璃板上;轻轻振动玻璃板并用湿布擦过的小刀由边缘向中间抹,做成直径 70 ~ 80 mm、中心厚约 10 mm、边缘渐薄、表面光滑的试饼,然后将试饼移至湿气养护箱中养护(24 ±2)h。

②沸煮。将养护好的试饼,从玻璃板上取下并编号,在试饼无缺陷的情况下,将试饼放在煮沸箱水中的篦板上,然后在(30 ±5)min 内加热至沸,并恒沸(180 ±5)min。

③试验结果。沸煮结束后,立即放掉沸煮箱中的热水,打开箱盖,待箱体冷却至室温,取出试件进行判别。目测试饼未发现裂缝,用钢直尺检查也没有弯曲(使钢直尺和试饼底部紧靠,以两者间不透光为不弯曲),则认为该水泥安定性合格;反之,为不合格。当两个试饼判别结果有矛盾时,该水泥的安定性为不合格。

5. 水泥胶砂强度试验(ISO 法)

1)试验标准

本试验依据《水泥胶砂强度检验方法(ISO 法)》(GB/T 17671—1999)进行。

2)试验目的

测定水泥各标准龄期的强度,从而确定和检验水泥的强度等级。

3)试验室条件及主要仪器设备

(1)试验室条件

①试体成型试验室的温度应保持在(20 ±2)℃,相对湿度应不低于 50% 。

②试体带模养护的养护箱或雾室温度保持在(20 ±1)℃,相对湿度应不低于 90% 。

③试体养护池水温度应在(20 ±1)℃范围内。

(2)主要仪器设备

行星式水泥胶砂搅拌机(图 3-10),三联试模(图 3-11,试体 40 mm×40 mm×160 mm),胶砂振实台(图 3-12),胶砂振实动台(图 3-13),抗折试验机、抗压试验机及抗压夹具。

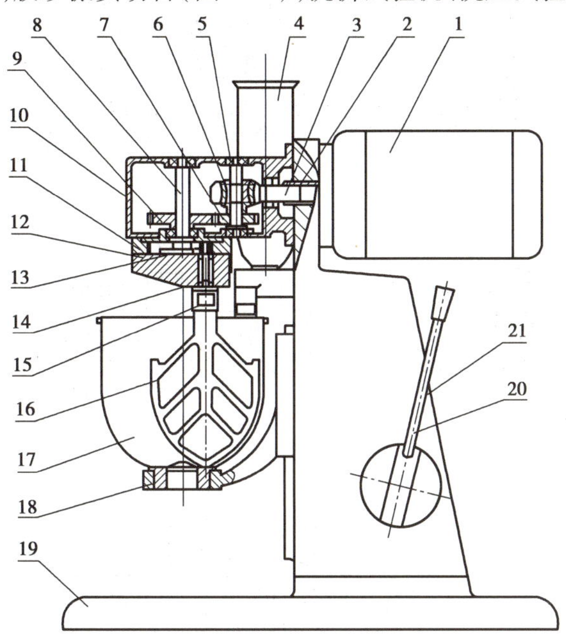

图 3-10 搅拌机

1—电机;2—联轴器;3—蜗杆;4—砂罐;5—传动箱盖;6—蜗轮;7—齿轮Ⅰ;8—主轴;9—齿轮Ⅱ;10—传动箱;11—内齿轮;12—偏心座;13—行星齿轮;14—搅拌叶轴;15—调节螺母;16—搅拌叶;17—搅拌锅;18—支座;19—底座;20—手柄;21—立柱

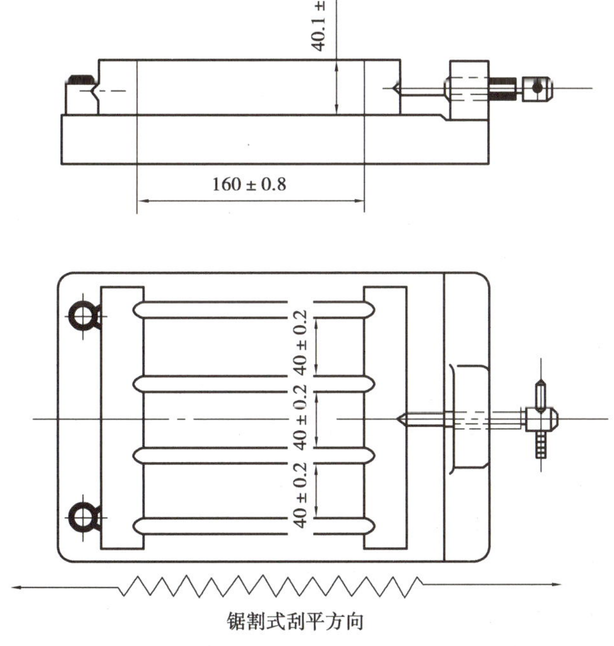

图 3-11　典型试模

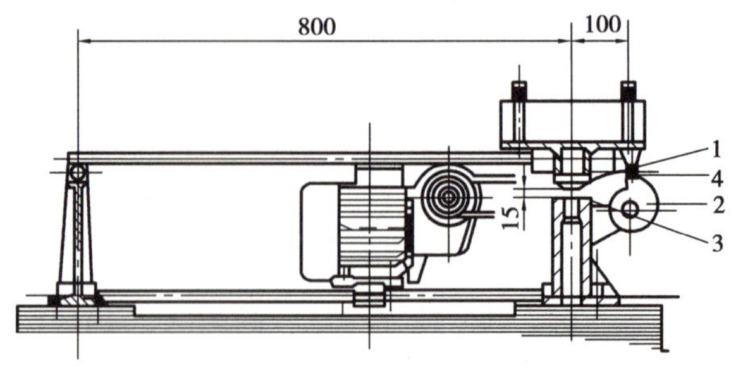

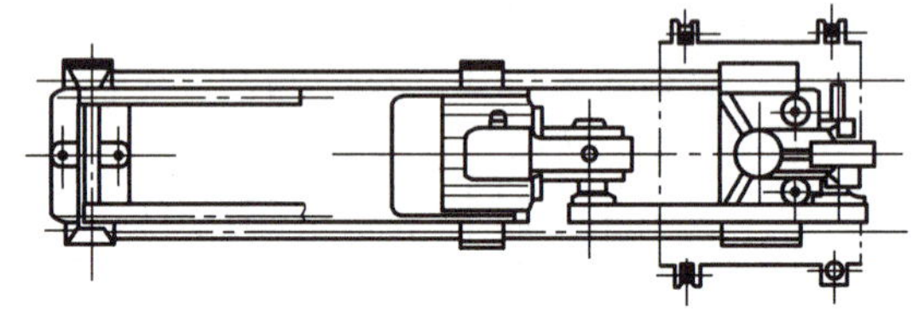

图 3-12　典型的振实台

1—突头;2—凸轮;3—止动器;4—随动轮

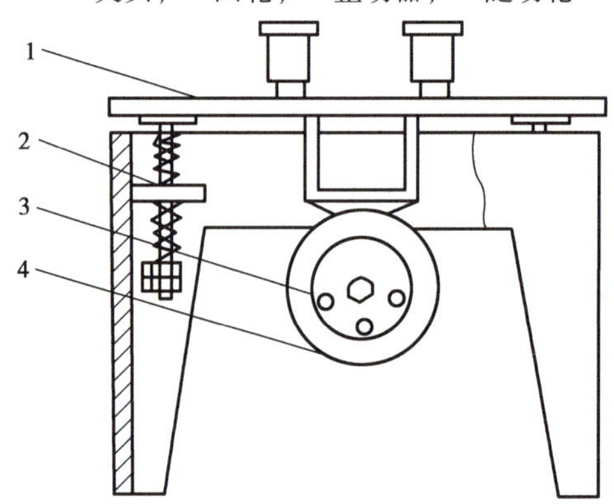

图 3-13　胶砂振动台

1—台板;2—弹簧;3—偏重轮;4—电机

4)胶砂的制备

①试验前,将试模擦净,模板四周与底座的接触面上应涂黄油,紧密装配,防止漏浆。内壁均匀刷一层薄机油。搅拌锅、叶片和下料漏斗(播料器)等用湿布擦干净(更换水泥品种时,必须用湿布擦干净)。

②胶砂的质量配比为1∶3,水灰比为0.5,按一锅胶砂成型3条试件的材料用量进行称量:水泥(450±2)g、标准砂(1 350±5)g、拌和用水(225±1)g。

③配料要求。配料中规定水泥、砂、水和试验用具的温度与试验室相同,称量用的天平精度应为±1 g。当用自动滴管加225 mL水时,滴管精度应达到±1 mL。

④对胶砂进行搅拌。每锅胶砂用搅拌机进行机械搅拌。先使搅拌机处于待工状态,然后将水加入锅中,再加入水泥,把锅放在固定架上,上升至固定位置。立即开动机器,低速搅拌30 s后,在第二个30 s开始的同时均匀地将砂子加入。当各级砂是分装时,从最粗料级开始,依次将所需的每级砂量加完。把机器转至高速再拌30 s。停拌90 s,在第一个15 s内用

橡皮刮具将叶片和锅壁上的胶砂刮入锅中。在高速下继续搅拌 60 s。各个搅拌阶段，时间误差应在 ±1 s 以内。

5）试件（40 mm×40 mm×160 mm 棱柱体）的制备

（1）用振实台成型

胶砂制备后立即进行成型。将空试模和模套固定在振实台上，用一个适当勺子直接从搅拌锅里将胶砂分两层装入试模，装第一层时，每个槽里约放 300 g 胶砂，用大播料器垂直架在模套顶部沿每个模槽来回一次将料层播平，接着振实 60 次。再装入第二层胶砂，用小播料器播平，再振实 60 次。移走模套，从振实台上取下试模，用一金属直尺以近似 90°的角度架在试模模顶的一端，然后沿试模长度方向以横向锯割动作慢慢向另一端移动，一次将超过试模部分的胶砂刮去，并用同一直尺以近乎水平的情况下将试体表面抹平。

在试模上做标记或加字条标明试件编号及试件相对于振实台的位置。

（2）用振动台成型

在搅拌胶砂的同时将试模和下料漏斗卡紧在振动台的中心。将搅拌好的全部胶砂均匀地装入下料漏斗中，开动振动台，胶砂通过漏斗流入试模。振动（120 ±5）s 停车。振动完毕，取下试模，用刮平尺按上述规定的刮平手法刮去其高出试模的胶砂并抹平。接着在试模上做标记或用字条表明试件编号。

6）试件的养护

（1）脱模前的处理和养护

去掉留在模子四周的胶砂。立即将做好标记的试模放入雾室或湿箱的水平架子上养护，湿空气应能与试模各边接触。养护时不应将试模放在其他试模上。一直养护到规定的脱模时间时取出脱模。脱模前，用防水墨汁或颜料笔对试体进行编号和做其他标记。两个龄期以上的试体，在编号时应将同一试模中的 3 条试体分在两个以上的龄期内。

（2）脱模

脱模应非常小心。对于 24 h 龄期的，应在破型试验前 20 min 内脱模。对于 24 h 以上龄期的，应在成型后 20　24 h 脱模。如经 24 h 养护，会因脱模对强度造成损害时，可以延迟到 24 h 以后脱模，但在试验报告中应予说明。

已确定作为 24 h 龄期试验（或其他不下水直接做试验）的已脱模试体，应用湿布覆盖至做试验时为止。

（3）水中养护

将做好标记的试件立即水平或竖直放在（20 ±1）℃水中养护，水平放置时刮平面应朝上。

将试件放在不易腐烂的篦子上，并彼此保持一定间距，便于水与试件的 6 个面接触。养护期间试件之间间隔或试件上表面的水深不得小于 5 mm。每个养护池只养护同类型的水泥试件。养护池中的水，最初用自来水装满，随后加水保持适当的恒定水位，不允许在养护期间全部换水。

除 24 h 龄期或延迟至 48 h 脱模的试件外，任何到龄期的试件应在试验（破型）前 15 min 从水中取出。擦去试件表面沉积物，并用湿布覆盖至试验为止。

(4)强度试验试件的龄期

试件的龄期是从水泥加水搅拌开始试验时算起,至强度测定所经历的时间。不同龄期的试件,必须相应地在 24 h ±15 min、48 h ±30 min、72 h ±45 min、7 d ±2 h 及大于 28 d ±8 h 的试件内进行强度试验。

7)水泥胶砂强度(力学性能)试验

(1)抗折强度测定

将试件的一个侧面放在试验机支撑圆柱上,试件长轴垂直于支撑圆柱,通过加荷圆柱以(50 ±10) N/s 的速率均匀地将荷载垂直地加在棱柱体相对侧面上,直至折断。

保持两个半截棱柱体处于潮湿状态直至抗压试验。

抗折强度 R_f 以牛顿每平方毫米(MPa)表示。其计算式为

$$R_f = \frac{1.5F_fL}{b^3} \tag{3.3}$$

式中 F_f——折断时施加在棱柱体中部的荷载,N;

L——支撑圆柱之间的距离,mm;

b——棱柱体正方形截面的边长,mm。

(2)抗压强度测定

抗压强度试验通过抗压强度试验机和抗压强度试验机用夹具,在半截棱柱体的侧面上进行。半截棱柱体中心与压力机压板受压中心差应在 ±0.5 mm 内,棱柱体露在压板外的部分约长 10 mm。在整个加荷过程中,以(2 400 ±200)N/s 的速率均匀地加荷直至被破坏。抗压强度 R_c 以牛顿每平方毫米(MPa)为单位。其计算式为

$$R_c = \frac{F_c}{A} \tag{3-4}$$

式中 F_c——破坏时的最大荷载,N;

A——受压部分面积,mm^2。

8)试验结果

(1)抗折强度

以一组 3 个棱柱体抗折结果的平均值作为试验结果。当 3 个强度值中有超出平均值 ±10% 时,应剔除后再取平均值作为抗折强度试验结果。

各试体的抗折强度记录至 0.1 MPa,按规定计算平均值。计算结果精确至 0.1 MPa。

(2)抗压强度

以一组 3 个棱柱体上得到的 6 个抗压强度测定值的算术平均值为试验结果。

如 6 个测定值中有一个超出 6 个平均值的 ±10%,就应剔除这个结果,而以剩下的 5 个平均数为结果。如果 5 个测定值中再有超过它们平均值 ±10% 的,则此组结果作废。

各个半棱柱体得到的单个抗压强度结果计算至 0.1 MPa,按规定计算平均值,计算结果精确至 0.1 MPa。

【课堂思考与讨论 3-7】

某硅酸盐水泥进行抗折、抗压强度试验,其通过试验测得 3 d、28 d 龄期的抗折、抗压破坏荷载测定值,见表 3-12,试完成该表相关数据的处理并评定其水泥强度等级。

表 3-12　水泥强度试验记录及数据处理表

水泥胶砂抗折强度试验								
编号	试验龄期	试件尺寸/mm		支座中距 L/mm	破坏荷载 F_f/N	抗折强度 R_f/MPa	抗折强度平均值/MPa	抗折强度 /MPa
		宽 b	高 h					
1	3 d	40	40	100	1 728			
2		40	40	100	1 792			
3		40	40	100	1 749			
1	28 d	40	40	100	2 986			
2		40	40	100	3 200			
3		40	40	100	3 627			

水泥胶砂抗压强度试验					
编号	龄期	破坏荷载 F_c/N	抗压强度 R_c/MPa	抗压强度平均值 /MPa	抗压强度/MPa
1	3 d	41 000			
2		42 500			
3		46 000			
4		45 500			
5		43 200			
6		43 600			
1	28 d	112 000			
2		115 000			
3		114 000			
4		113 500			
5		108 000			
6		118 500			
水泥强度等级					

任务三　普通混凝土用砂石的质量要求与选用

【任务背景】　普通混凝土中砂石的用量约占混凝土总质量的 3/4,体积占混凝土总体积的 70% ~80% ,其质量在很大程度上影响着混凝土的各种技术性质,进而影响混凝土结构工程的施工质量。由此可知,正确选择砂石品种、严控砂石质量应成为混凝土生产中的关键环节。

结合本书前面有关技术标准选用分析,我们知道对于混凝土结构工程中普通混凝土用砂石的质量标准与检验方法，应选用行业标准《普通混凝土用砂、石质量及检验方法标准》(JGJ 52—2006)，而非国家标准，故本节内容将围绕行业标准进行普通混凝土用砂石的质量要求与检验方法学习。

1. 普通混凝土用砂的质量要求与选用

1) 砂的粗细程度及颗粒级配

(1) 砂的粗细程度

砂的粗细程度是指不同粒径的砂粒混合在一起后总体的平均粗细程度。

砂子的粗细对混凝土的内部结构及性能具有显著影响。当混凝土中采用较细的砂子时，其总表面积较大，为了保证混凝土中骨料之间的充分润滑与黏结，则包裹表面所需的水泥浆量就较多；反之，用粗砂配制混凝土比用细砂配制混凝土所需的水泥浆量要少。但若砂子过粗，则颗粒间难以相互嵌固，使混凝土内部结构难以形成稳定的相互嵌固堆聚结构，从而造成许多不良现象。因此，配制混凝土用砂不宜过细，也不宜过粗。

(2) 砂的颗粒级配

砂的颗粒级配是指砂中不同粒径砂子的颗粒互相搭配的比例情况。

如图 3-14 所示，一种粒径的砂，颗粒间的空隙最大；两种粒径的砂搭配起来，空隙相应有所减少；随着粒径级别的增加，会达到中颗粒填充大颗粒间的空隙，而小颗粒填充中颗粒间的空隙的“逐级填充”紧密堆积状态。级配越良好的砂，其空隙率越小，所需的水泥浆量越少，可以达到节约水泥效果、提高混凝土密实度、强度和耐久性等综合性能的目的。

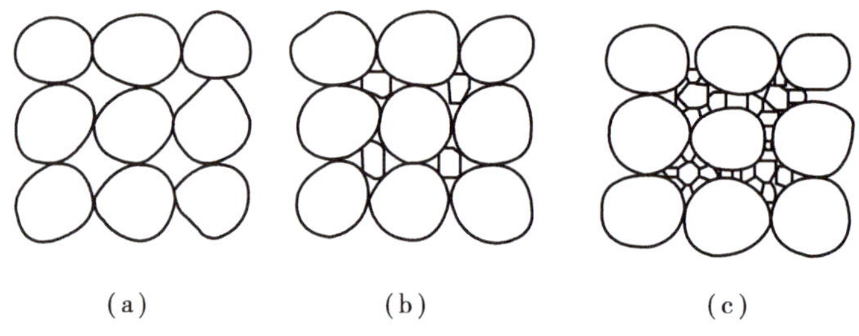

图 3-14 骨料的颗粒级配

(3) 砂的粗细程度和颗粒级配的确定

砂的粗细程度和颗粒级配用筛分试验法来确定。试验中砂筛应采用方孔筛，砂的公称粒径、砂筛筛孔的公称直径和方孔筛筛孔边长应符合表 3-13 的规定。

表 3-13 砂的公称粒径、砂筛筛孔的公称直径和方孔筛筛孔边长

砂的公称粒径	砂筛筛孔的公称直径	方孔筛筛孔边长
5.00 mm	5.00 mm	4.75 mm
2.50 mm	2.50 mm	2.36 mm
1.25 mm	1.25 mm	1.18 mm
630 μm	630 μm	600 μm
315 μm	315 μm	305 μm
160 μm	160 μm	150 μm
80 μm	80 μm	75 μm

筛分试验采用过筛孔边长为9.50 mm的方孔筛后烘干的500 g的待测砂，将砂样用一套筛孔边长从大到小（筛孔公称直径分别为4.75 mm，2.36 mm，1.18 mm，600 μm，300 μm，150 μm）的标准金属方孔筛进行筛分，然后称取各筛上剩余的颗粒质量（称为筛余量），将各筛余量分别除以总质量500 g计算出各筛的分计筛余：$a_1, a_2, a_3, a_4, a_5, a_6$；再计算出各筛的累计筛余（该号筛与所有大于该号筛的分计筛余之和）：$A_1, A_2, A_3, A_4, A_5, A_6$。累计筛余与分计筛余的计算关系见表3-14。

表3-14　累计筛余与分计筛余的计算关系

筛孔边长	筛余量/g	分计筛余/%	累计筛余/%
4.75 mm	m_1	$a_1=\frac{m_1}{500}\times 100\%$	$\beta_1=a_1$
2.36 mm	m_2	$a_2=\frac{m_2}{500}\times 100\%$	$\beta_2=a_1+a_2$
1.18 mm	m_3	$a_3=\frac{m_3}{500}\times 100\%$	$\beta_3=a_1+a_2+a_3$
600 μm	m_4	$a_4=\frac{m_4}{500}\times 100\%$	$\beta_4=a_1+a_2+a_3+a_4$
300 μm	m_5	$a_5=\frac{m_5}{500}\times 100\%$	$\beta_5=a_1+a_2+a_3+a_4+a_5$
150 μm	m_6	$a_6=\frac{m_6}{500}\times 100\%$	$\beta_6=a_1+a_2+a_3+a_4+a_5+a_6$

砂的粗细程度用细度模数μ_f表示，其计算式为

$$\mu_f=\frac{(\beta_2+\beta_3+\beta_4+\beta_5+\beta_6)-5\beta_1}{100-\beta_1} \tag{3-5}$$

式中　$\beta_1,\beta_2,\beta_3,\beta_4,\beta_5,\beta_6$——分别表示筛孔边长为4.75 mm，2.36 mm，1.18 mm，600 μm，300 μm，150 μm的方孔筛的累计筛余。

细度模数μ_f的值并不等于砂的平均粒径，但能较准确地反映砂的粗细程度。μ_f越大，表示砂越粗，单位质量总表面积（或比表面积）小；μ_f越小，则砂比表面积越大。当$\mu_f=3.7\sim3.1$时为粗砂；当$\mu_f=3.0\sim2.3$时为中砂；当$\mu_f=2.2\sim1.6$时为细砂；当$\mu_f=1.5\sim0.7$时为特细砂。普通混凝土用砂的细度模数范围一般为3.7～1.6，宜优先选用中砂。对细度模数为1.5～0.7的特细砂，配制混凝土时需采取特殊方法。

砂的颗粒级配用级配区来表示。除特细砂外，砂的颗粒级配可按筛孔边长600 μm筛孔的累计筛余分成3个级配区，见表3-15。任何一种砂，只要其累计筛余$\beta_1\sim\beta_6$分别符合某同一级配区的相应累计筛余的范围规定，即为级配合理，符合级配要求。由表3-15中的数值可知，在3个级配区内，只有600 μm筛孔的累计筛余是不重叠的，故称为控制粒级。控制粒级使任何一种砂样只能处于某一级配区内，避免出现同属两个级配区的现象。

表 3-15 砂的颗粒级配区

方孔筛筛孔边长	公称粒径	累计筛余/%		
		1 区	2 区	3 区
4.75 mm	5.00 mm	10～0	10～0	10～0
2.36 mm	2.50 mm	35～5	25～0	15～0
1.18 mm	1.25 mm	65～35	50～10	25～0
600 μm	630 μm	85～71	70～41	40～16
300 μm	315 μm	95～80	92～70	85～55
150 μm	160 μm	100～90	100～90	100～90

注:①砂的实际颗粒级配与表中的累计筛余相比,除公称粒径为5.00 mm和630 μm的累计筛余外,其余公称粒径的累计筛余可稍超出分界线,但总超出量不应大于5%。

②当天然砂的实际颗粒级配不符合要求时,宜采取相应的技术措施,并经试验证明能确保混凝土质量后,方允许使用。

为了直观地反映砂的级配情况,可按表3-15的规定,画出以筛孔尺寸为横坐标,累计筛余为纵坐标的1,2,3这3个区的级配区曲线图,如图3-15所示。在绘制好的级配区曲线图基础上,可进一步通过作图的方法来判断砂的级配情况:将某砂样筛分试验所得各筛孔的累计筛余 $\beta_1 \sim \beta_6$ 在图3-14中依次描点连线绘成筛分曲线,若该筛分曲线均处于图3-14中某一级配区的范围时,即可确认该砂的合理级配。

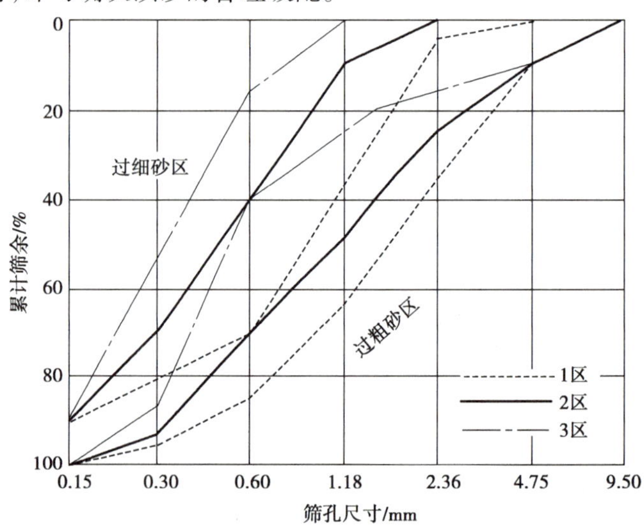

图 3-15 砂的级配区曲线图

配制混凝土时宜优先选用2区砂。当选用1区砂时,应提高砂率,并保持足够的水泥用量,以满足混凝土的和易性;当选用3区砂时,宜降低砂率;当选用特细砂时应符合相应的规定。

【课堂思考与讨论3-8】

①细度模数相同的砂,是否级配区及级配情况也一定相同?不同粒径分布的砂,是否可

能有相同的细度模数？

②自学砂筛分试验，并完成以下试验结果的处理：

a. 完成表 3-16 中关于两次试验的累计筛余计算。

b. 计算细度模数并评定砂的粗细程度。

c. 判定其颗粒级配区。

表 3-16　砂筛分试验记录及数据处理

筛孔边长	分计筛余/%		累计筛余/%		
	第一次试验	第二次试验	第一次试验	第二次试验	平均值
4.75 mm	2.4	2.0			
2.36 mm	4.8	4.4			
1.18 mm	8.0	8.4			
600 μm	10.8	11.0			
300 μm	62.6	63.4			
150 μm	9.8	9.4			

2）天然砂中含泥量

含泥量是指天然砂中公称粒径小于 80 μm 的颗粒的含量。

天然砂中的泥通常包裹在砂颗粒表面，妨碍水泥浆与砂的有效黏结；同时其颗粒细，吸附水的能力强，使混凝土拌合物在保持相同流动性的条件下需增加用水量，从而导致混凝土硬化后的强度和耐久性降低，干缩、徐变增大。

天然砂中含泥量应符合表 3-17 的规定。对于有抗冻、抗渗或其他特殊要求的小于或等于 C25 混凝土用砂，其含泥量不应大于 3.0%。

表 3-17　天然砂中含泥量

混凝土强度等级	≥C60	C55～C30	≤C25
含泥量（按质量计）/%	≤2.0	≤3.0	≤5.0

3）砂中泥块含量

泥块含量是指砂中公称粒径大于 1.25 mm，经水洗、手捏后变成小于 630 μm 的颗粒的含量。

砂中泥块含量应符合表 3-18 的规定。对于有抗冻、抗渗或其他特殊要求的小于或等于 C25 混凝土用砂，其泥块含量不应大于 1.0%。

表 3-18　砂中泥块含量

混凝土强度等级	≥C60	C55～C30	≤C25
泥块含量（按质量计）/%	≤0.5	≤1.0	≤2.0

4)人工砂或混合砂石粉含量

石粉含量是指人工砂在生产过程中不可避免地产生的公称粒径小于 80 μm,且其矿物组成和化学成分与被加工母岩相同的颗粒含量。

人工砂与天然砂最显著的区别之一是含有石粉。石粉含量较少时,对混凝土强度、收缩性能、弹性模量影响不大。但随着石粉含量的提高,新拌混凝土出机坍落度减小,坍落度损失增大,强度呈下降趋势,收缩呈增加趋势。因此,应控制人工砂或混合砂中的石粉含量。

人工砂或混合砂中石粉含量应符合表 3-19 的规定。

表 3-19　人工砂或混合砂中石粉含量

混凝土强度等级		≥C60	C55 ~ C30	≤C25
石粉含量/%	MB < 1.4(合格)	≤5.0	≤7.0	≤10.0
	MB≥1.4(不合格)	≤2.0	≤3.0	≤5.0

5)砂的坚固性

砂的坚固性是指砂在自然风化和其他外界物理、化学因素的作用下,抵抗破裂的能力。砂采用硫酸钠溶液法进行坚固性试验,砂样经 5 次循环后其质量损失应符合表 3-20 中的规定。人工砂的总压碎指标应小于 30%。

表 3-20　砂的坚固性指标

混凝土所处的环境条件及其性能要求	5 次循环后的质量损失/%
在严寒及寒冷地区室外使用并经常处于潮湿或干湿交替状态下的混凝土 对有抗疲劳、耐磨、抗冲击要求的混凝土 有腐蚀介质作用或经常处于水位变化区的地下结构混凝土	≤8
其他条件下使用的混凝土	10

6)有害物质含量

砂在生成过程中,由于环境的影响和作用,常混有对混凝土性质造成不利的物质,以天然砂尤为严重。各种砂的有害物质种类会有不同,行业标准 JGJ 52—2006 中,针对砂中常见的云母、轻物质、有机物、硫化物和硫酸盐等有害物质含量做了相关控制规定,见表 3-21。

表 3-21　砂中有害物质含量

项　目	质量指标
云母含量(按质量计,%)	≤2.0
轻物质含量(按质量计,%)	≤1.0
硫化物及硫酸盐含量(折算成 SO_3 按质量计,%)	≤1.0
有机物含量(用比色法试验)	颜色不应深于标准色,当颜色深于标准色时,应按水泥胶砂强度试验方法进行强度对比试验,抗压强度比不应低于 0.95

砂中云母为表面光滑的小薄片,与水泥黏结很差,严重影响了混凝土的强度及耐久性;硫化物及硫酸盐对水泥有侵蚀作用;有机物减缓水泥的凝结与硬化、影响水泥的强度与耐久性。

7)砂中氯离子含量

因为氯离子会对钢筋造成锈蚀,所以对钢筋混凝土尤其是预应力混凝土中的氯盐含量应严加控制。行业标准 JGJ 52—2006 中规定:对于钢筋混凝土用砂,其氯离子含量不得大于0.06%(以干砂的质量百分率计);对于预应力混凝土用砂,其氯离子含量不得大于 0.02%(以干砂的质量百分率计)。

海水常会使海砂中的氯盐超标,使用海砂时应特别注意氯盐含量的控制。

2. 普通混凝土用石的质量要求与选用

1)石子的最大粒径与颗粒级配

(1)石子最大粒径

石子公称粒级的上限称为该粒级的最大粒径。最大粒径反映了石子的粗细程度,最大粒径越大,石子的颗粒越粗。同砂一样,石子越粗,其总表面积越小,石子表面包裹水泥浆的所需数量就越少,单位用水量有效减少并可获得节约水泥的效果。如果在用水量和水胶比固定不变的情况下,最大粒径加大,骨料表面包裹的水泥浆层加厚,那么混凝土拌合物可获得较高的流动性。所以,石的最大粒径应在条件允许时,尽量选择得大一些。但最大粒径大于 150 mm 后,节约水泥的效果不再明显,同时会降低混凝土的抗拉强度,会对施工质量甚至对机械造成一定的损害。根据《混凝土结构工程施工质量验收规范》(GB 50204—2015)的规定,混凝土结构中石子的最大粒径不应超过结构最小截面尺寸的 1/4 且不应超过钢筋最小净距的 3/4。对混凝土实心板,不宜超过板厚 1/3 且不超过 40 mm;对于泵送混凝土,碎石最大粒径与输送管道内径之比不超过 1∶3,卵石不超过 1∶2.5。

(2)石子颗粒级配

石子颗粒级配与砂颗粒级配的原理基本相同,级配良好的石子可实现最密实的堆积。石子颗粒级配的好坏,对保证混凝土的流动性、强度和节省水泥等各方面的影响起着重要作用。

石子颗粒级配也是通过筛分试验确定的,其所用的整套标准方孔筛的孔边长分别为2.36,4.75,9.50,16.0,19.0,26.5,31.5,37.5,53.0,63.0,75.0,90.0 mm,共计 12 个。

混凝土用石的颗粒级配情况有连续粒级和单粒级两种。连续粒级其颗粒分布情况由小到大连续分级,分布范围都是从公称粒径 5 mm 开始至最大粒径,每级石子都占有一定的质量比例。单粒级的粒级范围没有从 5 mm 开始,其公称粒级在 1/2 最大粒级至最大粒级范围内。

普通混凝土用碎石或卵石的颗粒级配应符合表 3-22 的要求。混凝土用石多采用连续粒级的,这种颗粒级配的空隙率较小,可减少水泥用量,单粒级宜用于组合成具有所要求级配的连续粒级,也可与连续粒级混合使用,以改善其级配或配成较大粒度的连续粒级,以满足某些特殊要求。

表 3-22　碎石或卵石的颗粒级配范围

级配情况	公称粒级/mm	累计筛余按质量计/%											
		方孔筛筛孔尺寸/mm											
		2.36	4.75	9.5	16.0	19.0	26.5	31.5	37.5	53.0	63.0	75.0	90.0
连续粒级	5 ~ 10	95 ~ 100	80 ~ 100	0 ~ 15	0	—	—	—	—	—	—	—	—
	5 ~ 16	95 ~ 100	85 ~ 100	30 ~ 60	0 ~ 10	0	—	—	—	—	—	—	—
	5 ~ 20	95 ~ 100	90 ~ 100	40 ~ 80	—	0 ~ 10	0	—	—	—	—	—	—
	5 ~ 25	95 ~ 100	90 ~ 100	—	30 ~ 70	—	0 ~ 5	0	—	—	—	—	—
	5 ~ 31.5	95 ~ 100	90 ~ 100	70 ~ 90	—	15 ~ 45	—	0 ~ 5	0	—	—	—	—
	5 ~ 40	—	95 ~ 100	70 ~ 90	—	30 ~ 65	—	—	0 ~ 5	0	—	—	—
单粒级	10 ~ 20	—	95 ~ 100	85 ~ 100	—	0 ~ 15	0	—	—	—	—	—	—
	16 ~ 31.5	—	95 ~ 100	—	85 ~ 100	—	—	0 ~ 10	0	—	—	—	—
	20 ~ 40	—	—	95 ~ 100	—	80 ~ 100	—	—	0 ~ 10	0	—	—	—
	31.5 ~ 63	—	—	—	95 ~ 100	—	—	75 ~ 100	45 ~ 75	—	0 ~ 10	0	—
	40 ~ 80	—	—	—	—	95 ~ 100	—	—	70 ~ 100	—	30 ~ 60	0 ~ 10	0

2)碎石或卵石中针状、片状颗粒含量

凡碎石或卵石颗粒的长度大于该颗粒所属粒级的平均粒径 2.4 倍者为针状颗粒；厚度小于平均粒径 0.4 倍者为片状颗粒。平均粒径指该粒级上下限粒径的平均值。混凝土中针状、片状颗粒的存在会使新拌混凝土的和易性变差，且由于针状、片状颗粒的坚韧性较差，其压碎值指标随着针状、片状颗粒含量的增加而增大，从而导致混凝土的抗压强度降低。普通混凝土用碎石或卵石，其针状、片状颗粒含量应符合表 3-23 的规定。

表 3-23　针状、片状颗粒含量

混凝土强度等级	≥C60	C55 ~ C30	≤C25
针状、片状颗粒含量(按质量计)/%	≤8	≤15	≤25

3)碎石或卵石中的含泥量和泥块含量

粗骨料中泥和泥块对混凝土性质的影响与砂相同，但由于粗骨料的粒径大，因此造成的缺陷或危害更大。普通混凝土用石中含泥量和泥块含量应符合表 3-24 中的相关限定要求。

表 3-24　碎石或卵石中的含泥量

混凝土强度等级	≥C60	C55 ~ C30	≤C25
含泥量(按质量计)/%	≤0.5	≤1.0	≤2.0
泥块含量(按质量计)/%	≤0.2	≤0.5	≤0.7

注:①对于有抗冻、抗渗或其他特殊要求的混凝土,其所用碎石或卵石的含泥量不应大于 1.0%。

②当碎石或卵石的含泥是非黏土质的石粉时,其含泥量可由表中的 0.5%,1.0%,2.0%,分别提高到 1.0%,1.5%,3.0%。

③对于有抗冻、抗渗和其他特殊要求的强度等级小于 C30 的混凝土,其所用碎石或卵石的泥块含量应不大于 0.5%。

4)强度

粗集料在混凝土中起骨架作用,必须有足够的强度。行业标准 JGJ 52—2006 中规定碎石和卵石的强度都可用压碎值指标表示。除此之外,碎石还可用岩石立方体强度表示。

(1)压碎值指标

压碎值指标的测定是将一定质量气干状态下(即骨料含水率与大气湿度相平衡,但未达到饱和时的状态)公称粒径为 10.0 ~ 20.0 mm 的石子装入一定规格的圆桶内,在压力机上均匀加荷到 200 kN,然后卸荷后称取试验质量 m_0,再用公称直径为 2.50 mm 的方孔筛筛除被压碎的细粒,称量留在筛上的试样质量 m_1。碎石或卵石的压碎值指标 δ_a 按下式计算:

$$\delta_a = \frac{m_0 - m_1}{m_0} \times 100\% \tag{3-6}$$

压碎值指标越小,说明石子的强度越高。不同强度等级的普通混凝土用碎石、卵石的压碎值指标应分别满足表 3-25、表 3-26 的要求。

表 3-25　碎石压碎值指标

岩石品种	混凝土强度等级	碎石压碎值指标/%
沉积岩	C60 ~ C40	≤10
	≤C35	≤16
变质岩或深成的火成岩	C60 ~ C40	≤12
	≤C35	≤20
喷出的火成岩	C60 ~ C40	≤13
	≤C35	≤30

表 3-26　卵石的压碎值指标

混凝土强度等级	C60 ~ C40	≤C35
压碎值指标/%	≤12	≤16

(2)岩石抗压强度

岩石抗压强度是将母岩制成边长为 50 mm 的立方体试件或直径和高都为 50 mm 的圆

柱体试件，测得其在饱和水状态下的抗压强度值。岩石的抗压强度应比所配置的混凝土强度至少提高20%。当混凝土强度等级大于或等于C60时，应进行岩石抗压强度检验。

5）坚固性

石子的坚固性是指石子在气候、环境变化和其他物理力学因素的作用下，抵抗破碎的能力。石和砂一样，坚固性都采用硫酸钠溶液浸泡法检验，试样经5次干湿循环后，其质量损失应满足表3-27的要求。

表3-27　碎石或卵石的坚固性指标

混凝土所处的环境条件及性能要求	5次循环后的质量损失/%
在严寒及寒冷地区室外使用并经常处于潮湿或干湿交替状态下的混凝土；有腐蚀介质或经常处于水位变化区的地下结构或有抗疲劳、耐磨、抗冲击要求的混凝土	≤8
其他条件下使用的混凝土	≤12

6）有害物质含量

碎石或卵石中的硫化物和硫酸盐含量以及卵石中有机物等有害物质含量，应符合表3-28的规定。

表3-28　碎石或卵石中有害物质含量

项　目	质量要求
硫化物及硫酸盐含量（折算成SO_3，按质量计）/%	≤1.0
卵石中有机物含量（用比色法试验）	颜色应不深于标准色。当颜色深于标准色时，应配制成混凝土进行强度对比试验，抗压强度比应不低于0.95

当碎石或卵石中含有颗粒状硫酸盐或硫化物杂质时，应进行专门检验，确认能满足混凝土耐久性要求后，方可采用。

任务四　混凝土施工现场相关技术性质及检测

子任务一　掌握混凝土主要技术性质

【任务背景】　混凝土主要技术性质通常分为混凝土拌合物（即混凝土各组成材料按一定比例搅拌后尚未凝结硬化的混合料）和硬化混凝土的技术性质。混凝土拌合物技术性质主要是指混凝土拌合物的和易性；硬化后混凝土的技术性质主要包括混凝土强度、变形及耐久性。

在施工中经常会出现混凝土浇筑体顶面产生横向裂纹，拆模后侧表面有砂粒或石子露头，混凝土分层或不密实，产生蜂窝等质量事故，究其原因，与混凝土拌合物工作性不良有很大关联。混凝土的和易性不良除了导致外观质量缺陷外，严重时还会导致混凝土硬化后的强度不足。而混凝土作为结构施工材料，其硬化后的强度决定了整个建筑物的承载力是否达到设计要求，对结构安全、可靠度和耐久性起着至关重要的作用。故全方位了解其性能及相关影响因素，掌握提高其主要性能的途径与措施，将有助于保证混凝土施工质量及整个建筑物的承载力达到设计要求。

1.混凝土拌合物的和易性

混凝土各组成材料按一定比例搅拌后尚未凝结硬化的混合料称为混凝土拌合物或新拌混凝土。混凝土拌合物的主要技术性质是和易性。混凝土的和易性对商品混凝土的工作性能有非常的重要性，是商品混凝土适合于泵送施工等现代化施工工艺的技术保证，是保证混凝土施工质量的技术基础。

1)和易性的概念

混凝土拌合物的和易性又称工作性，是指混凝土拌合物在一定的施工条件下，便于各种施工工序的操作，以保证获得质量稳定、均匀密实的混凝土的性能。

和易性是一项综合技术指标，包括流动性、黏聚性和保水性 3 个主要方面：

①流动性是指混凝土拌合物在自重或施工机械振捣作用下，产生流动并均匀密实地填满模具的性能。流动性的大小将影响施工浇灌、振捣的难易和混凝土的质量。混凝土拌合物的流动性也称“稠度”。

②黏聚性是指混凝土拌合物各组成材料间具有一定的黏聚力，在施工过程中不致产生分层(拌合物在停放、运输、成型过程中受重力或外力作用发生各组分出现层状分离的现象)和离析(拌合物中某组分产生分离、析出的现象)，仍能保持整体均匀的性质。

③保水性是指混凝土拌合物保持水分的能力。保水性差的混凝土拌合物在振实后，会有水分泌出，并在混凝土内形成贯通的孔隙。这不但会影响混凝土的密实性，降低强度，而且还会影响混凝土的抗渗、抗冻等耐久性能。

和易性是上述 3 种性能的综合。这 3 个方面的性能有它们各自的内容，既互相联系，又存在矛盾，不可片面强调某一性能。

2)和易性的选择

混凝土拌合物的和易性应根据结构构件截面尺寸大小、配筋疏密、施工振捣方法等条件来确定。由于拌合物和易性的 3 个性质中，只有稠度可通过科学试验法测定出准确的衡量指标，黏聚性、保水性只能凭借经验、通过观察粗略确定，故在选择和易性时，往往以表征稠度的指标(坍落度、维勃稠度或扩展度)作为确定拌合物工作性的参考。

对截面尺寸较小、形状复杂或配筋较密的构件，或采用人工插捣时，常选择较大的坍落度；在便于施工操作和保证振捣密实的情况下，尽可能地采用较小的坍落度，以节约水泥并获得质量较好的混凝土。

根据《混凝土结构工程施工质量验收规范》(GB 50204—2015)规定，不同混凝土坍落度的适用范围见表 3-29。

表 3-29 混凝土坍落度的适用范围

项目	结构种类	坍落度/mm
1	基础或地面等的垫层,无筋的厚大结构或配筋稀疏的结构构件	10~30
2	板、梁和大型及中型截面的柱子等	30~50
3	配筋较密的结构(薄壁、斗仓、筒仓、细柱等)	50~70
4	配筋特密的结构	70~90

3)和易性的影响因素

影响混凝土拌合物和易性的因素主要有内部因素和外部因素。内部因素主要与各组成材料的品种、规格(水泥品种、骨料种类及规格)及各组成材料间的比例关系(水灰比、砂率、浆骨比)有关。外部因素主要有时间和外界环境。

(1)水泥品种

不同的水泥品种,因其需水量不同,在相同配合比时,混凝土拌合物的和易性也有所不同。一般采用火山灰水泥、矿渣水泥时,拌合物的坍落度较普通水泥要小些。

(2)骨料种类及规格

河砂和卵石表面光滑无棱角,多呈卵球状,拌制的混凝土拌合物比碎石拌制的拌合物流动性好。在相同配合比时,采用最大粒径较大的级配良好的砂石,因其总表面积和空隙率小,包裹骨料表面和填充空隙用的水泥浆用量小,因此拌合物的流动性也好。

(3)水灰比

水灰比的大小决定了水泥浆的稠度。当水泥浆与骨料的比例不变时,水灰比越小,水泥浆越稠,拌制的拌合物的流动性便越小。当水灰比过小时,水泥浆干稠,制得的拌合物流动性过低,就会造成施工困难,不易保证混凝土质量。若水灰比过大,又会造成拌合物黏聚性和保水性不良,产生流浆、离析现象,降低混凝土强度。因此,在施工中不得随意增大水灰比。

(4)砂率

砂率是指混凝土中砂的质量占砂、石总质量的百分率。在混凝土中,砂比石子的粒径小很多,具有很大的比表面积。砂主要用来填充粗骨料的空隙。砂率的改变会使骨料的空隙率及骨料总比表面积有显著变化,故对拌合物的和易性有显著的影响。

砂率过大,骨料的总表面积及空隙率都会增大,在水泥浆不变的情况下,骨料表面的水泥浆层厚度会减小,水泥浆的润滑作用减弱,使拌合物的流动性差。若砂率过小,砂填充石子空隙后,不能保证粗骨料间有足够的砂浆层,也会降低拌合物的流动性,而且会影响黏聚性和保水性。因此,砂率有一个合理值,称为合理砂率。当采用合理砂率时,在用水量及水泥用量一定的情况下,能使混凝土拌合物获得最大的流动性,且保持良好的黏聚性和保水性,或者说在保证拌合物获得所要求的流动性及良好的黏聚性与保水性时,水泥用量最少。砂率与坍落度、砂率与水泥用水量之间的关系分别如图 3-16、图 3-17 所示。

(5)浆骨比

浆骨比是指水泥浆与骨料的数量比。在骨料一定的情况下,水泥浆数量的多少,反映了浆骨比的大小。在混凝土拌合物中,水泥浆赋予拌合物一定的流动性,它是影响和易性的主要因素。在水泥浆稠度(水灰比)一定时,增加水泥浆量,拌合物的流动性就随之增加。如水泥浆过多,不仅浪费水泥,而且会使黏聚性变差,出现流浆现象;如水泥浆过少,也会使黏聚性变差,产生崩坍现象。在施工中为了保证要求的强度,其水灰比不能任意改动,因此,通常是在保证一定水灰比的条件下,用增减水泥浆数量的方法使拌合物达到施工要求的流动性。

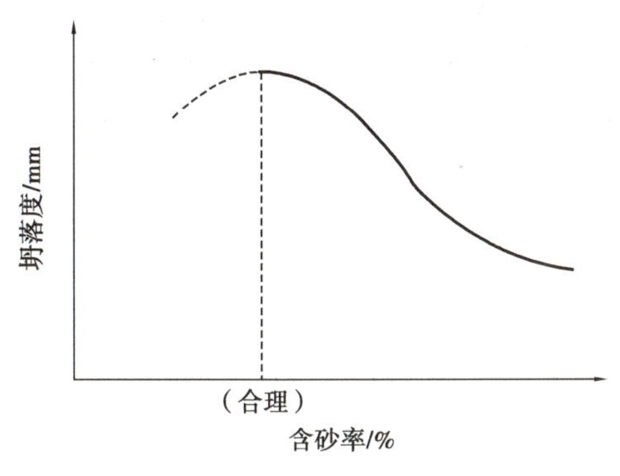

图 3-16　砂率与坍落度的关系
(水与水泥用量为一定)

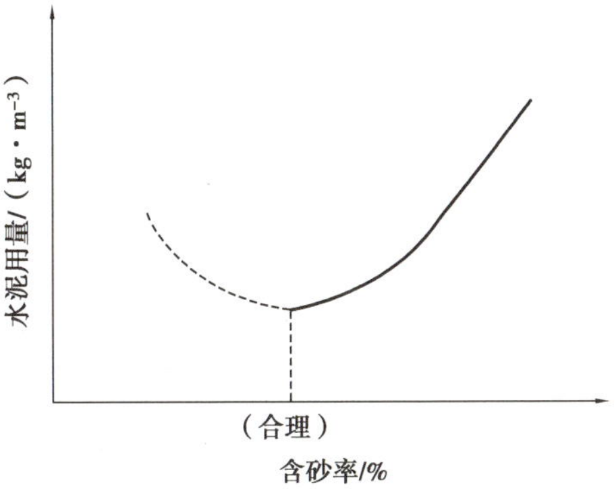

水泥用量/(kg·m^{-3})
(合理)
含砂率/%

图 3-17　砂率与水泥用量的关系
(达到相同的坍落度)

(6)外加剂

在拌制混凝土时,加入适量的外加剂(减水剂、塑化剂等)能使混凝土的拌合物在不增加水泥和水用量的情况下获得很好的和易性,使流动性显著增加,且具有较好的黏聚性和保水性。

(7)环境条件

新搅拌的混凝土的工作性在不同的施工环境条件下往往会发生变化。尤其是当前推广使用集中搅拌的商品混凝土与现场搅拌最大的不同就是要经过长距离的运输才能到达施工面。在这个过程中,若空气湿度较小、气温较高、风速较大、混凝土的工作性就会因失水而发生较人的变化。

(8)时间

新拌制的混凝土随着时间的推移,部分拌合水挥发被骨料吸收,同时水矿物会逐渐水化,进而使混凝土拌合物变稠,流动性减小,造成坍落度损失,影响混凝土的施工质量。

2. 混凝土的强度

强度是混凝土硬化后的主要力学性能,反映混凝土抵抗荷载的量化能力。混凝土强度包括抗压、抗拉、抗剪、抗弯、抗折及握裹强度。其中,以抗压强度最大,抗拉强度最小。

抗压强度与其他强度之间有一定的关系,因此,可由抗压强度的大小来估计其他强度。抗压强度是混凝土最重要的性能指标,它常作为结构设计的主要参数,也是评定混凝土质量的指标。

1)混凝土立方体抗压强度与强度等级

国家标准《普通混凝土力学性能试验方法标准》(GB/T 50081—2019)中规定,按标准成型方法制成立方体试件(其标准试件为 150 mm×150 mm×150 mm 的立方体试件,非标准试件常有 100 mm×100 mm×100 mm 和 200 mm×200 mm×200 mm 两种),每组 3 个试件,在标准条件下养护到 28 d 龄期进行抗压强度试验(具体试验过程及试验数据处理详见后面子任务二),所测得的抗压强度(代表)值称为混凝土立方体抗压强度,用f_{cu},表示。

为了正确进行设计和控制混凝土质量,根据混凝土立方体抗压强度标准值(以$f_{cu,k}$表示,单位:MPa),将混凝土强度划分为若干等级,即强度等级。混凝土立方体抗压强度标准值是指按标准试验方法测得的具有 95% 以上保证率的混凝土立方体抗压强度总体分布中的一个值,强度低于该值的概率不超过 5%。混凝土强度等级采用符号 C 与立方体抗压强度标准值来表示。普通混凝土通常划分为 C15,C20,C25,C30,C35,C40,C45,C50,C55,C60,C65,C70,C75,C80 等 14 个强度等级(≥C60 为高强混凝土)。例如,强度等级为 C20 的混凝土,则表示混凝土立方体抗压强度标准值$f_{cu,k}=20$ MPa,即抗压强度大于或等于 20 MPa 的保证率为 95% 以上。

2)混凝土轴心抗压强度

《普通混凝土力学性能试验方法标准》(GB/T 50081—2019)中规定,采用 150 mm × 150 mm × 300 mm 的棱柱体作为标准试件,测得的抗压强度为轴心抗压强度f_{cp}。

混凝土的轴心抗压强度f_{cp}与立方体抗压强度f_{cu}之间具有一定的关系,通过大量试验表明:在立方体抗压强度f_{cu}为 10 ~ 55 MPa 时,$f_{cp}=(0.7\sim0.8)f_{cu}$。

3)混凝土的抗拉强度

混凝土是典型的脆性材料,其抗拉强度很低,只有抗压强度的 1/20 ~ 1/10(通常取 1/15),且随着混凝土强度等级的提高比值有所降低,也就是当混凝土强度提高时,抗拉强度的增加不及抗压强度提高得快。因此,在钢筋混凝土结构设计中,通常不考虑混凝土的抗拉能力,而由钢筋来承担结构中的拉力。尽管如此,抗拉强度对混凝土的抗裂性仍具有重要作用,它通常是结构设计中确定混凝土抗裂度的主要依据。

由于混凝土的脆性特点,其抗拉强度难以直接测定,通常采用劈裂抗拉试验法间接得出混凝土的抗拉强度,并称为劈裂抗拉强度f_{ts}。混凝土劈裂抗拉强度采用边长为 150 mm 的立方体试件,试验时先在立方体试件的两个相对的上下表面加上垫条,然后施加均匀分布的压力,使试件在竖向平面内产生均匀分布的拉应力,该拉应力可根据弹性理论计算求得且劈裂抗拉强度计算式为

$$f_{ts}=\frac{2F}{\pi A}=0.637\,\frac{F}{A} \tag{3-7}$$

式中 f_{ts}——混凝土劈裂抗拉强度,MPa,计算结果应精确至 0.01 MPa;

F——破坏荷载,N;

A——试件劈裂面积,mm^2。

4)影响混凝土强度的主要因素

混凝土在凝结硬化过程中,由水泥水化造成的物理收缩和化学收缩而引起的水泥石体积变化、水泥石与骨料界面上变形不均匀所产生的拉应力,以及由于拌合物泌水而在粗骨料下缘形成水囊水膜等因素,在界面过渡区上都形成许多原生微裂缝。当混凝土受力时,这些界面裂纹会逐渐扩展并汇合连通起来,形成可见的裂缝,直至导致混凝土结构丧失连续性而被破坏。因此,混凝土强度主要取决于水泥石强度和水泥石与骨料间的黏结强度,而黏结强度与水泥强度等级、水灰比及骨料的性质等有密切关系;同时,龄期及养护条件等因素对混

凝土强度也有较大影响。

(1)水泥强度等级和水灰比

水灰比相同时,水泥强度等级越高,混凝土强度也越大。

水灰比即用水量与水泥用量之比。在配制混凝土时,为了使拌合物具有良好的和易性,往往要加入较多的水(为水泥重的40% ~70%),而水泥完全水化需要的结合水为水泥重的23%左右。混凝土硬化后,多余的水分挥发而使得混凝土内形成众多的孔隙,这些孔隙的存在,减小了混凝土抵抗荷载作用的有效面积。因此,在水泥强度等级及其他条件相同的情况下,混凝土的强度主要取决于水灰比,水灰比越小,混凝土的强度越大。

工程实践与试验研究表明,在材料相同的情况下,当水灰比在0.33~0.80时,混凝土强度随水灰比的增大而降低,呈曲线关系(图3-18);而混凝土强度和灰水比 C/W 的关系则呈直线关系(图3-19),可用经验公式(又称鲍罗米公式)表示

$$f_{cu} = \alpha_a f_{ce}\left(\frac{C}{W} - \alpha_b\right) \tag{3-8}$$

式中 f_{ce}——水泥的实际强度,MPa;

C/W——灰水比;

α_a,α_b——回归系数。与粗骨料的种类有关,无试验资料时可按《普通混凝土配合比设计规程》(JGJ 55—2011)提供的参考值取用:粗骨料为碎石时,$\alpha_a=0.53$,$\alpha_b=0.20$;粗骨料为卵石时,$\alpha_a=0.49$,$\alpha_b=0.13$。

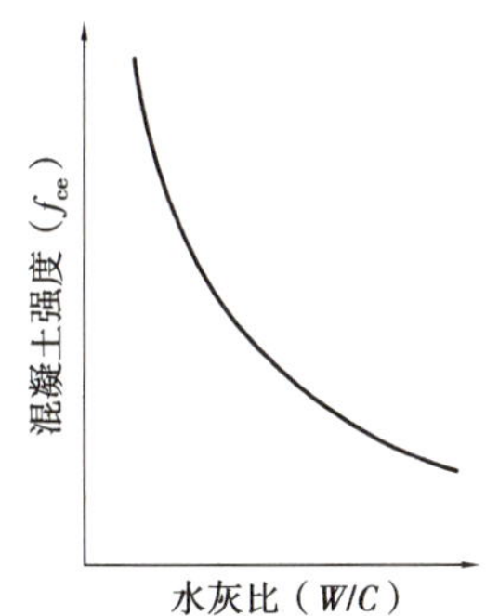

图3-18　混凝土强度与水灰比的关系(呈曲线关系)

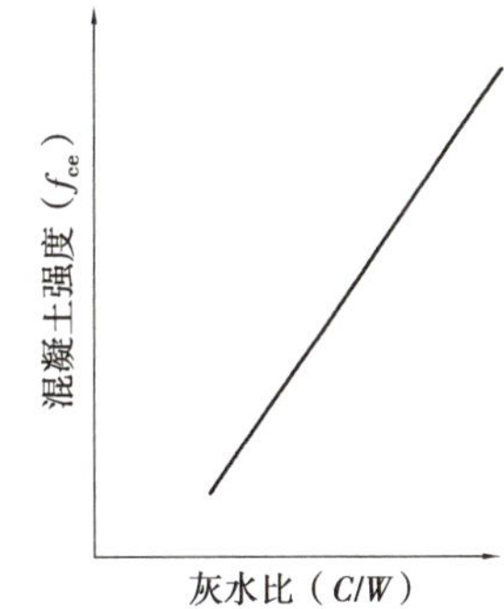

图3-19　混凝土强度与灰水比的关系(呈直线关系)

(2)粗骨料

水泥浆体和骨料的黏结力与骨料(特别是粗骨料,它是硬化后混凝土的骨架)的表面特征有关。碎石表面粗糙,黏结力较大;卵石表面光滑,黏结力较小。因而在水泥强度等级和水灰比相同的条件下,碎石混凝土的强度往往高于卵石混凝土的强度。

(3)养护温度和湿度

混凝土浇筑后为了满足水泥水化的需要,必须保持一定时间的足够湿度和维持较高的温度,才能保证水泥的不断水化,以使混凝土的强度不断产生与发展。

周围的湿度对水泥的水化作用能否正常进行有显著影响:湿度适当,水泥水化便能顺利进行,使混凝土强度得到充分发展。如果湿度不够,过早失水,混凝土会失水干燥而影响水泥水化作用的正常进行,导致混凝土结构疏松,或形成干缩裂缝,从而影响混凝土强度与耐

久性。如图 3-20 所示，混凝土强度的发展因保持湿度条件的不同，各龄期呈现出不同的发展趋势。

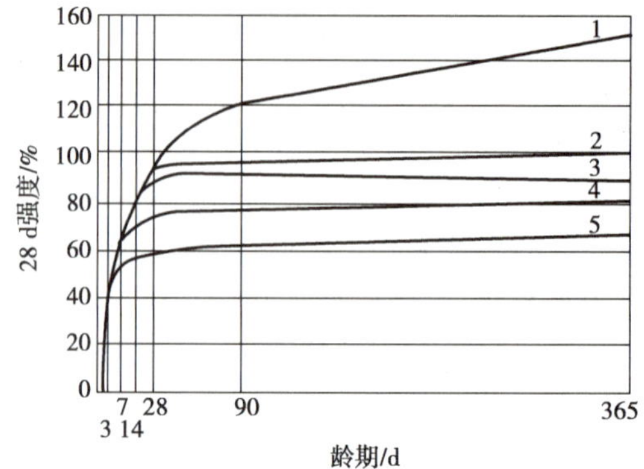

图 3-20　混凝土强度与保持潮湿时间的关系

1—长期保持潮湿；2—保持潮湿 14 d；

3—保持潮湿 7 d；4—保持潮湿 3 d；5—保持潮湿 1 d

由图 3-21 可知，养护温度高可以增大初期水化速度，混凝土初期强度也高。但急速的初期水化会导致水化物分布不均匀，水化物稠密程度低的区域将成为水泥石中的薄弱点，从而降低整体强度；水化物稠密程度高的区域，水化物包裹在水泥粒子的周围会妨碍水化反应的继续进行，对后期强度的发展不利。而在养护温度较低的情况下，由于水化缓慢，具有充分的扩散时间，因此使水化物在水泥石中均匀分布，有利于后期强度的发展。

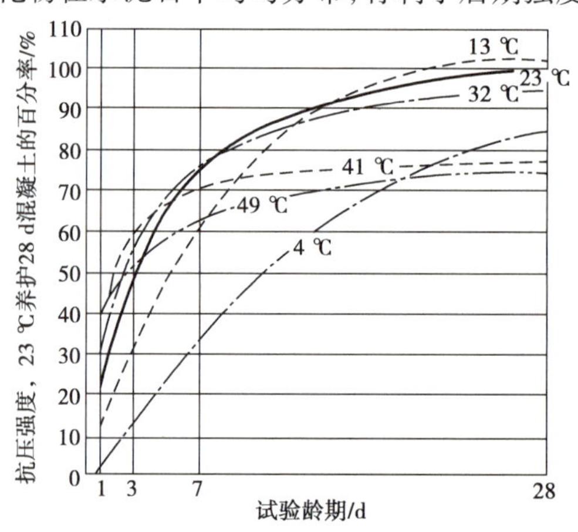

图 3-21　养护温度对混凝土强度的影响

为了使混凝土正常硬化，必须在成型后一定时间内维持周围环境有一定温度和湿度。《混凝土结构工程施工质量验收规范》（GB 50204—2015）规定，在混凝土浇筑完毕后，应在 12 h 内覆盖并保湿养护。对硅酸盐水泥、普通硅酸盐水泥或矿渣硅酸盐水泥拌制的混凝土，浇水保湿不得少于 7 d；对使用火山灰质硅酸盐水泥和粉煤灰硅酸盐水泥，掺用缓凝型外加剂或有抗渗要求的混凝土，浇水保湿不得少于 14 d；当日平均气温低于 5 ℃时，不得浇水；混凝土表面不便浇水或使用塑料布时，宜涂刷养护剂。

（4）龄期

龄期是指混凝土在正常养护条件下所经历的时间。混凝土的强度随龄期的增长而逐步提高。在正常养护条件下，强度在最初几天内发展较快，以后发展渐慢，28 d 可达到设计强度。28 d 后强度仍旧在发展，只是速度缓慢。如外界湿度和温度适当，混凝土的强度增长过程可延续数十年之久。

(5)试验条件

试验过程中，试件的尺寸、形状、表面状态及加荷速度等试验条件都会影响混凝土强度的测试值。

①试件尺寸。相同的混凝土，试件尺寸越小，测得的强度越高。主要原因是试件大时，内部缺陷出现的概率也大，导致受力有效面积减小及应力集中，从而引起强度的降低。国家标准规定，在测定混凝土强度时，如采用非标准试件，试验结果要乘以换算系数。

②试件的形状。当试件受压面积相同而高度不同时，高宽比越大，抗压强度试验值越小。因为混凝土与压力试验机承压板之间存在摩擦力作用，该摩擦力对混凝土的横向拉伸起约束作用，如同受到一种环箍作用，故称环箍效应。环箍效应的作用是使混凝土强度测试值高于无环箍效应试件的强度值，如在混凝土试件端面和压力试验机承压板涂抹润滑油，消除界面摩擦力，便可去除环箍效应的影响。

③加荷速度。试验时加荷速度越快，混凝土强度测试值就越大，当加荷速度超过 1.0 MPa/s 时，这种趋势越显著，因此，国家标准规定，在试验过程中应连续均匀地加荷。

除上述影响混凝土强度的因素外，施工条件(搅拌与振捣)、掺入外加剂(减水剂或早强剂)等也会影响混凝土强度的发展。

5)提高混凝土强度的主要措施

根据影响混凝土强度的因素分析，提高混凝土强度可从以下几个方面采取措施：

①采用高强度等级的水泥。提高水泥强度等级，可有效增长混凝土的强度；但不能单纯依靠提高水泥强度来达到提高混凝土强度的目的。

②尽可能降低水灰比。为使混凝土拌合物中的游离水分减少，采用较小的水灰比，可降低硬化后混凝土的孔隙率，明显增强水泥与骨料间的黏结力，使强度提高。

③改善粗细骨料的颗粒级配。级配良好的砂，空隙率较小，不仅可以节省水泥，而且可以改善混凝土拌合物的和易性，提高混凝土的密实度、强度和耐久性。

④掺入外加剂是提高混凝土强度的有效方法之一。工程实践证明，减少剂、早强剂等都对混凝土的强度发展起到明显作用。

⑤采用湿热养护、蒸汽养护、蒸压养护、冬季骨料预热等技术措施处理，可有效促进水泥水化反应，提高强度的增长速度。

⑥改进混凝土施工工艺，如采用机械搅拌和振捣，使混凝土拌合物在低水灰比的情况下更加均匀、密实地浇筑，从而获得更高的强度。

3. 混凝土的耐久性

混凝土除要求具有足够强度来安全地承受荷载外，还要求混凝土具有与工程所处环境条件相适应的耐久性来延长工程的使用寿命。混凝土的耐久性是指混凝土在使用环境下抵抗各种破坏因素作用并长期保持良好的使用性能和外观完整性的能力。混凝土的耐久性是一项综合性概念，主要包含抗渗、抗冻、抗侵蚀、抗炭化等性能。

1)混凝土耐久性的性能

(1)抗渗性

抗渗性是指混凝土抵抗压力水(或其他液体)渗透的性能,混凝土抗渗性用抗渗等级表示,抗渗等级是以28 d龄期的标准试件按规定方法进行试验,以其所能承受的最大水压力(单位为MPa)来确定的。

抗渗性主要与密实度及内部孔隙的大小和构造有关。混凝土本质上是一种多孔的材料,其内部互相连通的孔以及成型时由于振捣不实而产生的蜂窝、孔洞都会造成混凝土渗水。因此,施工中加强捣固、提高混凝土的密实度或引入引气剂、减水剂、密实剂等都会有效地提高抗渗性。

(2)抗冻性

抗冻性是指混凝土抵抗冻融循环作用的能力。混凝土受冻遭损是其内部孔隙中水的冻结膨胀引起孔隙破坏而致的,因此,密实的混凝土和具有封闭孔隙的混凝土都有较好的抗冻性能。

混凝土的抗冻性用抗冻等级表示。抗冻等级是以龄期为28 d的试块在吸水饱和后,承受反复冻融,以抗压强度下降不超过25%且质量损失不超过5%时所能承受的最大冻融循环次数来确定的。混凝土的抗冻等级分为F300,F250,F200,F150,F100,F50,F25共7个等级,如F100表示混凝土能够承受反复冻融循环次数为100次,强度下降不超过25%,质量损失不超过5%。

(3)抗侵蚀性

抗侵蚀性是指混凝土在含有侵蚀性介质环境中遭受化学侵蚀、物理作用不被破坏的能力。

混凝土的抗侵蚀性与所用水泥品种、混凝土的密实程度和孔隙特征有关。密实和有封闭孔的混凝土,环境水不易浸入,故其抗侵蚀性较强。

(4)抗炭化性

抗炭化性是指混凝土抵抗炭化作用的能力,即抵抗空气中的二氧化碳及水通过混凝土的裂隙与水泥石中氢氧化钙作用,生成碳酸钙和水的能力。

炭化作用会导致混凝土的碱度降低,减弱混凝土对钢筋的保护作用,进而可能导致钢筋腐蚀;炭化作用还会引起混凝土收缩,并可能导致产生微细裂缝。

2)提高耐久性的主要措施

混凝土的耐久性主要取决于组成材料的品种与质量、混凝土本身的密实度、施工质量、孔隙率和孔隙特征等,其中最关键的是混凝土的密实度。提高混凝土耐久性的主要措施有:

①根据工程所处的环境及要求,合理选用水泥品种。

②改善骨料级配,控制有害杂质含量。

③控制混凝土的最大水灰比和最小水泥用量是保证混凝土密实度并提高混凝土耐久性的关键。水灰比的大小直接影响混凝土的密实性,从而保证水泥的用量,也是提高混凝土密实度的前提条件,大量实践证明,耐久性控制的两个有效指标是最大水灰比和最小水泥用量,这两项指标在国家相关规范中都有规定(详见配合比设计相关内容)。

④掺入减水剂、引气剂等外加剂,提高混凝土的抗冻性和抗渗性。

⑤严格控制施工质量,做到搅拌均匀、浇捣密实、加强养护,避免出现裂缝、蜂窝等现象。

⑥用涂料、防水砂浆、瓷砖、沥青等进行表面防护,防止混凝土的腐蚀和炭化。

子任务二　混凝土拌合物性能和抗压强度测定

【任务背景】 根据《混凝土结构工程施工质量验收规范》(GB 50204—2015)中针对商品混凝土规定:一是商品混凝土进场时,必须对混凝土拌合物的主要技术性质进行全数检查,看其是否符合配合比设计的稠度要求等;二是混凝土强度等级必须符合设计要求。只有符合上述要求的混凝土才能进场使用。故商品混凝土厂家进入施工现场前,必须按规定完成相关性能检测并出具相应的检测报告。作为监理员、施工员则必须按要求全数检查进场的混凝土拌合物相关质量,现场察看检测质量证明文件,并采用观察法判定拌合物是否有离析的现象;另外,还需按规定方法随机抽样进行混凝土强度复验。

1. 普通混凝土质量检验取样与试验一般规定

1)普通混凝土拌合物性能试验、强度试验试样取样

普通混凝土拌合物性能试验、强度试验试样取样,应满足表3-30中的相关要求。

表3-30　普通混凝土拌合物性能试验、强度试验试样取样要求

检验或验收依据	检测内容	组批原则或取样频率	取样方法及数量	取样时应记录/提供的信息
①《普通混凝土拌合物性能试验方法标准》(GB/T 50080—2016) ②《混凝土结构工程施工质量验收规范》(GB 50204—2015)	①坍落度试验 ②坍落度经时试验 ③维勃稠度试验	对同一配合比的混凝土: ①每拌制100盘且不超过100 m^3 的同配合比的混凝土,取样不得少于一次 ②每工作班拌制的同一配合比的混凝土不足100盘时,取样不得少于一次 ③当一次连续浇超过1 000 m^3 时,同一配合比的混凝土每200 m^3 取样不得少于一次 ④每一楼层,同一配合比的混凝土,取样不得少于一次	①同组混凝土拌合物的取样,应在同盘混凝土或同一车混凝土中取样 ②取样量应多于试验所需量的1.5倍,且不宜小于20 L ③混凝土拌合物的取样应具有代表性,宜采用多次采样的方法。宜在同一盘混凝土或同一车混凝土中的1/4处、1/2处和3/4处分别取样,并搅拌均匀;第一次取样和最后一次取样的时间间隔不宜超15 min ④宜在取样后5 min内开始各项性能试验	取样应记录: ①取样日期、时间和取样人 ②工程名称、结构部位 ③混凝土加水时间和搅拌时间 ④混凝土标记 ⑤取样方法 ⑥试样编号 ⑦试样数量 ⑧环境温度及取样的天气情况 ⑨取样混凝土的温度
①《普通混凝土力学性能试验方法标准》(GB/T 50081—2019) ②《混凝土结构工程施工质量验收规范》(GB 50204—2015)	抗压强度试件制作及测定	对同一配合比的混凝土,每次取样应至少留置一组标准试件。其他规定同混凝土拌合物试验的相关规定	用于检验混凝土强度的试样应在施工现场的浇筑地点随机取样,其他规定同混凝土拌合物试验的取样规定	同上

2)普通混凝土拌合物性能试验一般规定

①骨料最大公称粒径应符合行业标准《普通混凝土用砂、石质量及检验方法标准》(JGJ 52—2006)的规定。

②试验环境相对湿度不宜小于50%,温度应保持在(20±5)℃;所用材料、试验设备、容器及辅助设备的温度宜与试验室温度保持一致。

③现场试验时,应避免混凝土拌合物试样受到风、雨雪及阳光直射的影响。

④制作混凝土拌合物性能试验用试样时,所采用的搅拌机应符合现行行业标准规定。

⑤试验设备使用前应经过校准。试验仪器设备应具有有效期内的计量检定或校准证书。

3)试验室混凝土试样的制备

试验室制备混凝土拌合物的性能试验试样与混凝土抗压强度试验试样的制备方法相同。试样制备中搅拌应符合下列规定:

①混凝土拌合物应采用搅拌机搅拌,搅拌前应将搅拌机冲洗干净,并预拌少量同种混凝土拌合物或水胶比相同的砂浆,搅拌机内壁挂浆后将剩余料卸出。

②称好的粗骨料、胶凝材料、细骨料和水应依次加入搅拌机,难溶和不溶的粉状外加剂宜与胶凝材料同时加入搅拌机,液体和可溶外加剂宜与拌合水同时加入搅拌机。

③混凝土拌合物宜搅拌2 min以上,直至搅拌均匀。

④混凝土拌合物一次搅拌量不宜少于搅拌机公称容量的1/4,不应大于搅拌机公称容量,且不应少于20 L。

⑤试验室搅拌混凝土时,材料用量应以质量计。骨料的称量精度应为±0.5%;水泥、掺合料、水、外加剂的称量精度均应为±0.2%。

在试验室制备混凝土拌合物时,还需增加记录以下内容:

①试验环境温度。

②试验环境湿度。

③各种原材料品种、规格、产地及性能指标。

④混凝土配合比和每盘混凝土的材料用量。

2. 混凝土拌合物坍落度试验

1)试验标准及适用范围

本试验依据《普通混凝土拌合物性能试验方法标准》(GB/T 50080—2016)进行。

本试验方法适用于骨料最大公称粒径不超过40 mm,坍落度不小于10 mm的混凝土拌合物坍落度的测定。

2)试验目的

评定混凝土拌合物的和易性中的流动性(稠度)。

3)仪器设备

(1)坍落度仪

坍落度仪包括坍落度筒、测量标尺、平尺、底板、捣棒、漏斗,如图3-22所示。

坍落度筒是金属制成的截头圆锥形筒,上下截面平行并与锥体轴心垂直,筒外两侧焊把手两只,近下端两侧焊脚踏板。坍落度筒尺寸:底部内径为200 mm;顶部内径为100 mm;高度为 300 m。

测量标尺：高度≥350 mm，直径≥15 mm。

平尺：长度 300 mm。

捣棒：直径 16 mm、长(600 ±5)mm，一端为弹头形的金属棒。

(2)其他用具

钢尺(量程≥300 mm)2 把，镘刀、小铁铲等。

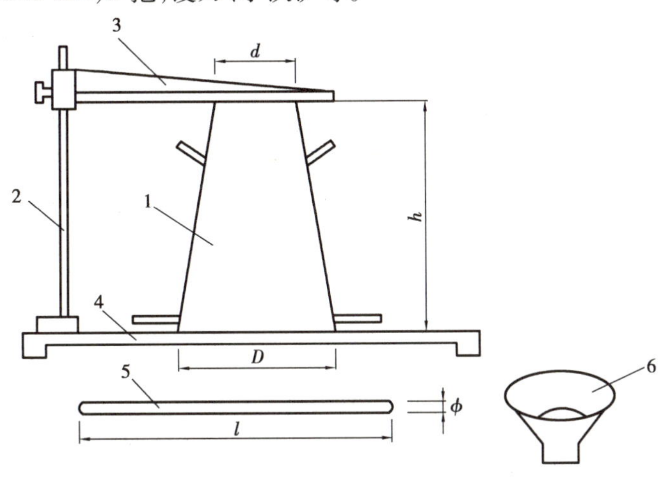

图 3-22　坍落度试验仪器设备示意图

1—坍落度筒；2—测量标尺；3—平尺；4—底板；5—捣棒；6—漏斗

4)试验步骤及试验结果

①湿润坍落度筒及底板，在坍落度筒内壁和底板上应无明水。底板应放置在坚实水平面上，并将筒放在底板中心，然后用脚踩住两边的脚踏板，坍落度筒在装料时应保持固定位置。

②把按要求取得的混凝土试样用小铲分三层均匀地装入筒内，使捣实后每层高度约为筒高的 1/3。每层用捣棒插捣 25 次。插捣应沿螺旋方向由外向中心进行，各次插捣应在截面上均匀分布。插捣筒边混凝土时，捣棒可以稍稍倾斜。插捣底层时，捣棒应贯穿整个深度，插捣第二层和顶层时，捣棒应插透本层至下一层的表面；浇灌顶层时，混凝土应灌到高出筒口。插捣过程中，如混凝土沉落到低于筒口，则应随时添加。顶层插捣完后，刮去多余的混凝土，并用抹刀抹平。

③清除筒边底板上的混凝土后，垂直平稳地提起坍落度筒并轻放于试样旁边(坍落度筒的提离过程应在 3 ~7 s 内完成；从开始装料到提坍落度筒的整个过程应不间断地进行，并应在 150 s 内完成)。当试样不再继续坍落或坍落时间达 30 s 时，用钢尺测量出筒高与坍落后混凝土试体最高点之间的高度差，作为该混凝土拌合物的坍落度值。混凝土拌合物坍落度值测量应精确至 1 mm，结果应修约至 5 mm。

④如坍落度筒提离后混凝土发生崩坍或一边剪坏现象，则应重新取样另行测定；如第二次试验仍出现上述现象，则表示该混凝土和易性不好，应予以记录备查。

3. 混凝土拌合物坍落度经时损失试验

1)试验标准

本试验依据《普通混凝土拌合物性能试验方法标准》(GB/T 50080—2016)进行。

2)试验目的

用于测定混凝土拌合物的坍落度随静置时间的变化。

3)主要仪器设备

同坍落度试验。

4)试验步骤及试验结果

①应测量出机时的混凝土拌合物的初始坍落度值 H_0。

②将全部混凝土拌合物试样装入塑料桶或不被水泥浆腐蚀的金属桶内,应用桶盖或塑料薄膜密封静置。

③自搅拌加水开始计时,静置 60 min 后应将桶内混凝土拌合物试样全部倒入搅拌机内,搅拌 20 s,进行坍落度试验,得出 60 min 坍落度值 H_{60}。

④计算初始坍落度值与 60 min 坍落度值的差值,可得到 60 min 混凝土坍落度经时损失试验结果。当工程要求调整静置时间时,则应按实际静置时间测定并计算混凝土坍落度经时损失。

4. 混凝土拌合物维勃稠度试验

1)试验标准

本试验依据《普通混凝土拌合物性能试验方法标准》(GB/T 50080—2016)进行。本试验方法宜用于骨料最大公称粒径不大于 40 mm,维勃稠度为 5 ~ 30 s 的混凝土拌合物。

2)试验目的

混凝土拌合物维勃稠度的测定。

3)主要仪器设备

①维勃稠度仪:由容器、滑杆、圆盘、旋转架、振动台和控制系统组成,常见的两种型号构造如图 3-23 和图 3-24 所示。

②其他用具:捣棒、秒表、镘刀、小铁铲等。

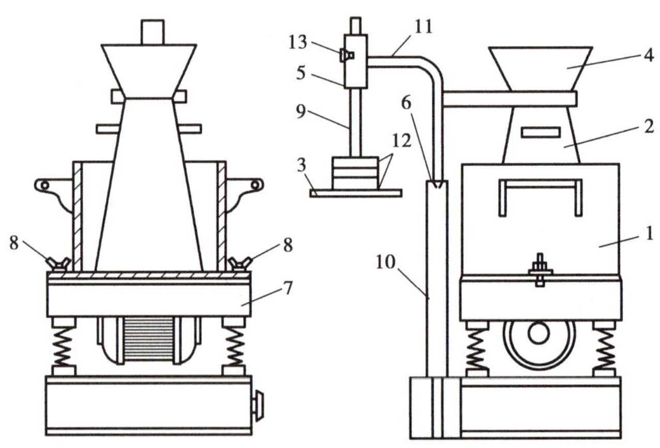

图 3-23 A 型维勃稠度仪构造示意图

1—容量筒;2—坍落度筒;3—圆盘;4—漏斗;5—套筒;
6—定位螺旋;7—振动台;8—固定螺旋;9—滑杆;10—支柱;
11—旋转架;12—砝码;13—测杆螺旋

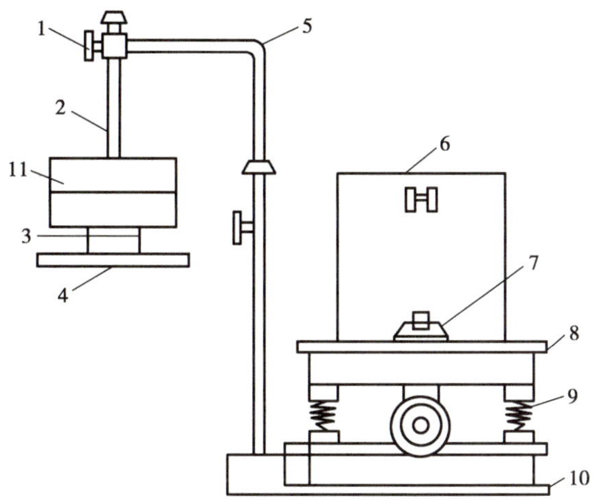

图 3-24　B 型维勃稠度仪构造示意图

1—螺栓；2—滑杆；3—砝码；4—圆盘；5—旋转架；6—容器；
7—固定螺栓；8—振动台面；9—弹簧；10—底座；11—配重砝码

4）试验步骤及试验结果

①维勃稠度仪应放置在坚实的水平面上，用湿布将容器、坍落度筒、喂料斗内壁及其他用具润湿。

②将喂料斗提到坍落度筒上方扣紧，校正容器位置，使其中心与喂料中心重合，然后拧紧固定螺丝。

③把按要求取样或制作的混凝土拌合物试样用小铲分 3 层经喂料斗均匀地装入坍落度筒内，装料及插捣的方法应符合混凝土拌合物坍落度试验步骤中第二条的规定。

④顶层插捣完后将喂料斗转离，沿坍落度筒口刮平顶面，垂直地提起坍落度筒，此时应注意不使混凝土试体产生横向的扭动。

⑤将透明圆盘转到混凝土圆台体顶面，放松测杆螺钉，降下圆盘，使其轻轻接触混凝土顶面。拧紧定位螺钉，并检查测杆螺钉是否已经完全放松。

⑥同时开启振动台和秒表计，当透明圆盘的底面被水泥浆布满的瞬间停止计时，关闭振动台。

⑦由秒表读出的时间即为混凝土拌合物的维勃稠度。精确至 1 s。

5. 混凝土试件成型试验

1）试验标准

本试验依据《普通混凝土力学性能试验方法标准》（GB/T 50081—2019）进行。

2）试验目的

熟悉混凝土成型养护方法，为混凝土抗压、抗折强度试验提供试验试件。

3）主要仪器设备

试模、振动台、橡胶锤、捣棒、ϕ25 mm 的插入式振捣棒。

4）试验准备

①试件成型前，将试模擦拭干净，在其内壁上均匀地涂刷一薄层矿物油或其他不与混凝土发生反应的隔离剂，试模内壁隔离剂应均匀分布，不应有明显沉积。

②根据混凝土拌合物的稠度确定适宜的成型方法,混凝土应充分密实,避免分层离析。

5)试件成型步骤

(1)用振动台振实成型试件步骤

①将混凝土拌合物一次性装入试模,装料时应用抹刀沿试模内壁插捣,并使混凝土拌合物高出试模上口。

②试模应附着或固定在振动台上,振动时应防止试模在振动台上自由跳动,振动应持续到表面出浆且无明显大气泡溢出为止,不得过振。

(2)用人工插捣制作试件步骤

①混凝土拌合物应分两层装入试模内,每层的装料厚度应大致相等。

②插捣应按螺旋方向从边缘向中心均匀进行。在插捣底层混凝土时,捣棒应达到试模底部;插捣上层时,捣棒应贯穿上层后插入下层 20 ~ 30 mm;插捣时捣棒应保持垂直,不得倾斜,插捣后应用抹刀沿试模内壁插拔数次。

③每层插捣次数随试件尺寸而定,在 10 000 mm^2 截面积内不得少于 12 次,即 100 mm × 100 mm × 100 mm 的试件插捣 12 次;150 mm × 150 mm × 150 mm 的试件插捣 25 次;200 mm × 200 mm × 200 mm 的试件插捣 50 次。

④插捣后应用橡皮锤轻轻敲击试模四周,直至插捣棒留下的空洞消失为止。

(3)用插入式振捣棒振实制作试件步骤

①将混凝土拌合物一次装入试模,装料时应用抹刀沿试模内壁插捣,并使混凝土拌合物高出试模上口。

②用插入式振捣棒插入试模振捣;振捣时振捣棒距试模底板 10 ~ 20 mm 且不得触及试模底板,振动应持续到表面出浆且无明显大气泡溢出为止,振捣 20 s,不得过振;振捣棒拔出时应缓慢,拔出后不得留有孔洞。

(4)自密实混凝土成型试件步骤

分两次将混凝土拌合物装入试模,每层的装料厚度宜相等,中间间隔 10 s,混凝土应高出试模口,不应使用振动台、人工插捣或振捣棒方法成型。

(5)干硬性混凝土成型试件步骤

①混凝土拌合完成后,倒在不吸水的底板上,采用四分法取样装入试模。

②通过四分法将混合均匀的干硬性混凝土料装入试模约 1/2 高度,用捣棒进行均匀插捣;插捣密实后,继续装料之前,试模上方加上套模,第二次装料略高于试模顶面,然后进行均匀插捣,混凝土顶面略高出试模顶面。

③插捣时按螺旋方向从边缘向中心均匀进行。在插捣底层混凝土时,捣棒应达到试模底部;插捣上层时,捣棒应贯穿上层后插入下层 10 ~ 20 mm;插捣时捣棒应保持垂直,不得倾斜。每层插捣完毕后,用平刀沿试模内壁插一遍。

④每层插捣次数按在 10 000 mm^2 截面积内不得少于 12 次。

⑤装料插捣完毕后,将试模附着或固定在振动台上,并放置压重钢板和压重块或其他加压装置,应根据混凝土拌合物的稠度调整压重块的质量或加压装置的施加压力;开始振动,振动时间不宜少于混凝土的维勃稠度,且应表面泛浆为止。

⑥试件成型后刮除试模上口多余的混凝土,待混凝土临近初凝时,用抹刀沿着试模口抹

平。试件表面与试模边缘的高度差不得超过0.5 mm。

6）试件的养护

①试件成型抹面后立即用塑料薄膜覆盖表面，或采取其他保持试件表面湿度的方法。

②对试件进行室内标准养护。养护条件：温度为（20±5）℃、相对湿度大于50%。静置1~2 d，试件静置期间注意避免受到振动和冲击。静置后编好标记、拆模，当试件有严重缺陷时，应按废弃物处理。

③试件拆模后立即放入温度为（20±2）℃、相对湿度为95%以上的标准养护室中养护，或在温度为（20±2）℃的不流动氢氧化钙饱和溶液中养护。标准养护室内的试件应放在支架上，彼此间隔10~20 mm，试件表面应保持潮湿，但不得用水直接冲淋试件。

④试件的养护龄期可分为1 d，3 d，7 d，28 d，56 d或60 d，84 d或90 d，180 d等，也可根据设计龄期或需要进行确定，龄期应从搅拌加水开始计时，标准养护龄期为28 d。养护龄期的允许偏差宜符合表3-31的规定。

表3-31　养护龄期的允许偏差

养护龄期	1 d	3 d	7 d	28 d	56 d或60 d	≥84 d
允许偏差	±30 min	±2 h	±6 h	±20 h	±24 h	±48 h

⑤采用同条件养护的结构实体混凝土试件，其拆模时间可与实际构件的拆模时间相同；拆模后，试件需保持同条件养护。

6. 混凝土抗压强度试验

1）试验标准

本试验依据《混凝土物理力学性能试验方法标准》（GB/T 50081—2019）进行。

混凝土抗压强度试验（新标准）

2）试验目的

掌握混凝土抗压强度的测定和评定方法；测定混凝土抗压强度，确定、校核混凝土配合比，并为控制混凝土施工质量提供依据。

3）试件尺寸测量要求及主要仪器设备

（1）试件尺寸测量要求

①试件的边长和高度宜采用游标卡尺进行测量，应精确至0.1 mm。

②试件相邻面间的夹角应采用游标量角器进行测量，应精确至0.1°。

③试件各边长、直径和高的尺寸公差不得超过1 mm。

（2）主要仪器设备

压力试验机、钢垫板。

4）试验步骤

①试件从养护地点取出后应及时进行试验，将试件表面与上下承压板面擦干净。

②将试件安放在试验机的下压板或垫板上，以试件成型时的侧面作为承压面。试件的中心应与试验机下压板中心对准，启动试验机，试件表面与上、下承压板或钢垫板均匀接触。

③试验过程中连续均匀地加荷，混凝土强度等级小于C30时，加荷速度取0.3~0.5

MPa/s;混凝土强度等级大于等于 C30 且小于 C60 时,取 0.5 ~0.8 MPa/s;混凝土强度等级大于等于 C60 时,取 0.8 ~1.0 MPa/s。

④当试件接近破坏开始急剧变形时,应停止调整试验机油门,直至破坏。然后计量破坏荷载。

5)试验数据处理及判定

①混凝土立方抗压强度按下式计算:

$$f_{cc}=\frac{F}{A} \tag{3-9}$$

式中 f_{cc}——混凝土立方体试件抗压强度,MPa;

F——试件破坏荷载,N;

A——试件承压面积,mm^2。

②立方体试件抗压强度值的确定应符合下列规定:

a.3 个试件测值的算术平均值作为该组试件的抗压强度值(精确至 0.1 MPa),即该组试件的抗压强度代表值,在《混凝土强度检验评定标准》(GB/T 50107—2010)中用 f_{cu} 表示该值。

b.3 个测值的最大值或最小值中如有一个与中间值的差值超过中间值的 15% 时,则把最大及最小值一并剔除,取中间值作为该组试件的抗压强度值。

c.如最大值和最小值与中间值的差值均超过中间值的 15% 时,则该组试件的试验结果无效。

③混凝土强度等级小于 C60 时,用非标准试件测定的强度值均应乘以尺寸换算系数,对 200 mm×200 mm×200 mm 试件可取 1.05;对 100 mm×100 mm×100 mm 试件可取 0.95。

④当混凝土强度等级大于等于 C60 时,宜采用 150 mm×150 mm×150 mm 的标准试件;使用非标准试件时,尺寸换算系数应由试验确定。

任务五　完成混凝土配合比设计

【任务背景】 在建筑工程施工中,混凝土作为重要的结构施工材料,其质量直接影响着建筑工程的总体质量。而影响混凝土结构质量的一个重要因素就是混凝土的配合比,配合比是否科学合理,会对混凝土的强度和抗压等级产生直接影响,进而影响混凝土施工的难易程度及施工的安全性和施工质量。此外,混凝土的配合比也影响着混凝土的工程造价。在施工前对混凝土的配合比进行科学设计是确保混凝土工程施工整体质量的又一关键环节。

1.配合比及配合比设计基本要求

混凝土的配合比是指混凝土的各组成材料数量之间的质量比例关系。确定该质量比例关系的过程称为配合比设计。

混凝土配合比常用的表示方法有两种:一种表示方法是以 1 m^3 混凝土中各项材料的质量表示,如 $m_{co}:m_{so}:m_{go}:m_{wo}$ =330 kg:680 kg:1 310 kg:185 kg;另一种表示方法是以混凝土各项材料的质量比来表示(以水泥质量为 1),如前例可表示为水泥:砂:石子:水 =1:2.06:3.97:0.56。

混凝土配合比设计应满足以下4项基本要求：

①达到混凝土结构设计要求的强度等级。

②满足混凝土施工所要求的和易性要求。

③满足工程所处环境和使用条件对混凝土耐久性的要求。

④符合经济原则，节约水泥，降低成本。

2. 混凝土配合比设计的基本步骤

混凝土配合比设计是一个计算、试配、调整的复杂过程，大致可分为初步计算配合比、基准配合比、实验室配合比、施工配合比4个设计阶段。首先按照已选择的原材料性能及对混凝土的技术要求进行初步计算，得出“初步计算配合比”。基准配合比是在初步计算配合比的基础上，通过试配、检测，进行工作性的调整，对配合比进行修正；试验室配合比是通过对水灰比的微量调整，在满足设计强度的前提下，进一步调整配合比以确定水泥用量最小的方案；而施工配合比是考虑砂、石的实际含水率对配合比的影响，对配合比做最后的修正，是实际应用的配合比。总之，配合比设计的过程是逐步满足混凝土的强度、工作性、耐久性、节约水泥等要求的过程。

3. 混凝土配合比设计的基本资料

在进行混凝土的配合比设计前，需确定和了解设计的具体要求及相关前提条件，即设计的基本资料，主要包括以下几个方面：

①混凝土设计强度等级和强度标准差。

②材料的基本情况，包括水泥品种、强度等级、实际强度、密度；砂的种类、表观密度、细度模数、含水率；石子种类、表观密度、含水率；是否掺外加剂，外加剂种类。

③混凝土的工作性要求，如坍落度指标。

④与耐久性有关的环境条件，如冻融状况、地下水情况等。

⑤工程特点及施工工艺，如构件几何尺寸、钢筋的疏密、浇筑振捣的方法等。

4. 混凝土配合比设计中基本参数的确定

混凝土的配合比设计，实质上就是确定单位体积混凝土拌合物中水、水泥、粗骨料（石子）、细骨料（砂）这4项组成材料的用量。反映这4种材料之间关系的3个参数，即水和水泥之间的比例——水灰比；砂和石子之间的比例——砂率；骨料与水泥浆之间的比例——单位用水量。如果在配合比设计中能正确确定这3个基本参数，那么混凝土的配合比就确定了，也能使混凝土满足配合比设计的4项基本要求。

确定这3个参数的基本原则：在满足混凝土的强度和耐久性的基础上，确定水灰比。在满足混凝土施工要求、和易性要求的基础上确定混凝土的单位用水量；砂的数量应以填充石子空隙后略有富余为原则。

5. 混凝土配合比设计的基本规定

依据行业标准《普通混凝土配合比设计规程》（JGJ 55—2011）规定，混凝土配合比设计应采用工程实际使用的原材料；配合比设计所采用的细骨料含水率应小于0.5%，粗骨料含水率应小于0.2%。

混凝土的最大水胶比应符合国家标准《混凝土结构设计规范》（GB 50010—2010，2015

年版)的规定,具体要求可参考表 3-32、表 3-33。

表 3-32　混凝土结构的环境类别及所对应的条件

环境类别	条　件
一	室内干燥环境;无侵蚀性静水浸没环境
二 a	室内潮湿环境;非严寒和非寒冷地区的露天环境,非严寒和非寒冷地区 与无侵蚀性的水或土壤直接接触的环境;严寒和寒冷地区的冰冻线以下与无侵蚀性的水或土壤直接接触的环境
二 b	干湿交替环境:水位频紧变动环境;严寒和寒冷地区的露天环境:严寒和寒冷地区冰冻线以上与无侵蚀性的水或土壤直接接触的环境
三 a	严寒和寒冷地区冬季水位变动区环境;受除冰盐影响环境;海风环境
三 b	盐渍土环境;受除冰盐作用环境;海岸环境
四	海水环境
五	受人为或自然的侵蚀性物质影响的环境

表 3-33　设计年限为 50 年的结构混凝土材料的耐久性基本要求

<table>
<tr><th>环境等级</th><th>最大水胶比</th><th>最低强度等级</th><th>最大氯离子含量/%</th><th>最大碱含量/(kg · m⁻³)</th></tr>
<tr><td>一</td><td>0.60</td><td>C20</td><td>0.30</td><td>无限制</td></tr>
<tr><td>二 a</td><td>0.55</td><td>C25</td><td>0.20</td><td rowspan="4">0.30</td></tr>
<tr><td>二 b</td><td>0.50(0.55)</td><td>C30(C25)</td><td>0.15</td></tr>
<tr><td>三 a</td><td>0.45(0.50)</td><td>C35(C30)</td><td>0.15</td></tr>
<tr><td>三 b</td><td>0.40</td><td>C40</td><td>0.10</td></tr>
</table>

注:①氯离子含量是指其占胶凝材料总量的百分比。

②预应力构件混凝土中的最大氯离子含量为 0.06%,最低混凝土强度较表 3-33 提高了两个等级。

③素混凝土构件水胶比及最低强度等级可适当放宽。

④有可靠工程经验时,二类环境中的最低混凝土强度等级可降低一个等级。

⑤处于严寒和寒冷地区二 b、三 a 类环境中的混凝土应使用引气剂,并可采用括号中的有关参数。

⑥当使用非碱活性骨料时,对混凝土中的碱含量不做限制。

混凝土的最小胶凝材料用量应符合行业标准《普通混凝土配合比设计规程》(JGJ 55—2011)中的规定,见表 3-34。

表 3-34　混凝土的最小胶凝材料用量

最大水胶比	最小胶凝材料用量/(kg · m^{-3})		
	素混凝土	钢筋混凝土	预应力混凝土
0.60	250	280	300
0.55	280	300	300

续表

最大水胶比	最小胶凝材料用量/(kg·m^{-3})		
	素混凝土	钢筋混凝土	预应力混凝土
0.50	320		
≤0.45	330		

注:该表最小胶凝材料用量取值仅适用于配置大于 C15 强度等级的混凝土。

6. 普通混凝土配合比设计

1)初步计算配合比

(1)确定混凝土配制强度$f_{cu,o}$

①当混凝土的设计强度等级小于 C60 时,配制强度应按下式确定:

$$f_{cu,o} \geqslant f_{cu,k} + 1.654\sigma \tag{3-10}$$

式中　$f_{cu,o}$——混凝土配制强度,MPa;

$f_{cu,k}$——混凝土立方体抗压强度标准值,MPa;

σ——混凝土强度标准差,MPa。

②当混凝土的设计强度等级不小于 C60 时,配制强度应按下式确定:

$$f_{cu,o} \geqslant 1.15 f_{cu,k} \tag{3-11}$$

混凝土强度标准差应按下列规定确定:

①当具有近 1 ~3 个月的同一品种、同一强度等级混凝土的强度资料,且试件组数不小于 30 时,其混凝土强度标准差 σ 应按下式计算:

$$\sigma = \sqrt{\frac{\sum_{i=1}^{n} f_{cu,i}^{2} - n m_{fcu}^{2}}{n-1}} \tag{3-12}$$

式中　σ——混凝土强度标准差;

$f_{cu,i}$——第 i 组的试件强度,MPa;

m_{fcu}——n 组试件的强度平均值,MPa;

n——试件组数。

对于强度等级不大于 C30 的混凝土,当混凝土强度标准差计算值不小于 3.0 MPa 时,应按式(3-12)计算结果取值;当混凝土强度标准差计算值小于 3.0 MPa 时,应取 3.0 MPa。

对于强度等级大于 C30 且小于 C60 的混凝土,当混凝土强度标准差计算值不小于 4.0 MPa 时,应按式(3-12)计算结果取值;当混凝土强度标准差计算值小于 4.0 MPa 时,应取 4.0 MPa。

②当没有近期的同一品种、同一强度等级的混凝土强度资料时,其强度标准差可按表 3-35 取值。

表 3-35　标准差 σ 取值

混凝土的强度等级	≤C20	C25 ~ C45	C50 ~ C55
σ/MPa	4.0	5.0	6.0

(2)确定水胶比$\frac{W}{B}$

当混凝土强度等级小于 C60 级时,混凝土水胶比按下式计算:

$$\frac{W}{B} = \frac{\alpha_a f_b}{f_{cu,o} + \alpha_a \alpha_b f_b} \tag{3-13}$$

式中　$\frac{W}{B}$——水胶比;

α_a,α_b——回归系数,取值见表 3-36;

f_b——胶凝材料 28 d 抗压强度实测值,MPa。

①回归系数的确定。

a. 根据工程所使用的原材料,通过试验建立的水胶比与混凝土强度关系来确定;

b. 当不具备上述试验统计资料时,可按表 3-36 选用。

表 3-36　回归系数(α_a,α_b)选用

系　数	石子品种	
	碎石	卵石
α_a	0.53	0.49
α_b	0.20	0.13

②f_b 的确定。当胶凝材料 28 d 胶砂抗压强度值(f_b)无实测值时,可按下式计算:

$$f_b = \gamma_f \gamma_s f_{ce} \tag{3-14}$$

式中　γ_f,γ_s——粉煤灰影响系数和粒化高炉矿渣粉影响系数,可按表 3-37 选用;

f_{ce}——水泥 28 d 胶砂抗压强度,MPa。无实测值时,可按经验公式 $f_{ce} = \gamma_c f_{ce,g}$ 确定。其中 $f_{ce,g}$ 为水泥强度等级值,γ_c 为水泥强度等级值的富余系数,可参照表 3-38 取值。

表 3-37　粉煤灰影响系数和粒化高炉矿渣粉影响系数

掺量/%	种　类	
	粉煤灰影响系数 γ_f	粒化高炉矿渣粉影响系数 γ_s
0	1.00	1.00
10	0.85 ~ 0.95	1.00
20	0.75 ~ 0.85	0.95 ~ 1.00
30	0.65 ~ 0.75	0.90 ~ 1.00

续表

掺量/%	种类	
	粉煤灰影响系数 γ_f	粒化高炉矿渣粉影响系数 γ_s
40	0.55～0.65	0.80～0.90
50	—	0.70～0.85

注:①采用Ⅰ级、Ⅱ级粉煤灰宜取上限值;

②采用S75级粒化高炉矿渣粉宜取下限值,采用S95级粒化高炉矿渣粉宜取上限值,采用S105级粒化高炉矿渣粉可取上限值加0.05;

③当超出表中的掺量时,粉煤灰和粒化高炉矿渣粉影响系数应经试验确定。

表3-38 水泥强度等级值富余系数

水泥强度等级值	32.5	42.5	52.5
富余系数	1.12	1.16	1.10

为了保证混凝土必要的耐久性,计算出的水胶比应小于表3-33中规定的最大水胶比。若计算出的水胶比大于最大水胶比,则取最大水胶比。

(3)确定用水量和外加剂用量

①干硬性或塑性混凝土用水量的确定:干硬性、塑性混凝土其水胶比在0.4～0.8范围时,可根据施工要求的混凝土拌合物的坍落度、所用集料的种类及最大粒径查表3-39、表3-40得到每立方米混凝土的用水量。当水胶比小于0.40时,混凝土用水量应通过试验确定。

表3-39 干硬性混凝土的用水量

单位:kg/m³

拌合物稠度		卵石最大粒径/mm			碎石最大粒径/mm		
项目	指标	10.0	20.0	40.0	16.0	20.0	40.0
维勃稠度/s	16～20	175	160	145	180	170	155
	11～15	180	165	150	185	175	160
	5～10	185	170	155	190	180	165

表3-40 塑性混凝土用水量

单位:kg/m³

拌合物稠度		卵石最大粒径/mm				碎石最大粒径/mm			
项目	指标	10	20	31.5	40.0	16.0	20.0	31.5	40.0
坍落度/mm	10～30	190	170	160	150	200	185	175	165
	35～50	200	180	170	160	210	195	185	175
	55～70	210	190	180	170	220	205	195	185
	75～90	215	195	185	175	230	215	205	195

注:①本表用水量是采用中砂时的取值。采用细砂时,每立方米混凝土用水量可增加5～10 kg,采用粗砂时,则可减少5～10 kg。

②采用各种外加剂或掺合料时,用水量应相应调整。

②掺外加剂时用水量的确定：掺外加剂时，每立方米流动性或大流动性混凝土的用水量(m_{w0})可按下式计算：

$$m_{w0} = m'_{w0}(1-\beta) \tag{3-15}$$

式中 m_{w0}——计算配合比每立方米混凝土的用水量，kg/m^3；

m'_{w0}——未掺外加剂时推定的满足实际坍落度要求的每立方米混凝土用水量(kg/m^2)，以表3-40中90 mm坍落度的用水量为基础，按每增大20 mm坍落度相应增加5 kg/m^{2}用水量来计算，当坍落度增大到180 mm以上时，随坍落度相应增加的用水量可减少。

β——外加剂的减水率，%，应经混凝土试验确定。

③外加剂的用量确定：每立方米混凝土中外加剂用量m_{a0}按下式计算：

$$m_{a0} = m_{b0}\beta_a \tag{3-16}$$

式中 m_{a0}——计算配合比每立方米混凝土中外加剂用量，kg/m^3；

m_{b0}——计算配合比每立方米混凝土中胶凝材料的用量，kg/m^3；

β_a——外加剂掺量，%，应经混凝土试验确定。

(4)确定胶凝材料、矿物掺合料和水泥用量

①胶凝材料用量确定：每立方米混凝土的胶凝材料用量(m_{b0})应按下式计算，并应进行试拌调整，在拌合物性能满足的情况下，取经济合理的胶凝材料用量。

$$m_{b0} = \frac{m_{w0}}{\frac{W}{B}} \tag{3-17}$$

式中 m_{b0}——计算配合比每立方米混凝土中胶凝材料的用量，kg/m^3；

m_{w0}——计算配合比每立方米混凝土中水的用量，kg/m^3；

$\frac{W}{B}$——混凝土水胶比。

②矿物掺合料用量确定：每立方米混凝土中矿物掺合料用量(m_{f0})应按下式计算：

$$m_{f0} = m_{b0}\beta_f \tag{3-18}$$

式中 m_{f0}——计算配合比每立方米混凝土中矿物掺合料的用量，kg/m^3；

β_f——矿物掺合料的掺量，%。《普通混凝土配合比设计规程》(JGJ 55—2011)中规定，矿物掺合料在混凝土中的掺量应通过试验确定。采用硅酸盐水泥或普通硅酸盐水泥时，钢筋混凝土中矿物掺合料最大掺量应符合表3-41的规定，预应力混凝土中矿物掺合料最大掺量应符合表3-42的规定。对基础大体积混凝土，粉煤灰、粒化高炉矿渣粉和复合掺合料的最大掺量可增加5%。采用掺量大于30%的C类粉煤灰，应以实际使用的水泥和粉煤灰掺量进行安定性检验。

表 3-41　钢筋混凝土中矿物掺合料最大掺量

矿物掺合料种类	水胶比	最大掺量/%	
		采用硅酸盐水泥时	采用普通硅酸盐水泥时
粉煤灰	≤0.40	45	35
	>0.40	40	30
粒化高炉矿渣粉	≤0.40	65	55
	>0.40	55	45
钢渣粉	—	30	20
磷渣粉	—	30	20
硅灰	—	10	10
复合掺合料	≤0.40	65	55
	>0.40	55	45

注：①采用其他通用硅酸盐水泥时，宜将水泥混合料掺量 20% 以上的混合料计入矿物掺合料。

②复合掺合料各组分的掺量不宜超过单掺时的最大掺量。

③在混合使用两种或两种以上的矿物掺合料时，矿物掺合料总掺量应符合表中复合掺合料的规定。

表 3-42　预应力混凝土中矿物掺合料最大掺量

矿物掺合料种类	水胶比	最大掺量/%	
		采用硅酸盐水泥时	采用普通硅酸盐水泥时
粉煤灰	≤0.40	35	30
	>0.40	25	20
粒化高炉矿渣粉	≤0.40	55	45
	>0.40	45	35
钢渣粉	—	20	10
磷渣粉	—	20	10
硅灰	—	10	10
复合掺合料	≤0.40	55	45
	>0.40	45	35

注：①采用其他通用硅酸盐水泥时，宜将水泥混合料掺量 20% 以上的混合料计入矿物掺合料。

②复合掺合料各组分的掺量不宜超过单掺时的最大掺量。

③在混合使用两种或两种以上的矿物掺合料时，矿物掺合料总掺量应符合表中复合掺合料的规定。

③水泥用量的确定：

$$m_{c0} = m_{b0} - m_{f0} \tag{3-19}$$

式中　m_{c0}——计算配合比每立方米混凝土水泥的用量，kg/m^3。

(5)确定砂率

砂率应根据骨料的技术指标、混凝土拌合物性能和施工要求参考既有历史经验资料确定。如无历史资料,混凝土砂率可按以下规定进行确定:

①坍落度小于 10 mm 的混凝土,其砂率应经试验确定。

②坍落度为 10 ~ 60 mm 的混凝土,其砂率可根据粗集料品种、最大公称粒径及水胶比按表 3-43 选取。

③坍落度大于 60 mm 的混凝土,其砂率可经试验确定,也可在表 3-43 的基础上,按坍落度每增大 20 mm,砂率增大 1% 的幅度予以调整。

表 3-43　混凝土的砂率

单位:%

水灰比 $\frac{W}{C}$	卵石最大粒径/mm			碎石最大粒径/mm		
	10	20	40	16	20	40
0.40	26 ~ 32	25 ~ 31	24 ~ 30	30 ~ 35	29 ~ 34	37 ~ 32
0.50	30 ~ 35	29 ~ 34	28 ~ 33	33 ~ 38	32 ~ 37	30 ~ 35
0.60	33 ~ 38	32 ~ 37	31 ~ 36	36 ~ 41	35 ~ 40	33 ~ 38
0.70	36 ~ 41	35 ~ 40	34 ~ 39	39 ~ 44	38 ~ 43	36 ~ 41

注:①本表数值是中砂的选用砂率,对细砂或粗砂,可相应地减小或增大砂率;

②采用人工砂配制混凝土时,砂率可适当增大;

③只用一个单粒级粗集料配制混凝土时,砂率应适当增大。

(6)确定砂、石用量

砂、石用量的计算有两种方法:一种是质量法;另一种是体积法。

①质量法:该方法假定 1 m^3 混凝土拌合物的质量,等于其各种组成材料质量之和,据此可得以下方程组。

$$m_{c_0} + m_{f_0} + m_{s_0} + m_{g_0} + m_{w_0} = m_{cp}$$

$$\beta_s = \frac{m_{s_0}}{m_{s_0} + m_{g_0}} \times 100\% \tag{3-20}$$

式中　m_{s_0}——计算配合比每立方米混凝土中砂的用量,kg/m^3;

m_{g_0}——每立方米混凝土中石子的用量,kg/m^3;

m_{cp}——每立方米混凝土中拌合物的假定质量,kg,可取 2 350 ~2 450 kg/m^3。

②体积法:该方法假定混凝土拌合物的体积等于各组成材料的体积与拌合物中所含空气的体积之和。如取混凝土拌合物的体积为 1 m^3,则可得以下关于 m_{s0},m_{g0}的二元方程组。

$$\frac{m_{c0}}{\rho_c} + \frac{m_{f0}}{\rho_f} + \frac{m_{g0}}{\rho_g} + \frac{m_{s0}}{\rho_s} + \frac{m_{w0}}{\rho_w} + 0.01\alpha = 1$$

$$\beta_s = \frac{m_{s0}}{m_{s0} + m_{g0}} \times 100\% \tag{3-21}$$

式中　ρ_c——水泥密度,kg/m^3,可实测,也可取 2 900 ~ 3 100 kg/m^3;

ρ_f——矿物掺合料密度,kg/m^3;

ρ_g——石子表观密度，kg/m³；

ρ_s——砂子表观密度，kg/m³；

ρ_w——水的密度，kg/m³，可取 1 000 kg/m³；

a——混凝土的含气量百分数，在不使用引气剂或引气型外加剂时，可取 1。

通过以上关于 m_{s0} 和 m_{g0} 的二元一次方程组，可解出 m_{s0} 和 m_{g0}。

在实际工程中，混凝土配合比设计通常采用质量法。混凝土配合比设计也允许采用体积法，可视具体技术需要选用。与质量法相比，体积法需要测定水泥和矿物掺合料的密度以及骨料的表观密度等，对技术条件要求略高。

2）基准配合比

初步计算配合比是借助经验公式或资料得出的，不可能将影响混凝土技术性能的所有因素都考虑周全，也不一定与工程实际完全符合。因此，需要进行试配调整，使新拌混凝土的和易性满足施工要求。

按初步计算配合比进行混凝土配合比的试配和调整。试配时，混凝土的搅拌量可按表 3-44 选取。当采用机械搅拌时，其搅拌不应小于搅拌机公称容量的 1/4 且不应大于搅拌机的公称容量。

表 3-44　混凝土试拌的最小搅拌量

集料最大公称粒径/mm	拌合物数量/L	集料最大公称粒径/mm	拌合物数量/L
≤31.5	20	40.0	25

试拌后立即测定混凝土的工作性。当试拌得出的拌合物的坍落度或维勃稠度不能满足要求，或黏聚性和保水性不好时，应在保证水胶比不变的条件下相应调整用水量或砂率，直到混凝土拌合物性能符合设计和施工要求。调整时，应即时记录调整后的各材料用量（m_{cb}，m_{wb}，m_{sb}，m_{gb}，m_{fb}），并实测调整后混凝土拌合物的体积密度为 ρ_{oh}（kg/m³）。令工作性调整后的混凝土试样总质量为

$$m_{Qb} = m_{cb} + m_{wb} + m_{sb} + m_{gb} + m_{fb} \tag{3-22}$$

由此得出基准配合比（调整后的 1 m³ 混凝土中各材料用量）：

$$\begin{aligned} m_{cj} &= \frac{m_{cb}}{m_{Qb}} \times \rho_{oh} \\ m_{wj} &= \frac{m_{wb}}{m_{Qb}} \times \rho_{oh} \\ m_{sj} &= \frac{m_{sb}}{m_{Qb}} \times \rho_{oh} \\ m_{gj} &= \frac{m_{gb}}{m_{Qb}} \times \rho_{oh} \\ m_{fj} &= \frac{m_{fb}}{m_{Qb}} \times \rho_{oh} \end{aligned} \tag{3-23}$$

【课堂思考与讨论 3-9】

在试拌测定混凝土拌合物的和易性时，若遇到这 3 种情况：①坍落度比要求的大；②坍落度比要求的小；③坍落度比要求的大且黏聚性、保水性都较差。应如何在保证水胶比保持不变的条件下采取哪种有效、合理的措施进行调整？

3）试验室配合比

（1）试配并进行和易性和强度检验

经调整后的基准配合比虽然和易性已满足要求，但是经计算而得出的水胶比是否真正满足强度的要求需通过强度试验检验。在基准配合比的基础上做强度试验时，采用 3 个不同的配合比，其中一个为基准配合比的水胶比，另外两个较基准配合比的水胶比分别增加和减少 0.05，保持用水量与基准配合比的用水量相同，增加和减少胶凝材料用量，砂率可增加和减少 1%。

制作混凝土强度试验试件时，应检验混凝土拌合物的和易性，并以此结果作为相应配合比的混凝土拌合物的性能。进行混凝土强度试验时，每种配合比至少应制作一组（3 块）试件，标准养护到 28 d 或设计规定龄期时试压。

（2）配合比调整

根据试验得出的混凝土强度与其对应的胶水比（B/W）关系，绘制强度与胶水比的线性关系图，用作图法或插值法计算确定出略大于配制强度（$f_{cu,o}$）对应的胶水比，并按下列原则确定每立方米混凝土的材料用量。

①在试拌配合比的基础上，用水量（m_w）和外加剂用量（m_a）根据确定的水胶比作调整。

②胶凝材料用量（m_b）应以用水量乘以确定的胶水比计算确定。

③粗骨料和细骨料用量（m_g 和 m_s）应根据用水量和胶凝材料用量进行调整后确定。

（3）配合比校正与确定

经试配确定配合比后，应按下列步骤计算混凝土校正系数并进行校正。

①计算配合比调整后的混凝土拌合物的表观密度。

据前述原则进行调整后的混凝土拌合物的表观密度计算值，可按下式计算：

$$\rho_{c,c} = m_c + m_f + m_g + m_s + m_w \tag{3-24}$$

式中 $\rho_{c,c}$——混凝土拌合物的表观密度计算值，kg/m^3；

m_c, m_f, m_g, m_s, m_w——每立方米混凝土的水泥用量、矿物掺合料用量、粗骨料用量、细骨料用量和水的用量，kg/m^3。

②按下式计算混凝土配合比校正系数：

$$\delta = \frac{\rho_{c,t}}{\rho_{c,c}} \tag{3-25}$$

式中 δ——混凝土配合比校正系数；

$\rho_{c,t}$——混凝土表观密度实测值，kg/m^3；

$\rho_{c,c}$——混凝土表观密度计算值，kg/m^3。

③配合比校正与确定：当混凝土表观密度实测值与计算值之差的绝对值不超过计算值的 2% 时，之前调整好的配合比即确定的试验室配合比；当二者之差超过 2% 时，应将配合比中每项材料用量均乘以校正系数，即最终确定的试验室配合比。

(4)测定拌合物水溶性氯离子含量

试验室配合比确定后,应测定拌合物水溶性氯离子最大含量,试验结果应符合表3-45的规定。

表3-45　混凝土拌合物水溶性氯离子最大含量

<table>
<tr><th rowspan="2">环境条件</th><th colspan="3">水溶性氯离子最大含量
(水泥用量的质量百分比)/%</th></tr>
<tr><th>钢筋混凝土</th><th>预应力混凝土</th><th>素混凝土</th></tr>
<tr><td>干燥环境</td><td>0.30</td><td rowspan="4">0.06</td><td rowspan="4">1.00</td></tr>
<tr><td>潮湿但不含氯离子的环境</td><td>0.20</td></tr>
<tr><td>潮湿且含有氯离子的环境、盐渍土环境</td><td>0.10</td></tr>
<tr><td>除冰盐等侵蚀性物质的腐蚀环境</td><td>0.06</td></tr>
</table>

(5)耐久性试验验证

对耐久性有设计要求的混凝土,还需进行相关耐久性试验验证。

4)施工配合比

设计配合比时,因为是以干燥材料为基准进行计算与试配、调整的,而工地现场存放的砂石都含有一定的水分,且随气候的变化而经常变化。所以,现场材料的实际称量应按施工现场砂石的含水情况进行修正,修正后的配合比称为施工配合比。

假定工地存放的砂的含水率为$a\%$,石子的含水率为$b\%$,则将上述试验室配合比换算成施工配合比,其材料称量为

水泥用量:$m'_c = m_c$

矿物掺合料用量:$m'_f = m_f$

砂子用量:$m'_s = m_s(1 + a\%)$　　(3-26)

石子用量:$m'_g = m_g(1 + b\%)$

水的用量:$m'_w = m_w - m_s \times a\% - m_g \times b\%$

7.混凝土配合比设计实例

【例3-1】　某教学楼现浇钢筋混凝土梁(室内干燥环境),混凝土设计强度等级为C25,强度保证率为95%,施工要求坍落度为35~50 mm。采用42.5级普通硅酸盐水泥,水泥密度为3.10 g/cm^3,水泥28 d的实测强度无条件测定;砂子为人工砂、中砂,表观密度为2.65 g/cm^3,施工现场含水率为3%;石子为碎石(最大公称粒径为40 mm),表观密度为2.70 g/cm^3,施工现场含水率为1%;拌和用水为自来水;混凝土不掺用矿物掺合料及外加剂。混凝土采用机械搅拌/振捣,施工单位无历史统计资料。试设计混凝土初步配合比(以干燥状态骨料为基准);假如初步配合比满足和易性及强度要求,计算施工配合比。

解　(1)初步配合比计算

①确定配置强度:由于施工单位无历史资料,查表3-35得σ=5.0 MPa。

$$f_{cu,0} = 25 + 1.645 \times 5.0 = 33.2(\text{MPa})$$

②确定水胶比(W/B):因为混凝土原材料中没有掺矿物掺合料,所以胶凝材料只有水

泥,则

$$f_b = f_{ce} = \gamma_c f_{ce,g} = 1.16 \times 42.5 = 49.3(\text{MPa})$$

其中,γ_c 通过查表 3-38 确定。

查表 3-36,选取回归系数:

$$\alpha_a = 0.53, \alpha_b = 0.20$$

$$\frac{W}{B} = \frac{W}{C} = \frac{\alpha_a f_b}{f_{cu,0} + \alpha_a \alpha_b f_b} = \frac{0.53 \times 49.3}{33.2 + 0.53 \times 0.20 \times 49.3} = 0.68$$

查表 3-32、表 3-33 得,满足耐久性要求的最大水胶比为 0.60,计算值 0.68 大于最大水胶比 0.60,故取设计水灰比为 0.60。

③确定 1 m^3 混凝土的用水量(m_{w0})。

查表 3-40,根据石子最大粒径及施工所需的坍落度,选用 m_{w0} =175 kg。

④确定 1 m^3 混凝土水泥用量(m_{c0})。

$$m_{c0} = \frac{m_{w0}}{\frac{W}{C}} = \frac{175}{0.60} = 292(\text{kg})$$

查表 3-34,本工程要求的最小水泥用量为 280 kg,故可取水泥用量 m_{c0} =292 kg。

⑤选取合理的砂率(β_s)。

查表 3-43,合理的砂率范围为 β_s =33% ~38% ,砂子为人工砂,取 β_s =36% 。

⑥计算 1 m^3 混凝土中砂子(m_{s0})、石子(m_{g0})的用量。

a. 采用质量法计算:

$$m_{c0} + m_{f0} + m_{s0} + m_{g0} + m_{w0} = m_{cp}$$

$$\beta_s = \frac{m_{s0}}{m_{s0} + m_{g0}} \times 100\%$$

假定 1 m^3 混凝土拌合物的质量为 2 400 kg,将相关数据代入上式中:

$$292 + 0 + m_{s0} + m_{g0} + 175 = 2\,400$$

$$36\% = \frac{m_{s0}}{m_{s0} + m_{g0}} \times 100\%$$

解得 m_{s0} =696 kg,m_{g0} =1 237 kg。

b. 采用体积法计算:

取空气含量系数 a =1,则计算式为:

$$\frac{292}{3\,100} + \frac{m_{s0}}{2\,650} + \frac{m_{g0}}{2\,700} + \frac{175}{1\,000} + 0.01 = 1$$

$$\frac{m_{s0}}{m_{s0} + m_{g0}} \times 100\% = 36\%$$

解得 m_{s0} =696 kg,m_{g0} =1 237 kg。

注:两种砂、石的计算方法,有时计算结果会不一样,但相差不会太大。依据其中任何一种方法都可进行计算。

混凝土初步计算配合比为

$$m_{c0} : m_{s0} : m_{g0} : m_{w0} = 292 : 696 : 1\,237 : 175$$

(2)施工配合比

因初步计算配合比满足和易性及强度要求,则初步计算配合比即为试验室配合比。考虑现场砂、石的含水影响,可得施工现场配合比为

水泥用量:$m_c' = m_c = 292(kg)$

矿物掺合料用量:$m_f' = m_f = 0(kg)$

砂子用量:$m_s' = m_s(1 + a\%) = 696 \times (1 + 3\%) = 717(kg)$

石子用量:$m_g' = m_g(1 + b\%) = 1\ 237 \times (1 + 1\%) = 1\ 249(kg)$

水的用量:$m_w' = m_w - m_s \times a\% - m_g \times b\% = 175 - 696 \times 3\% - 1\ 237 \times 1\% = 142(kg)$

则施工配合比为:$m_c' : m_s' : m_g' : m_w' = 292 : 717 : 1\ 249 : 142 = 1 : 2.46 : 4.28 : 0.49$

课后作业

胶凝材料、水泥部分

一、填空题

1. 胶凝材料按化学成分分为________胶凝材料和________胶凝材料两大类。水泥是典型的________胶凝材料。

2. 国家标准规定:硅酸盐水泥的初凝时间不得早于________ min,终凝时间不得迟于________ min。

3. 硅酸盐水泥的矿物组成主要有________、________、________、________。其中硬化速度最快的是________;释放水化热最大的是________。

4. 水泥胶砂强度试验中,各物料质量比例关系为水泥∶标准砂∶水 =________。

5. 水泥标准稠度用水量试验依据国家标准《水泥标准稠度用水量、凝结时间、安定性检验方法》(GB/T 1346—2011)进行,有________法和________法两种测定方法。

6. 水泥出厂检验项目涉及 3 项物理指标,分别是:________、________、________。

7. 标准稠度用水量(标准法)试验中,以试杆沉入净浆并距底板________的水泥净浆为标准稠度净浆。

二、单项选择题

1. 下列不属于通用硅酸盐水泥的是(　　)。

A. 矿渣硅酸盐水泥　　B. 白色硅酸盐水泥

C. 铝酸盐水泥　　D. 道路硅酸盐水泥

2. 对于高温环境的混凝土工程,应优先选择(　　)水泥。

A. 硅酸盐　　B. 普通　　C. 矿渣　　D. 粉煤灰

3. 为了延缓水泥的凝结时间,在生产水泥时必须掺入适量(　　)。

A. 石灰　　B. 石膏　　C. 粉煤灰　　D. 矿渣

4. 厚大体积混凝土工程适宜选用(　　)。

A. 高铝水泥　　B. 火山灰水泥　　C. 硅酸盐水泥　　D. 普通硅酸盐水泥

5. 普通硅酸盐水泥的强度等级包括(　　)个强度等级。

A. 6　　B. 4　　C. 5　　D. 2

三、判断题

1. 石膏既能在水中硬化,也能在空气中硬化,故其是气硬性胶凝材料。(　　)

2. 体积安定性、凝结时间不合格的水泥应被评定为不合格产品。(　　)

3. 通用硅酸盐水泥强度等级划分,依据水泥 3 d 抗折强度、28 d 抗压强度进行划分。(　　)

4. 水泥的细度越细越好。(　　)

5. 水泥体积的安定性用沸煮法进行检验,沸煮法又分为试饼法和雷氏法。(　　)

6. 硅酸盐水泥的存放期一般不应超过 1 个月。(　　)

7. 水泥按 7 d 的强度分为普通型和早强型。(　　)

四、问答题

1. 水泥胶砂强度试验中,胶砂物料放入的顺序及搅拌程序是怎样的?

2. 水泥进场时,哪些情况下质量需要复检。

砂石部分

一、填空题

1. 对混凝土用砂进行筛分试验,其目的是测定砂的________和________。

2. 砂根据细度模数值划分为________、________、________和________四类。

3. 根据《混凝土结构工程施工质量验收规范》的规定,混凝土用粗集料,其最大粒径不得超过构件截面最小尺寸的________,且不得超过钢筋最小净间距的________。

4. 石子的强度有________和压碎指标值两种。

二、单项选择题

1. 下列技术要求,不属于标准规定砂需要满足的项是(　　)。

A. 云母含量　　B. 含泥量　　C. 最大粒径　　D. 粗细程度

2. 混凝土中用砂根据(　　)mm 筛的累计筛余百分率划分为 3 个区域。

A. 2.36　　B. 0.6　　C. 4.75　　D. 0.15

3. 行业标准《普通混凝土用砂、石质量及检验方法标准》(JGJ 52—2006)中规定:公称粒径大于(　　)mm 的岩石颗粒,称为石子。

A. 2.36　　B. 0.60　　C. 9.50　　D. 5.00

三、判断题

1. 砂的细度模数越大,砂越粗。(　　)

2. 细度模数相同的砂,则其颗粒级配也一定相同。(　　)

3. 石子的颗粒级配分为连续粒级和单粒粒级。(　　)

4. 砂子技术要求中包括其针片状颗粒含量。(　　)

5. 压碎指标值越大,说明骨料的强度越大。(　　)

6. 颗粒越粗，其表面积越大。（　　）

7. 混凝土中砂越细越好。（　　）

四、计算题

某砂做筛分试验，各筛两次筛余量的平均值见表3-46。试计算各号筛的分计筛余、累计筛余、细度模数，并评定该砂的粗细程度及颗粒级配。

表3-46　筛余量平均值

方孔筛径	9.5 mm	4.75 mm	2.36 mm	1.18 mm	600 μm	300 μm	150 μm	<150 μm	合计
筛余量/g	0	32.5	48.5	40.0	187.5	118.0	65.0	8.5	500

混凝土部分

一、填空题

1. 混凝土拌合物的和易性包括________、________和________3个方面的含义。

2. 测定混凝土拌合物的和易性有________法或________法。

3. 水泥混凝土的基本组成材料有________、________、________和________。

4. 混凝土配合比设计的四大设计步骤包括________、________和________、________。

5. 混凝土强度试验中试件拆模后立即放入温度为________，相对湿度为________以上的标准养护室中养护，或在温度为(20±2)℃的不流动氢氧化钙饱和溶液中养护。

二、单项选择题

1. 测定混凝土强度用的标准试件尺寸是（　　）。

A. 70.7 mm×70.7 mm×70.7 mm　　B. 150 mm×150 mm×150 mm

C. 100 mm×100 mm×100 mm　　D. 200 mm×200 mm×200 mm

2. 混凝土强度等级是按照（　　）来划分的。

A. 立方体抗压强度　　B. 轴心抗压强度

C. 立方体抗压强度标准值　　D. 抗拉强度

3. 混凝土配合比设计中，水灰比的值是根据混凝土的（　　）要求来确定的。

A. 强度及耐久性　　B. 强度　　C. 耐久性　　D. 和易性及强度

4. 混凝土的（　　）强度最大。

A. 抗拉　　B. 抗压　　C. 抗弯　　D. 抗剪

5. 普通混凝土立方体强度测试，采用100 mm×100 mm×100 mm的试件，其强度换算系数为（　　）。

A. 0.90　　B. 0.95　　C. 1.05　　D. 1.00

6. 混凝土立方体抗压强度试验结果评定中，3个测值的最大值或最小值中如有一个与中间值的差值超过中间值的（　　）时，则将最大值及最小值一并剔除，取中间值作为该组试件的抗压强度值。

A. 10%　　B. 15%　　C. 20%　　D. 5%

三、判断题

1. 相同的混凝土，试件尺寸越小测得的强度越高。 ( )

2. 混凝土流动性满足施工要求，则其和易性一定良好。 ( )

3. 混凝土中掺入引气剂后，会引起强度降低。 ( )

4.《混凝土结构工程施工质量验收规范》(GB 50204—2015)规定，在混凝土浇筑完毕后，应在 12 h 内覆盖并保湿养护。 ( )

5. 混凝土强度随水灰比的增大而降低，呈直线关系。 ( )

6. 同一组混凝土拌合物的取样，应在同盘混凝土或同一车混凝土中取样。 ( )

7. 混凝土的坍落度值越大，表示混凝土的流动性越大。 ( )

8. 当采用合理砂率时，能使混凝土获得所要求的流动性，良好的黏聚性和保水性，而且水泥用量最大。 ( )

四、问答题

1. 混凝土配合比设计的基本要求是什么？设计中有哪些基本参数？

2. 什么是混凝土拌合物的和易性及其包括的技术性能？

3. 影响混凝土的和易性主要因素是什么？改善混凝土和易性的主要措施有哪些？

4. 影响混凝土强度的主要因素有哪些？

五、计算题

1. 配制某混凝土，确定试验室配合比中水灰比为 0.55，砂率为 33%，已知水泥用量为 348 kg，砂子用量为 624 kg。

(1)计算该混凝土的配合比；

(2)若已知砂子含水率为 4%，石子含水率为 1%，试计算施工配合比。

2. 配制某混凝土，确定试验室配合比如下：1 m^3 混凝土水泥用量为 342 kg，砂子用量为 622 kg，水灰比为 0.56，砂率为 34%。

(1)计算该混凝土的试验室配合比；

(2)若已知施工现场砂子含水率为 4%，石子含水率为 1%，试计算施工配合比。

3. 某混凝土的试验室配合比为水泥: 砂: 石子 = 1: 2.1: 4.0；$W/C=0.60$，混凝土实测表观密度为 2 400 kg/m^3，求 1 m^3 混凝土中各种材料的用量。

4. 某工程施工时，其 5 层框架部分采用现场搅拌混凝土，现场计算的混凝土试验室配合比为 1: 2.10: 4.40，水灰比 $W/C=0.60$，每立方米混凝土水泥用量为 290 kg，现场实测砂含水率为 3%，石子含水率为 1%，搅拌机的出料容量为 0.55 m^3。根据已知条件，完成下列各题：

(1)计算该混凝土的施工配合比；

(2)现场施工时每立方米混凝土中各材料的用量；

(3)现场施工时搅拌机的一次投料量是多少？(水泥按袋装考虑)

项目四

钢筋及钢结构工程施工材料——建筑钢材的选用

【学习目标】

一、知识目标

1. 认识钢材的常用品种。
2. 掌握钢筋混凝土结构用钢、钢结构用钢的特点及要求。
3. 掌握钢材现场取样、验收及存储要求。

二、技能目标

1. 能依据建筑施工图正确选用建筑钢材品种。
2. 能独立查找相关标准及规范,完成建筑工程中最常见钢材的取样与检测。

【问题导论】

建筑钢材是指用于工程建设的各种钢材,包括钢结构用的各种型钢(圆钢、角钢、槽钢和工字钢)、钢板,钢筋混凝土用的各种钢筋、钢丝和钢绞线。除此之外,还包括用作门窗和建筑五金等钢材。建筑钢材是最重要的建筑结构材料之一,广泛用于大跨度结构、多层及高层建筑、受动力荷载结构和重型工业产房结构。

建筑钢材强度高、品质均匀,具有一定的弹性和塑性变形性能,能承受冲击荷载。钢材还具有很好的加工性能,可铸造、锻压、焊接、铆接和切割,装配施工方便。但钢材容易生锈,维护费用大,耐火性差。了解钢材的特性,掌握建筑钢材技术性质、应用条件,合理选择建筑钢材,进行合理的维护,是保证建筑物承载能力和正常使用的重要前提;同时,也有利于降低工程成本。

【学习内容】

任务一　认识钢材

子任务一　了解钢材的品种

【任务背景】 钢材作为主要的结构施工材料，与其他建筑结构材料相比，有其自身独特、优异的性能，因而被广泛应用于建筑工程、桥梁工程、船舶、锅炉、机械制造等不同领域。在建筑工程中，大量采用钢材制作钢结构构件及混凝土结构中的增强材料，尤其是在当代迅速发展的大跨度、大荷载、高层建筑中，钢材已成为不可缺少的结构材料。随着技术的不断进步及工程需求的增长，钢筋的品种日渐繁多，对于钢材的概念、特点、分类、品种等基础知识的正确认识，是后期对其进行深入学习、应用的重要前提。

1. 钢材的概念及特点

钢材是钢锭、钢坯或钢材通过压力加工制成的一定形状、尺寸和性能的材料。钢材中主要元素为铁，含碳量一般在2%以下，并含有少量硫、磷、硅、锰等其他化学元素。

作为目前建筑工程中的主要结构材料，钢材具有以下优异特性：

①钢材的抗拉强度、抗压强度、抗弯及抗剪强度都很高，在建筑中可用作各种构件和零部件。在钢筋混凝土中，能弥补混凝土抗拉、抗弯和抗裂性能较差的缺点。

②钢材塑性好，在常温下，钢材能承受较大的塑性变形；能进行冷弯、冷拉、冷拔、冷轧、冷冲等各种冷加工，进而改变钢材的断面尺寸、形状及性能。钢材韧性好，能承受冲击和振动荷载的作用。

③钢材品质均匀，性能可靠；可焊接、铆接，便于装配；能进行热轧和锻造；过热处理方法，可在相当大的程度上改变或控制钢材的性能。

但是，钢材也存在易锈蚀、维护费用高、耐火性差、生产能耗大等缺点。在使用中，需采取相应措施，才能改善这些缺点。

2. 钢材的分类

钢材的种类很多，性能各异，为了便于应用，钢材可按以下几种方法进行分类：

1）按化学成分分类

按化学成分不同，钢材可分为碳素钢和合金钢两大类。

①碳素钢的化学成分主要是铁和碳，另外含有少量的硅、锰及微量的硫、磷。按碳的含量将碳素钢分为：低碳钢（含碳量小于0.25%）、中碳钢（含碳量为0.25%～0.6%）和高碳钢（含碳量大于0.6%）。

②合金钢化学成分除铁和碳外，还有一种或多种能够改善钢材性能的合金元素，常用的合金元素有锰、硅、铬、铌、钛、钒等。合金钢按合金元素的总含量分为低合金钢（合金元素总含量小于5%）、中合金钢（合金元素总含量为5%～10%）和高合金钢（合金元素总含量大于10%）。

碳是决定钢材性质的主要元素。当含碳量低于0.8%时，随着含碳量的增加，钢的抗拉强度和硬度提高，而塑性、断面收缩率及韧性降低。同时，还使钢的冷弯、焊接及抗腐蚀等性能降低，并增加钢的冷脆性和时效敏感性。

磷与碳相似，能使钢的屈服点和抗拉强度提高，塑性和韧性下降，显著增加钢的冷脆性。因为磷的偏析较严重，焊接时焊缝容易产生冷裂纹，所以磷是降低钢材可焊性的元素之一。但磷可使钢材的强度、耐蚀性提高。

硫在钢材中以 FeS 的形式存在，在钢的热加工时易引起钢的脆裂，称为热脆性。硫的存在还使钢的冲击韧度、疲劳强度、可焊性及耐蚀性降低，因此硫的含量需严格控制。

氧、氮也是钢中的有害元素，能显著降低钢的塑性和韧性，以及冷弯性能和可焊性。这些元素的存在降低了钢材的强度、冷弯性能和焊接性能。氧还使钢材的热脆性增加，氮还使钢材的冷脆性及时效敏感性增加。

硅和锰是在炼钢时为了脱氧去硫而有意加入的元素。硅是钢的主要合金元素，含量在1%以内，可提高强度，对塑性和韧性没有明显影响。但含硅量超过1%时，可使其冷脆性增加，可焊性变差。锰能消除钢的热脆性，改善热加工性能。能使有害物质形成 MnO 和 MnS 而进入钢渣中，其余的锰溶于铁素体中，从而显著提高钢的强度。但其含量不得大于1%，否则，可降低塑性及韧性，使可焊性变差。

2)按脱氧程度分类

按照脱氧程度不同，钢材可分为镇静钢、沸腾钢、特殊镇静钢。

①镇静钢脱氧充分，浇注钢锭时钢水平静，钢的材质致密、均匀、质量好，用于承受冲击荷载或其他重要的结构，其代号为“Z”。

②沸腾钢是脱氧不充分的钢，在钢水浇注后，有大量 CO 气体逸出，引起钢水沸腾，故得名沸腾钢。沸腾钢常含有较多杂质，且致密程度较差，因此品质较镇静钢差，其代号为“F”。

③特殊镇静钢脱氧程度比镇静钢更彻底，其质量最好，适用于特别重要的结构工程，其代号为“TZ”。

3)按加工工艺分类

按加工工艺不同，钢材可分为热加工钢材和冷加工钢材。

①热加工钢材是将钢锭加热至一定温度，使钢锭呈塑性状态时进行热轧、热锻等压力加工而制得的钢材。

②冷加工钢材是在常温下对钢材进行冷轧、冷拉、冷扭等加工制得的钢材。

4)按用途分类

按用途不同，钢材可分为结构钢、工具钢和特殊性能钢。

①结构钢主要用于土木工程结构构件及机械零件，一般属于低碳钢或中碳钢。

②工具钢主要用于各种刀具、量具及磨具，一般属于高碳钢。

③特殊钢具有特殊物理、化学或机械性能的钢，如不锈钢、耐热钢、耐磨钢等，一般为合金钢。

5)按产品类型分类

按产品类型不同，钢材可分为型钢、板材、线材和管材(图4-1)。

①型钢是指用于钢结构中的角钢、工字钢、直钢、方钢、吊车轨、轻钢门窗、钢板桩。

②板材是指用于建造房屋、桥梁及建筑机械的中厚钢板，用于屋面、墙面、楼板等的薄钢板。

③线材是指用于钢筋混凝土和预应力混凝土中的钢筋、钢丝和钢纹线等。

④管材是指钢桁架和供水(气)的管线等。

图 4-1　各种钢材

【课堂思考与讨论 4-1】

(1)观察校园内各类建筑，说说这些建筑物或构筑物用到了哪些钢材?

(2)查询资料，了解钢材的其他分类情况?

子任务二　掌握钢材的主要技术性质及建筑常用钢材性能

【任务背景】 钢材作为主要的受力结构材料，不仅需要具有优良的力学性能，同时还需要具有良好的工艺性能、化学性能等。如在建筑结构中，对承受静荷载作用的钢材，要求具有一定的力学强度，并要求所产生的变形不致影响结构的正常工作和安全使用；对承受动荷载作用的钢材，还要求具有较高的韧性而不致发生断裂。在现场进行加工时，要求钢材有良好的冷弯性能和可焊接性能，才能保证结构的安全。为了满足建筑工程中对钢材的不同需求，建筑工程技术人员必须清楚掌握钢材的各种力学、工艺、化学等方面的性能，才能做到正确、经济、合理地选择和使用钢材。

1. 钢材的力学性能

1)钢材的拉伸性能

拉伸是建筑钢材的主要受力形式，所以拉伸性能是表示钢材性能和选用钢材的重要指标。根据国家标准《金属材料 拉伸试验 第 1 部分：室温试验方法》(GB/T 228.1—2010)，将低碳钢制成一定规格的试件，放在材料试验机上进行拉伸试验，可绘出如图 4-2 所示的应力-应变关系曲线。从图中可以看出，低碳钢受拉至断裂，经历了弹性阶段、屈服阶段、强化阶段和颈缩阶段共 4 个阶段。

(1)弹性阶段($O \sim A$)

曲线中 OA 段是一条直线，应力与应变成正比，如卸去外力试件能恢复原来的形状，这种性质即为弹性，此阶段的变形为弹性变形。与 A 点对应的应力称为弹性极限，以 σ_P 表示。当应力稍低于 A 点的应力时，应力 σ 与应变 ε 的比值为常数，即弹性模量 E，$E=\sigma/\varepsilon$。弹性模量反映钢材抵抗弹性变形的能力，是钢材在受力条件下计算结构变形的重要指标。E 值越大，钢材抵抗弹性变形的能力越大，在一定的荷载作用下，钢材发生的弹性变形量越小。

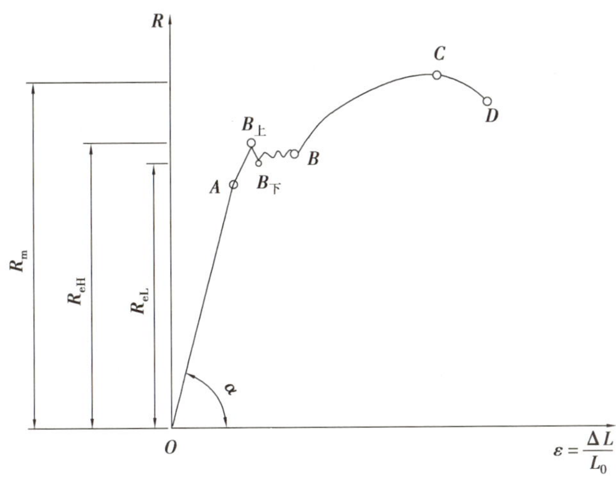

图 4-2　低碳钢应力-应变关系曲线

(2)屈服阶段($A \sim B$)

当应力超过 A 点后,应力、应变不再成正比关系,开始出现塑性变形。应力的增长滞后于应变的增长,当应力达 B 上点后(上屈服点),瞬时下降至 B 下点(下屈服点),变形迅速增加,而此时外力则大致在恒定的位置上波动,直到 B 点,这就是所谓的“屈服现象”,AB 段称为屈服阶段。

拉伸试验中当金属材料呈现屈服现象时,达到塑性变形发生而力不增加的应力点,称该应力点为屈服强度(或屈服点),包括上屈服强度 R_{eH} 和下屈服强度 R_{eL}。上屈服强度 R_{eH} 是试样发生屈服而力首次下降前的最大应力;下屈服强度 R_{eL} 是在屈服期间,不计初始瞬时效应时的最小应力。通常所说的屈服强度用 R_{eL} 表示,因为 $B_下$ 点较稳定、易测定。钢材受力大于屈服点后,会出现较大的塑性变形,已不能满足使用要求。因此,屈服强度是设计上钢材强度取值的依据,是工程结构计算中非常重要的一个参数。

(3)强化阶段($B \sim C$)

当应力超过屈服强度后,由钢材内部组织产生晶格扭曲、晶粒破碎等原因,阻止了塑性变形的进一步发展,钢材抵抗外力的能力重新提高。因此称 BC 阶段为强化阶段,直至应力达到最大值,此时钢材承受的最大应力值 R_m 称为极限抗拉强度(简称抗拉强度),是钢材抵抗破坏能力的一个重要指标。

材料的屈服点(屈服强度)与抗拉强度的比值称为屈强比。屈强比是评价钢材使用可靠性和强度利用率的一个参数。屈强比越小,其结构的可靠性越高,但屈强比过小时,钢材强度的利用率偏低,造成浪费。建筑结构钢材合理的屈强比值一般为 0.60 ~ 0.75。抗震结构要求较高时,钢筋的抗拉强度实测值与屈服强度实测值的比值不应小于 1.25,钢筋的屈服强度实测值与强度标准的比值不应大于 1.3。

(4)缩颈阶段($C \sim D$)

试件受力达到最高点 C 点后,其抵抗变形的能力明显降低,变形迅速发展,应力逐渐下降,试件被拉长,在有杂质或缺陷处,断面急剧缩小,直到断裂,故 CD 段称为颈缩阶段。

2)钢材的塑性

建筑钢材应具有很好的塑性,钢材的塑性通常用断后伸长率 A 和断面收缩率 Z 表示。

将拉断后的试件拼合起来，测定出标距范围内的长度 L_u，L_u 与试件原标距 L_0 之差为塑性变形值，塑性变形值与 L_0 之比称为断后伸长率，如图 4-3 所示。

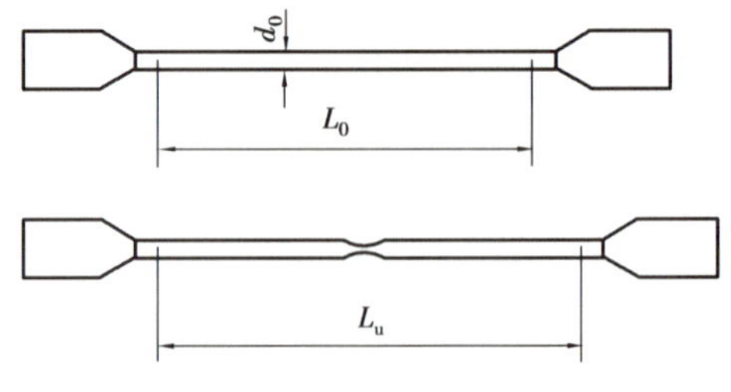

图 4-3　钢材的断后伸长率

按下式分别计算断后伸长率 A 及断面收缩率 Z：

$$A = \frac{L_u - L_0}{L_0} \times 100\%$$

$$Z = \frac{S_0 - S_u}{S_0} \times 100\% \tag{4-1}$$

式中　S_0——试件原始截面积；

S_u——试件拉断后颈缩处的截面积。

断后伸长率是衡量钢材塑性的一个重要指标，A 越大说明钢材的塑性越好。对于钢材而言，一定的塑性变形能力可保证应力重新分布，避免应力集中，钢材用于结构的安全性越大。

因为塑性变形在试件标距内的分布是不均匀的，颈缩处的变形最大，离颈缩部位越远，其变形越小，所以原标距与直径之比越小，则颈缩处伸长值在整个伸长值中的比重越大，计算出来的 A 值就大。在拉伸试验中，依据拉伸试样的原始标距与原始横截面积的平方根的比值是否为常数，将试样分为比例试样与非比例试样。比例试样是指拉伸试样的原始标距与原始横截面积的平方根的比值为常数（即 $L_0 = kS_0^{\frac{1}{2}}$）的试样，对于 $k = 5.65$ 的试样称为短比例试样，其断后伸长率用符号 A 表示（对应旧标准 GB/T 228—1987 的 δ_5）；$k = 11.3$ 的试样称为长比例试样，其断后伸长率为 $A_{11.3}$（对应旧标准 GB/T 228—1987 的符号 δ_{10}）；试验时，一般优先选用短比例试样，但要保证原始标距不小于 15 mm，否则，建议选用长比例试样或其他类型试样。对于非比例试样，符号 A 应附以下脚注说明所使用的原始标距（单位：mm）表示。例如，$A_{40\ \mathrm{mm}}$ 表示原始标距为 40 mm 的断后伸长率。

3）钢材的冲击韧性

冲击韧性是指在冲击荷载作用下，钢材抵抗破坏的能力。钢材冲击韧性的测定方法采用国家标准《金属材料夏比摆锤冲击试验方法》（GB/T 229—2020）中规定的试验方法测定，用试验测定的吸收能量 K（单位：J）作为钢材的冲击韧性指标。K 值越大，表明钢材的冲击韧性越好。

钢材冲击韧性的影响因素有很多，钢的化学成分、组织状态，以及冶炼、轧制质量都会影响冲击韧性。冲击韧性随温度的降低而下降，其规律是开始时下降较平缓，当达到一定温度范围时，冲击韧性会突然下降很多而呈脆性，这种脆性称为钢材的冷脆性。此时的温度称为脆性临界温度。它的数值越低，钢材的低温冲击性能越好，在负温下使用的结构应选用脆性临界温度较低的钢材。

在承受动荷载或在低温下工作的结构(如吊车梁、桥梁等),应按规范要求检验钢材的冲击韧性。

4)钢材的疲劳强度

钢材在交变荷载的反复作用下,往往在最大应力远小于其抗拉强度时就发生破坏,这种现象称为钢材的疲劳性。疲劳破坏的危险应力用疲劳强度(或称疲劳极限)来表示,它是指疲劳试验时试件在交变应力作用下,在规定的周期基数内不发生断裂所能承受的最大应力。一般把钢材承受交变荷载 $10^6 \sim 10^7$ 次时不发生破坏的最大应力作为疲劳强度。疲劳破坏经常是突然发生的,因而具有很大的危险性,往往造成严重事故。设计承受反复荷载且需进行疲劳验算的结构时,应了解所用钢材的疲劳极限。

研究证明,钢材的疲劳破坏是拉应力引起的,首先在局部开始形成微细裂纹,然后因裂纹尖端处产生应力集中而使裂纹迅速扩展直至钢材断裂。因此,钢材内部成分的偏析、夹杂物的多少以及最大应力处的表面光洁程度、加工损伤等,都是影响钢材疲劳强度的因素。

5)钢材的硬度

硬度是指金属材料在表面局部体积内,抵抗硬物压入表面的能力,即材料表面抵抗塑性变形的能力。测定钢材硬度采用压入法,即以一定的静荷载(压力)将一定的压头压在金属表面,然后测定压痕的面积或深度来确定硬度。按压头或压力不同有布氏法、洛氏法等,相应的硬度试验指标称布氏硬度(HB)和洛氏硬度(HR)。较常用的方法是布氏法,其硬度指标是布氏硬度值。各类钢材的 HB 值与抗拉强度之间有一定的相关关系,材料的强度越高,塑性变形抵抗力越强,硬度值也就越大。

2. 钢材的工艺性能

1)冷弯性能

钢材的冷弯性能是指钢材在常温下承受弯曲变形的能力。冷弯是通过检验试件经规定的弯曲程度后,弯曲处外面及侧面有无裂纹、起层、断裂等情况进行评定。

钢筋冷弯试验过程

将钢材按规定的弯曲角度($\alpha = 180°$或 $\alpha = 90°$)与弯心直径 d 相对于钢材厚度或直径 a 的比值 $n = d/a$ 进行弯曲,并检查受弯部位的外面及侧面,若未发生裂纹、起层或裂断则为合格,如图 4-4 所示。可见,弯曲角度大,n 值越小,则表示钢材的冷弯性能越好。

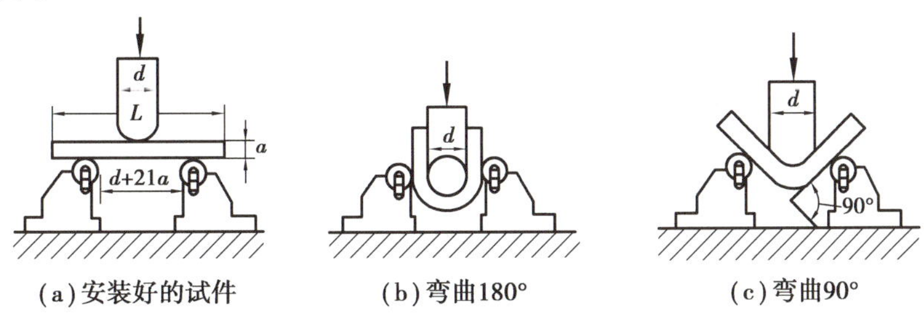

(a)安装好的试件　(b)弯曲180°　(c)弯曲90°

图 4-4　钢筋冷弯试验装置

通过冷弯试验更有助于暴露钢材的某些内在缺陷，相对伸长率而言，冷弯是对钢材塑性更严格的检验，它能揭示钢材是否存在内部组织不均匀、内应力和夹杂物等缺陷。冷弯试验对焊接质量也是一种严格的检验，能揭示焊件在受弯表面存在未熔合、微裂纹及夹杂物等缺陷。

2）焊接性能

钢材的焊接性能是指钢材在焊接后反映其焊缝处联结的牢固程度和硬脆倾向大小的一种性能。在焊接中，由于高温作用和焊接后急剧冷却的作用，焊缝及附近的过热区将发生晶体组织及结构变化，产生局部变形及内应力，使焊缝周围的钢材产生硬脆倾向，降低了焊接的质量。要可焊性良好，焊缝处性质应与钢材尽可能相同，焊接才牢固可靠。

建筑工程中，各种型钢、钢板、钢筋及预埋件等都需要用焊接加工，钢结构中90%以上是焊接结构。钢材可焊性能的好坏，主要取决于钢的化学成分。若钢材内硫的含量较高，则在焊接中易发生热脆，产生裂纹；含碳量小于0.25%的碳素钢具有良好的可焊性，含碳量超过0.3%的碳素钢，可焊性变差。对于高碳钢和合金钢，为了改善焊接质量，一般需采用预热和焊后处理，以保证质量。此外，正确的焊接工艺也是保证焊接质量的重要措施。

3）冷加工强化及时效

（1）冷加工强化

在常温下，对钢材进行冷拉、冷拔或冷轧等机械加工，使之产生一定的塑性变形，强度明显提高，塑性和韧性有所降低，这个过程称为钢材的冷加工强化。

冷拉是将热轧钢筋用冷拉设备加力进行张拉，使之伸长。钢材经冷拉后屈服强度可提高20%～30%，可节约钢材10%～20%，钢材经冷拉后屈服阶段缩短，伸长率降低，材质变硬。

冷拔是将$\phi 6$～$\phi 8$ mm的光面圆钢筋通过硬质合金拔丝模孔强行拉拔，每次拉拔断面缩小应在10%以下。钢筋在冷拔过程中，不仅受拉同时还受到挤压作用，因而冷拔作用比纯冷拉作用强烈。经过一次或多次冷拔后的钢筋，表面光洁度高，屈服强度提高40%～60%，但塑性大大降低，具有硬钢的性质。建筑工程中，常采用对钢筋进行冷拉和对盘条进行冷拔的方法，以达到节约钢材的目的。

冷轧是将圆钢在轧钢机上轧成断面按一定规律变化的钢筋，可提高强度与混凝土的握裹力。在冷轧时，钢筋纵向和横向同时产生变形，因而能较好地保持塑性和内部结构的均匀性。

（2）时效处理

钢材经冷加工后，在常温下放置15～20 d或加热到100～200 ℃保持一段时间（2 h左右），钢材的强度和硬度将进一步提高，塑性和韧性进一步下降，这种现象称为时效。前者称为自然时效，后者称为人工时效。通常对强度较低的钢筋采用自然时效，对强度较高的钢筋宜采用人工时效。

钢材经冷加工及时效处理后，其性质变化的规律可明显地在应力-应变图上得到反映，如图4-5所示。图中$OABCD$为未经冷拉和时效处理的试件的应力-应变曲线。当试件冷拉至超过屈服强度的任意一点K，卸去荷载，此时因试件已产生塑性变形，则曲线沿KO'下降，KO'大致与AO平行。如立即再拉伸，则应力-应变曲线将成为$O'KCD$（虚线），屈服强度由B

点提高到 K 点。但如在 K 点卸荷后进行时效处理，然后再拉伸，则应力-应变曲线将成为 $O'KK_1C_1D_1$，这表明冷拉时效以后，屈服强度和抗拉强度均得到提高，但塑性和韧性则相应降低。

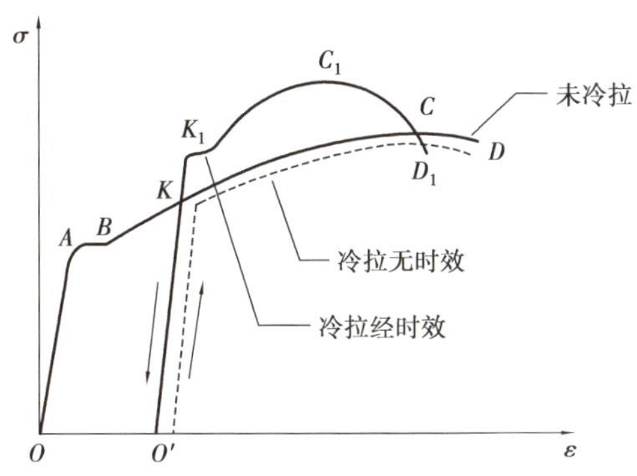

图 4-5　钢筋冷拉时效后应力-应变图的变化

【课堂思考与讨论 4-2】

(1)为什么说屈服点、抗拉强度和伸长率是建筑工程用钢的重要性能指标？

(2)通过前面学习的知识，讨论并总结钢材经过冷加工和时效处理后，对钢材产生哪些方面的影响？

3. 建筑钢材常用钢种及性能要求

建筑钢材可分为钢结构用型钢和钢筋混凝土结构用钢筋。各种型钢和钢筋的性能主要取决于所用钢种及加工方式。在建筑工程中，钢结构所用的各种型钢，钢筋混凝土结构所用的各种钢筋、钢丝、锚具等钢材，基本上都是碳素结构钢和低合金结构钢等钢种，经热轧或冷轧、冷拔、热处理等工艺加工而成。

1)碳素结构钢

碳素结构钢是碳素钢中的一类，可加工成各种型钢、钢筋和钢丝，含碳量为 0.05%～0.70%，个别可高达 0.90%。碳素结构钢可分为普通碳素结构钢和优质碳素结构钢两类。其用途很多，用量很大，主要用于铁道、桥梁、各类建筑工程，制造承受静载荷的各种金属构件及不需要热处理的机械零件和一般焊接件。

(1)碳素结构钢的牌号及表示方法

碳素结构钢的牌号由 4 部分组成，即屈服点的字母(Q)、屈服点数值(MPa)、质量等级符号(A,B,C,D)及脱氧程度符号(F,Z,TZ)。碳素结构钢的质量等级是按钢中硫、磷含量由多至少划分的，随着 A,B,C,D 的顺序质量等级逐级提高。脱氧程度以 F 表示沸腾钢，Z 表示镇静钢，TZ 表示特殊镇静钢，b 表示半镇静钢，Z,TZ 在钢的牌号中可以省略。碳素结构钢有四个牌号，即 Q195,Q215,Q235,Q275。Q215 有 A,B 两个质量等级，Q235 和 Q275 有 A,B,C,D 4 个质量等级。

(2)碳素结构钢的性能要求

碳素结构钢的性能要求主要包括拉伸性能和冷弯性能。根据《碳素结构钢》(GB/T 700—2006)的规定，碳素结构钢的相关性能应符合表 4-1 及表 4-2 的要求。

表 4-1 碳素结构钢的拉伸性能

牌号	等级	屈服强度[a] R_{eL}/(N·mm^{-2}),不小于						抗拉强度[b] R_m/(N·mm^{-2})	断后伸长率 A/%,不小于					冲击试验(V形缺口)	
		厚度(或直径)/mm							厚度(或直径)/mm					温度/℃	冲击吸收功(纵向)/J,不小于
		≤16	>16~40	>40~60	>60~100	>100~150	>150~200		≤40	>40~50	>60~100	>100~150	>150~200		
Q195	—	195	185	—	—	—	—	315~430	33	—	—	—	—	—	—
Q215	A	215	205	195	185	175	165	335~450	31	30	29	27	26	—	—
	B													+20	27
Q235	A	235	225	215	215	195	185	370~500	26	25	24	22	21	—	—
	B													+20	27[c]
	C													0	
	D													−20	
Q275	A	275	265	255	245	225	215	410~540	22	21	20	18	17	—	—
	B													+20	27
	C													0	
	D													−20	

注:a. Q195 的屈服强度值仅供参考,不做交货条件。

b. 厚度大于 100 mm 的钢材,抗拉强度下限允许降低 20 N/mm^2。宽带钢(包括剪切钢板)抗拉强度上限不做交货条件。

c. 厚度小于 25 mm 的 Q235B 级钢材,如供方能保证冲击吸收功值合格,经需方同意,可不作检验。

表 4-2 碳素钢的冷弯性能

牌号	试样方向	冷弯试验 180° $B=2a$	
		钢材厚度(或直径)b/mm	
		≤60	>60~100
		弯心直径 d/mm	
Q195	纵	0	—
	横	0.5a	
Q215	纵	0.5a	1.5a
	横	a	2a
Q235	纵	a	2a
	横	1.5a	2.5a

续表

牌号	试样方向	冷弯试验 180°　$B=2a$	
		钢材厚度(或直径)b/mm	
		≤60	>60～100
		弯心直径 d/mm	
Q275	纵	1.5a	2.5a
	横	2a	3a

注:a. B 为试样宽度,a 为试样厚度(直径)。

b. 钢材厚度(或直径)大于 100 mm 时,弯曲试验由双方协商确定。

建筑工程中常用的碳素结构钢牌号为 Q235,由于该牌号钢既具有较高的强度,又具有较好的塑性和韧性,可焊性也好,故能较好地满足一般钢结构和钢筋混凝土结构的用钢要求。其中 Q235 A 级钢,一般仅适用于承受静荷载作用的结构,Q235 C 级和 Q235 D 级钢可用于重要焊接的结构。另外,由于 Q235 D 级钢含有足够的形成细晶粒结构的元素,同时对硫、磷有害元素控制严格,故其冲击韧性很好,具有较强的抗冲击、抗振动荷载的能力,尤其适宜在较低温度下使用。

Q195,Q215 级钢强度低,塑性和韧性较好,易于加工,常用作钢钉、铆钉、螺栓及铁丝等。Q215 级钢经冷加工后可代替 Q235 级钢使用。Q275 级钢强度较高,但塑性、韧性、可焊接性较差,不易焊接和冷加工,可用于轧制带肋钢筋、做螺栓配件等,但更多用于机械零件和工具等。

2)低合金高强度结构钢

低合金高强度结构钢是在碳素结构钢的基础上加入总量小于 5% 的合金元素而制成的钢种,具有良好的焊接性能,塑性,韧性和加工工艺性,较好的耐蚀性、较高的强度和较低的冷脆临界转换温度。低合金高强度结构钢的牌号由屈服点的字母(Q)、屈服点数值及质量等级符号(A,B,C,D,E)3 个部分按顺序组成,共有 8 个牌号,即 Q345,Q390,Q420,Q460,Q500,Q550,Q620,Q690。

低合金高强度结构钢除了强度高外,还有良好的塑性和韧性,硬度高,耐磨性好,耐腐蚀性能强,耐低温性能好。一般情况下,其含碳量≤0.2%,因此,仍具有较好的可焊性。冶炼碳素钢的设备可用来冶炼低合金高强度结构钢,故冶炼方便、成本低。低合金高强度结构钢是综合性较为理想的建筑钢材,特别适合高层建筑、大跨度结构、承受动荷载和冲击荷载的结构。

【课堂思考与讨论 4-3】

钢结构用钢材的牌号 Q235-AF,Q345A 表示什么意思?

任务二　常用建筑钢材品种及应用

子任务一　钢筋混凝土结构中用钢

【任务背景】 钢筋是钢筋混凝土结构的重要结构材料，同时钢筋在钢筋混凝土结构中的消耗量也很大。通过设计方、施工方的统计分析，在各种类型的房屋中钢筋的用量：多层砌体住宅钢筋用量为 30 kg/m²，多层框架住宅钢筋用量为 38～42 kg/m²，小高层钢筋用量为 50～52 kg/m²，高层 17～18 层钢筋用量为 54～62 kg/m²，高层 30 层钢筋用量为 65～75 kg/m²，高层酒店式公寓 28 层钢筋用量为 65～70 kg/m²。另外，钢筋与其他材料相比，其单价高、价格波动幅度比较大，对房屋造价成本影响较大。因此，建筑工程技术人员必须掌握各类钢筋的特点、性能和使用场所，根据建筑物所处的环境、地区及建筑物的类别进行正确选择，才能真正做到既满足结构安全的需要，又能有效控制钢筋的用量，满足经济的要求。

1. 钢筋混凝土结构常用钢材品种

1）热轧钢筋

热轧钢筋是经热轧成型并自然冷却的成品钢筋，由低碳钢和普通合金钢在高温状态压制而成，主要用于钢筋混凝土和预应力混凝土结构的配筋，是建筑工程中使用量大的钢材品种之一。直径 6.5～9 mm 的钢筋，大多数卷成盘条；直径 10～40 mm 的钢筋，一般是 6～12 m 长的直条。热轧钢筋为软钢，断裂时会产生颈缩现象，伸长率较大，热轧钢筋具备一定的强度，即屈服强度特征值和抗拉强度，它是结构设计的主要依据。同时，为了满足结构变形、吸收地震能量以及加工成型等要求，热轧钢筋还应具有良好的塑性、韧性和可焊性，与混凝土间的黏结性能良好。热轧钢筋根据其表面形状分为热轧光圆钢筋和热轧带肋钢筋两种，如图 4-6 所示。

（a）热轧光圆钢筋（盘条）

（b）热轧带肋钢筋

图 4-6　热轧钢筋

（1）热轧光圆钢筋

热轧光圆钢筋是指经热轧成型，横截面通常为圆形，表面光滑的成品钢筋。

根据国家标准《钢筋混凝土用钢 第 1 部分：热轧光圆钢筋》（GB 1499.1—2008）以及自 2013 年 1 月 1 日起实施的国家标准化管理委员会批准的《钢筋混凝土用钢 第 1 部分：热轧光圆钢筋》（GB 1499.1—2008）的规定，热轧光圆钢筋只有一个牌号 HPB300。其牌号构成见表 4-3。热轧光圆钢筋强度低，与混凝土的黏结强度也较低，主要用作板的受力筋、箍筋及构造钢筋。

(2)热轧带肋钢筋

热轧带肋钢筋又称螺纹钢，其表面有两条对称的纵肋和沿长度方向均匀分布的横肋。横肋的纵横面呈月牙形，且与纵肋不相交的钢筋称为月牙肋钢筋。横肋的纵横面高度相等，且与纵肋相交的钢筋称为等高肋钢筋。热轧带肋钢筋分为普通热轧钢筋和细晶粒热轧钢筋两大类。热轧带肋钢筋按屈服强度特征值分为 400，500 和 600 级。其牌号构成见表 4-3。

表 4-3　热轧钢筋牌号构成及含义

<table>
<tr><th colspan="2">类别</th><th>牌号</th><th>牌号构成</th><th>英文字母含义</th></tr>
<tr><td colspan="2">热轧光圆钢筋</td><td>HPB300</td><td>由 HPB + 屈服强度特征值构成</td><td>HRB——热轧光圆钢筋的英文(Hot rolled Plain Bares)缩写</td></tr>
<tr><td rowspan="9">热轧带肋钢筋</td><td rowspan="5">普通热轧钢筋</td><td>HRB400</td><td rowspan="3">由 HRB + 屈服强度特征值构成</td><td rowspan="5">HRB——热轧带肋钢筋的英文(Hot rolled Ribbed Bares)缩写
E——“地震”的英文(Earthquake)首位字母</td></tr>
<tr><td>HRB500</td></tr>
<tr><td>HRB600</td></tr>
<tr><td>HRB400E</td><td rowspan="2">由 HRB + 屈服强度特征值 + E 构成</td></tr>
<tr><td>HRB500E</td></tr>
<tr><td rowspan="4">细晶粒热轧钢筋</td><td>HRBF400</td><td rowspan="2">由 HRBF + 屈服强度特征值构成</td><td rowspan="4">HRBF——在热轧带肋钢筋的英文后加“细”的英文(Fine)的首位字母
E——“地震”的英文(Earthquake)首位字母</td></tr>
<tr><td>HRBF500</td></tr>
<tr><td>HRBF400E</td><td rowspan="2">由 HRBF + 屈服强度特征值 + E 构成</td></tr>
<tr><td>HRBF500E</td></tr>
</table>

2012 年 1 月 4 日，住房和城乡建设部与工业和信息化部联合发布建标〔2012〕1 号文，即《住房和城乡建设部、工业和信息化部关于加快应用高强钢筋的指导意见》，该意见的主要目标是加速淘汰 335 MPa 级螺纹钢筋，优先使用 400 MPa 级螺纹钢筋，积极推广 500 MPa 级螺纹钢筋，而《混凝土结构设计规范》(GB 50010—2010)中也指出，建筑结构中的纵向受力钢筋要优先采用 400 MPa 级及以上螺纹钢筋，其中，梁、柱纵向受力钢筋应采用 400 MPa 级及以上螺纹钢筋，梁、柱箍筋推广采用 400 MPa 级及以上螺纹钢筋。目前，国家标准《钢筋混凝土用热轧带肋钢筋》(GB 1499. 2—2007)颁布，正式取消 335 MPa 级钢筋的使用，并新增了 600 MPa 级普通热轧钢筋和带 E 的钢筋牌号。在表 4-3 中牌号加 E(如 HRB400E，HRBF400E)的钢筋，适用于有较高要求的抗震结构。

2)预应力混凝土用热处理钢筋

预应力混凝土用热处理钢筋是用热轧的螺纹钢筋经淬火、回火调质处理工艺生产的钢筋。在国内，热处理钢筋主要用于预应力混凝土轨枕，它与预应力钢丝相比，具有与混凝土的黏结性能好、应力松弛率低、施工方便等优点。

预应力混凝土用热处理钢筋通常有 3 个规格，即公称直径 6 mm(牌号 $40Si_2Mn$)、8. 2 mm(牌号 $48Si_2Mn$)和 10 mm(牌号 $45Si_2Cr$)。热处理钢筋成盘供应，每盘长 100 ~ 120 m，开盘后钢筋自然伸直,按要求的长度切断。

热处理钢筋经调质热处理后,其强度高、韧性高,可代替高强钢丝使用;配筋根数少,节约钢材;锚固性好,不易打滑,预应力值稳定;施工简便,开盘后钢筋自然伸直,不需调直,不能焊接。主要用作预应力钢筋混凝土轨枕,也用于预应力梁、板结构及吊车梁等。

3)预应力钢丝和钢绞线

大型预应力混凝土构件,由于受力很大,常采用强度较高的预应力高强度钢丝和钢绞线作为主要受力钢筋。

(1)预应力高强度钢丝

预应力高强度钢丝是由优质高碳钢热轧盘条经热处理和冷加工制成的适用于预应力混凝土配筋要求的钢丝的统称。此类钢丝钢的含碳量为 0.65% ~0.85%,硫磷含量均小于 0.035%。钢丝的抗拉强度一般在 1 470 MPa 以上,其强度级别已逐步从以 1 470,1 570 MPa 为主,过渡到以 1 670 ~1 860 MPa 为主。钢丝直径在 3 mm 以上,并已逐步从以 3 ~5 mm 为主,过渡到以 5 ~7mm 为主。

预应力混凝土用钢丝按加工状态分为冷拉钢丝和消除应力钢丝两大类。冷拉钢丝是盘条通过拔丝等减径工艺经冷加工而形成的产品,以盘卷供货的钢丝,其代号用 WCD 表示。消除应力钢丝是按以下两种一次性连续处理方法之一生产的钢丝:一种是钢丝在塑性变形下(轴应变)进行的短时热处理,得到的应是低松弛钢丝,其代号用 WLR 表示;另一种是钢丝通过矫直工序后在适当的温度下进行的短时热处理,得到的应是普通松弛钢丝。

钢丝按外形分为光圆钢丝、螺旋肋钢丝和刻痕钢丝 3 种,如图 4-7 所示。其中,光圆钢丝的代号用 P 表示,螺旋肋钢丝用 H 表示,刻痕钢丝用 I 表示。刻痕钢丝、螺旋肋钢丝和混凝土的黏结力好,消除应力钢丝的塑性比冷拉钢丝好。

(a)光圆钢丝　　(b)螺旋肋钢丝　　(c)刻痕钢丝

图 4-7　不同外形的预应力混凝土用钢丝

预应力混凝土用钢丝具有强度高、柔性好、无接头等优点。施工方便,不需冷拉、焊接接头等加工,而且质量稳定、安全可靠。主要用于大跨度屋架及薄腹梁、大跨度吊车梁、桥梁、电杆、枕轨或曲线配筋的预应力混凝土构件。刻痕钢丝由于屈服强度高且与混凝土的握裹力大,主要用于预应力钢筋混凝土结构以减少混凝土裂缝。

(2)预应力钢绞线

预应力钢绞线是由 2,3,7 或 19 根高强度钢丝构成并经消除应力处理(稳定化处理)的绞合钢缆。为延长耐久性,钢丝上可以有金属或非金属的镀层或涂层,如镀锌、涂环氧树脂等。为增加与混凝土的握裹力,可以表面刻痕。

依据国家标准《预应力混凝土用钢绞线》(GB/T 5224—2014)可知,标准型钢绞线是由冷拉光圆钢丝捻制成的钢绞线；刻痕钢绞线是由刻痕钢丝捻制成的钢绞线；模拔型钢绞线是捻制后再经冷拔成的钢绞线。

钢绞线按结构分为以下8类：第一类，用两根钢丝捻制的钢绞线，用1×2表示；第二类，用3根钢丝捻制的钢绞线，用1×3表示；第三类，用3根刻痕钢丝捻制的钢绞线，用1×3I表示；第四类，用7根钢丝捻制的标准型钢绞线，用1×7表示；第五类，用6根刻痕钢丝和1根光圆中心钢丝捻制的钢绞线，用1×7I表示；第六类，用7根钢丝捻制又经模拔的钢绞线，用1×7C表示；第七类，用19根钢丝捻制的“1+9+9”西鲁式钢绞线，用1×19S表示；第八类，用19根钢丝捻制的“1+6+6/6”瓦林吞式钢绞线，用1×19W表示。部分钢绞线结构示意图如图4-8所示。

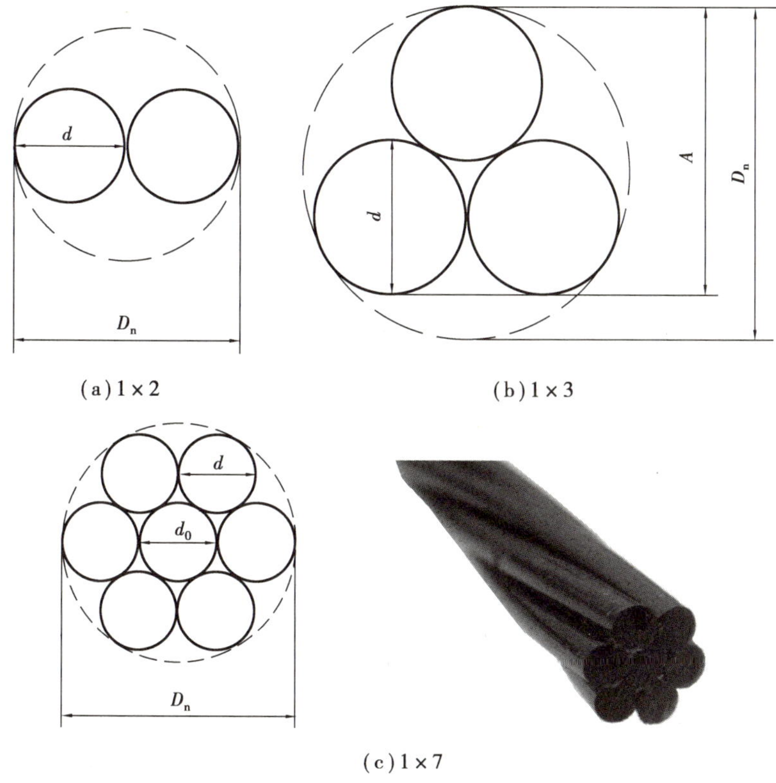

图4-8　部分钢绞线结构示意图

钢绞线具有强度高，松弛性能好，与混凝土黏结好，断面面积大，使用根数少，在结构中排列布置方便，易于锚固等优点，主要用于大跨度、大荷载的预应力屋架，薄腹梁等构件，还可用于岩土锚固。

2. 钢材种类的选用

对钢筋混凝土结构中的钢材，选择时应注意以下问题：

(1)满足强度的要求

普通钢筋是钢筋混凝土结构中和预应力混凝土结构中的非预应力钢筋，主要是HPB3000，HRB400，HRB500，HRBF400，HRBF500等热轧钢筋。具体选择哪种牌号的钢筋，需根据工程要求确定。

（2）屈强比的要求

设计中应选择适当的屈强比，对于抗震结构，钢筋应力在地震作用下可考虑进入强化段，为了保证结构在强震下裂而不倒，对钢筋的极限抗拉强度与屈服强度的比值有一定的要求，一般不应小于1.25。

（3）满足延性的要求

在工程设计中，要求钢筋混凝土结构承载能力极限状态为具有明显预兆，避免脆性破坏，抗震结构则要求具有足够的延性，钢筋的应力应变曲线上屈服点至极限应变点之间的应变值反映了钢筋延性的大小。

（4）满足黏结性的要求

黏结力是钢筋与混凝土得以共同工作的基础，其中钢筋凹凸不平的表面与混凝土间的机械咬合力是黏结力的主要部分。变形钢筋与混凝土的黏结性能最好，设计中宜优先选用变形钢筋。

（5）满足耐久性的要求

混凝土结构耐久性是指在外部环境下，材料、构件、结构性能随时间而发生的退化，主要包括钢筋锈蚀、冻融循环、碱-骨料反应、化学作用等的机理及物理、化学和生化过程。混凝土结构耐久性的降低可引起承载力的降低，影响结构安全。

（6）满足工艺性能的要求

适宜施工性。在施工时钢筋要弯转成型，因而应具有一定的冷弯性能。钢筋弯钩、弯折加工时应避免裂缝和折断。热轧钢筋的冷弯性能很好，而性脆的冷加工钢筋较差。预应力钢丝、钢绞线不能弯折，只能以直条形式应用。同时，要求钢筋具备良好的焊接性能，在焊接后不应产生裂纹及过大的变形，以保证焊接接头性能良好。

（7）满足经济性要求

衡量钢筋经济性的指标是强度价格比，即每元可购得的单位钢筋的强度，强度价格比高的钢筋比较经济。不仅可以减少配筋率，方便施工，还可减少加工、运输、施工等一系列附加费用。

【课堂思考与讨论4-4】

（1）钢筋混凝土结构中纵向受力钢筋、箍筋如何选择？

（2）为什么普通钢筋混凝土构件不适宜采用高强度钢筋和高强度混凝土？

子任务二　钢结构工程用钢

【任务背景】　钢结构是现代建筑中非常重要的一种建筑结构类型，具有强度高、自重轻、刚性好、韧性强等诸多优点。因此，在建筑工程领域中运用广泛，例如，在重型厂房结构、大跨度结构、塔桅结构、多高层及超高层建筑等工程中。

闻名世界的埃菲尔铁塔（图4-9），是由很多分散的钢铁构件组成的一座镂空建筑物，高300 m，天线高24 m，相当于100层楼高。铁塔的钢铁构件有18 038个，重达10 000 t；施工时共钻孔700万个，使用铆钉250万个。

上海金茂大厦（图4-10），位于上海市浦东新区世纪大道88号，地处陆家嘴金融贸易区中心，总建筑面积29万 m^2，其中，主楼88层，高度420.5 m，约有20万 m^2。金茂大厦地基部分采用钢筋混凝土的保护性结构,往上是高强度混凝土与钢结构复合结构。

国家体育场俗称鸟巢(图 4-11),位于北京奥林匹克公园中心区南部,为 2008 年北京奥运会的主体育场。鸟巢是我国最大也是目前世界上最大的单体钢结构建筑,由一系列辐射式钢架围绕碗状坐席区旋转而成,没有立柱。整个屋面结构与里面的钢结构由 2 000 多根箱型弯扭构件链接而成。总质量超过 6 000 t,钢结构最大跨度达 332.3 m。

钢结构的广泛运用,必然使得掌握钢结构中所用钢材的性质、特点成为建筑工程技术人员必须具备的知识与技能。

图 4-9　埃菲尔铁塔

图 4-10　金茂大厦

图 4-11　国家体育场(鸟巢)

1. 钢结构用钢特点及分类

钢结构所用钢材主要是型钢、钢管和钢板。型钢之间可直接或附连接钢板进行连接,连接方式有铆接、螺栓连接或焊接,所用母材主要是碳素结构钢及低合金高强度结构钢。

1)型钢

型钢有热轧和冷轧成型两种,钢结构中所用型钢主要是热轧型钢和冷弯薄壁型钢。

(1)热轧型钢

钢结构中较为常用的热轧型钢有角钢(等边和不等边)、工字钢、槽钢、T 形钢、H 形钢、L 形钢等,如图 4-12 所示。

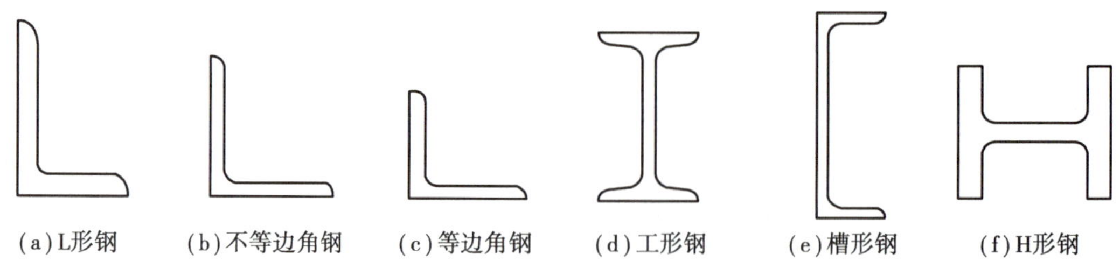

图 4-12　型钢截面示意图

角钢分为等边(也称为等肢)和不等边(也称为不等肢)两种,主要用来制作桁架等格构式结构的杆件和支撑等连接杆件。角钢型号的表示方法为在符号"∟"后加"长边宽×短边宽×厚度"(对不等边角钢,∟125×80×8),或加"边长×厚度"(对等边角钢,如∟125×8)。目前我国生产的角钢最大边长为200 mm,角钢的供应长度一般为4~19 m。

工字钢是截面为工字形的长条钢材,分普通工字钢和轻型工字钢两种。普通工字钢和轻型工字钢的两个主轴方向的惯性矩相差较大,不宜单独用作受压构件,而宜用作腹板平面内受弯的构件,或由工字钢和其他型钢组成的组合构件或格构式构件。普通工字钢的型号用符号"I"后加截面高度的厘米数来表示,20号以上的工字钢,又按腹板的厚度不同分为a,b或a,b,c等类别,例如,I20a表示高度为200 mm,腹板厚度为a类的工字钢。轻型工字钢的翼缘要比普通工字钢的翼缘宽而薄,回转半径较大。普通工字钢的型号为10~63号,轻型工字钢的型号为10~70号,供应长度均为5~19 m。

H形钢的截面与英文大写字母"H"相同。它是一种截面面积分配更加优化,强重比更加合理的经济断面高效型材,与普通工字钢相比,其翼缘板的内外表面平行,便于与其他构件连接。H形钢的基本类型可分为宽翼缘(HW)、中翼缘(HM)及窄翼缘(HN)3类。还可剖分成T形钢供应,代号分别为TW,TM,TN。H形钢和相应的T形钢的型号分别为代号后加"高度H×宽度B×腹板厚度t_1×翼缘厚度t_2",例如,HW400×400×13×21和TW200×400×13×21等。宽翼缘和中翼缘H形钢可用于钢柱等受压构件,窄翼缘H形钢则适用于钢梁等受弯构件。目前国内生产的最大型号H形钢为HN700×300×13×24。供货长度可与生产厂家协商,长度大于24 m的H形钢不成捆交货。

槽形钢是截面形状为凹槽状的长条钢材,分普通槽钢和轻型槽钢两种,适于作檩条等双向受弯的构件,也可用其组成组合或格构式构件。槽钢的型号与工字钢相似,例如,[32a是指截面高度为320 mm腹板较薄的槽钢。目前国内生产的最大型号为[40c,供货长度为5~19 m。

(2)冷弯薄壁型钢

冷弯薄壁型钢是采用1.5~6 mm厚的钢板经冷弯和辊压成型的型材,其截面形式和尺寸均可按受力特点合理设计,能充分利用钢材的强度、节约钢材,在国内外轻型钢结构中广泛应用。近年来,冷弯高频焊接圆管和方形、矩形管的生产及应用在国内有了很大的进展,冷弯型钢的壁厚已达12.5 mm。

2)钢管

钢管有无缝钢管和焊接钢管两种。由于回转半径较大,常用作桁架、网架、网壳等平面和空间格构式结构的杆件，在钢管混凝土柱中也有广泛应用。型号可用代号“D”后加“外径 $d\times$ 壁厚 t”表示，如 D180 ×8 等，国产热轧无缝钢管的最大外径可达 630 mm。供货长度为 3 ~12 m。焊接钢管的外径可做得更大，一般由施工单位卷制。

3）钢板

用光面轧辊轧制而成的扁平钢材称为钢板。建筑用钢板主要是碳素结构钢。按轧制的温度不同，钢板分为热轧和冷轧两种。按厚度分，钢板有厚钢板（厚度 >4 mm）、薄钢板（厚度为 0.35 ~4 mm）和扁钢（或带钢）之分。厚钢板可用作焊接结构，常用做大型梁、柱等实腹式构件的翼缘和腹板，以及节点板等；薄钢板主要用来制造冷弯薄壁型钢；扁钢可用作焊接组合梁、柱的翼缘板、各种连接板、加劲肋等。钢板还可用来弯曲为型钢。钢板截面的表示方法为在符号“ - ”后加“宽 × 厚”，如 -200 ×20 等。钢板的供应规格如下：

①厚钢板：厚 4.5 ~60 mm，宽 600 ~3 000 mm，长 4 ~12 m。

②薄钢板：厚 0.35 ~4 mm，宽 500 ~1 500 mm，长 0.5 ~4 m。

③扁钢：厚 4 ~60 mm，宽 12 ~200 mm，长 3 ~9 m。

4）钢结构用钢的选用

选择钢材的目的是要在保证结构安全可靠的基础上，经济合理地使用钢材。通常应考虑以下因素：

（1）选择钢材的依据

钢结构中选择钢材，主要从以下几个方面进行考虑：

①结构或构件的重要性。

②荷载性质（静力荷载或动力荷载）。

③连接方法（焊接、铆钉或螺栓连接）。

④工作条件（温度及腐蚀介质）。

（2）钢结构选材要求

①承重结构用钢材宜采用 Q235 钢、Q345 钢、Q390 钢和 Q420 钢，其质量应符合现行标准的规定。

②下列情况的承重结构和构件不应采用 Q235 沸腾钢：

a. 焊接结构。直接承受动力荷载或振动荷载，且需要验算疲劳结构；工作温度低于 -200 ℃时的直接承受动力荷载或振动荷载，但可不验算疲劳的结构以及承受静力荷载的受弯和受拉的重要承重结构；工作温度等于或低于 -300 ℃的所有承重结构。

b. 非焊接结构。工作温度等于或低于 -20 ℃的直接承受动力荷载且需要验算疲劳的结构。

③承重结构采用的钢材应具有抗拉强度、伸长率、屈服强度和硫、磷含量的合格保证，对焊接结构尚应具有碳含量的合格保证。焊接承重结构以及重要的非焊接承重结构采用的钢材还应具有冷弯试验的合格保证。对于需要验算疲劳的焊接结构钢材，应具有常温冲击韧性的合格保证。

【课堂思考与讨论 4-5】

简述各种型钢的用途？

任务三 钢材的防腐、防火

【任务背景】 钢材虽然有许多优点,但生锈腐蚀是一个致命的缺点,国内外因锈蚀导致的钢筋混凝土结构及钢结构事故时有发生。生锈腐蚀将会引起构件截面减小,承载力下降,尤其是腐蚀产生的“锈坑”将使钢结构脆性破坏的可能性增大。在影响安全性的同时,也将严重影响钢结构的耐久性,使得维护费用高。有关资料统计,世界钢结构产量约1/10因腐蚀而报废;混凝土中的钢筋腐蚀后,产生体积膨胀,使混凝土顺筋开裂。因此,为保证钢材在工作过程中不被腐蚀,必须采取防护腐蚀措施。

钢材是不燃材料,但这并不表明钢材能够抵抗火灾。因为耐火试验和火灾案例调查表明,温度在200 ℃以内,可认为钢材的性能基本不变;当温度超过300 ℃后,弹性模量、屈服强度和极限强度均显著下降,应变急剧增大;达到600 ℃时,已失去承载能力。所以,钢材必须进行防火处理。

1.钢材的防腐

1)钢材的锈蚀

钢材的锈蚀是指其表面与周围介质发生化学反应而遭到破坏的过程,根据锈蚀的作用机理,钢材的锈蚀可分为化学锈蚀和电化学锈蚀两种。

(1)化学锈蚀

化学锈蚀是指钢材直接与周围介质发生化学反应而产生的锈蚀,这种锈蚀大多数是氧化作用,使钢材表面形成疏松的氧化物。在常温下,钢材表面能形成一薄层钝化能力很弱的氧化保护膜,它疏松、易破裂,有害介质可进一步渗入而继续发生反应,造成锈蚀。因而在干燥环境下,钢材锈蚀进展缓慢,但在温度和湿度较高的环境中,化学锈蚀进展加快。

(2)电化学锈蚀

电化学锈蚀是建筑钢材在存放和使用中发生锈蚀的主要形式。它是指钢材与电解质溶液接触而产生电流,形成微电池而引起的锈蚀。钢材含有铁、碳等多种成分,由于这些成分的电极电位不同,形成许多微电池。在潮湿环境中的钢材表面会被一层电解质水膜所覆盖,在阳极区铁被氧化成Fe^{2+}离子进入水膜,因为水中溶有来自空气中的氧,故在阴极区氧将被还原为OH^-离子,两者结合成不溶于水的$Fe(OH)_2$,并进一步氧化成疏松易剥落的红棕色铁锈$Fe(OH)_3$,电化学锈蚀是钢材最主要的锈蚀形式。

影响钢材锈蚀的主要因素是水、氧及介质中所含的酸、碱、盐等。同时钢材本身的组织成分对锈蚀影响也很大。埋于混凝土中的钢筋,由于普通混凝土的pH值为12左右,处于碱性环境,使其表面形成一层碱性保护膜,具有较强的阻止锈蚀继续发展的能力,故混凝土中的钢筋一般不易锈蚀。

2)防止钢材锈蚀的措施

(1)提高产品本身防锈蚀的能力

钢材的组织及化学成分是引起锈蚀的内因,通过调整钢的基本组织或加入某些合金元素,可有效提高钢材的抗腐蚀能力,例如,在钢中加入一定量的合金元素铬、镍、钛等制成不锈钢,可提高耐锈蚀能力。

(2)在使用过程中增加保护层

常用方法是在表面施加保护层,使钢材与周围介质隔离,保护层可分为金属保护层和非金属保护层两类。

金属保护层是用耐蚀性较好的金属,以电镀或喷镀的方法覆盖在钢材表面,如镀锌、镀锡、镀铬等。薄壁钢材可采用热浸镀锌或镀锌后加涂塑料涂层等措施。

非金属保护层常用的是在钢材表面刷漆,常用底漆有红丹、环氧富锌漆、铁红环氧底漆等;面漆有调和漆、醇酸磁漆、酚醛磁漆等。该方法简单易行,但不耐久。此外,还可采用塑料保护层、沥青保护层、搪瓷保护层等。

(3)混凝土配筋的防锈措施

根据结构性质和所处环境条件等考虑混凝土的质量要求,主要是保证混凝土的密实度(控制最大水灰比和最小水泥用量,加强振捣)、保证足够的保护层厚度、限制氯盐外加剂的掺量和保证混凝土一定的碱度等,还可掺用阻锈剂(如亚硝酸钠等),国外有采用钢筋镀锌、镀镍等方法。对于预应力钢筋,一般含碳量较高,又多系经过变形加工或冷加工,因而对锈蚀破坏较敏感,特别是高强度热处理钢筋,容易产生应力锈蚀现象。所以重要的预应力承重结构,除禁止掺用氯盐外,应对原材料进行严格检验。

2. 钢材的防火

1)钢材不耐火的原因

①在高温下强度降低快。在建筑结构中广泛使用的普通低碳钢温度超过 350 ℃,强度开始大幅度下降,在 500 ℃时约为常温时的 1/2,600 ℃时约为常温时的 1/3。冷加工钢筋和高强钢丝在高温下强度下降明显大于普通低碳钢筋和低合金钢筋,因此,预应力钢筋混凝土构件,耐火性能远低于非预应力钢筋混凝土构件。

②钢材热导率大,易于传递热量,使构件内部升温快。

③高温下钢材塑性增大,易于产生变形。钢构件面积较小,热容量小,升温快。处于火灾高温下的裸露钢结构通常在 15 min 左右即可丧失承载能力,发生倒塌破坏。

2)钢材防火措施

由于钢材不耐火,对钢结构采取防火措施就尤为重要。钢结构防火的基本原理是采用绝热或吸热材料,阻隔火焰和热量,或涂层吸热后部分物质分解出水蒸气或其他不燃气体,降低火焰温度和延缓燃烧,推迟钢结构的升温速度。钢结构的防火保护措施主要有以下几种。

①外包层,就是在钢结构外表添加外包层,可现浇成型,也可采用喷涂法。现浇成型的实体混凝土外包层通常用钢丝网或钢筋来加强,以限制收缩裂缝,并保证外壳的强度。喷涂法可以在施工现场对钢结构表面涂抹砂泵以形成保护层,砂泵可以是石灰水泥或石膏砂浆,也可掺入珍珠岩或石棉。同时外包层也可用珍珠岩、石棉、石膏或石棉水泥、轻混凝土做成预制板,采用胶黏剂、钉子、螺栓固定在钢结构上。

②充水(水套),空心型钢结构内充水是抵御火灾最有效的防护措施,这种方法能使钢结构在火灾中保持较低的温度、水在钢结构内循环、吸收材料本身受热的热量。受热的水经冷却后可以进行再循环或由管道引入凉水来取代受热的水。

③屏蔽,钢结构设置在耐火材料组成的墙体或顶棚内或将构件包藏在两片墙之间的空

隙里，只要增加少许耐火材料或不增加即能达到防火的目的。这是一种最为经济的防火方法。

④涂刷防火涂料。采用钢结构防火涂料保护构件，这种方法具有防火隔热性能好、施工不受钢结构几何形体限制等优点，一般不需要添加辅助设施且涂层质量轻，还有一定的美观装饰作用，属于现代的先进防火技术措施。

【课堂思考与讨论 4-6】

(1)查询《建筑钢结构防火技术规范》(GB 51249—2017)，了解单层、多层和高层建筑的耐火极限及相关规定。

(2)查询资料，了解美国金门大桥的防腐措施?

任务四　钢筋进场检验及堆放

【任务背景】 钢材质量的优劣，直接影响构件的安全性和使用寿命。为此，在施工中应加强钢材原材料的进场交货检验，同时，钢材进场后应进行妥善的存储与保管，以便施工中方便取用、加工与保证钢材不被腐蚀。以钢筋混凝土结构中用量最大的热轧钢筋为主要任务实施对象，结合《混凝土结构工程施工质量验收规范》(GB 50204—2015)中的相关规定，进行钢筋进场交货验收、质量检验与存储等方面的知识学习。

1.钢筋的进场检验

国家标准《混凝土结构工程施工质量验收规范》(GB 50204—2015)中规定，主控项目：钢筋进场时，应按国家现行相关标准的规定抽取试件作屈服强度、抗拉强度、伸长率、弯曲性能和质量偏差检验，检验结果应符合相应标准的规定。一般项目：进场时和使用前要全数检查钢筋外观质量。

1)检验批组批规则

钢筋应按批进行检查与验收，每批由同一牌号、同一炉罐号、同一尺寸的钢筋组成。每批质量不大于60 t；超过60 t的部分，每增加40 t(或不足40 t的余数)，增加一个拉伸试验试样和一个弯曲试验试样。当满足下列条件之一时，其检验批容量可扩大一倍：

①获得认证的钢筋、成型钢筋。

②同一厂家、同一牌号、同一规格的钢筋，连续三批均一次检验合格。

③同一厂家、同一类型、同一钢筋来源的成型钢筋，连续三批均一次检验合格。

2)检验项目与取样

每批钢筋的检验项目、取样数量、取样方法和试验方法应符合表4-4的规定。

表4-4　检验项目与取样相关规定

序号	检验项目	取样数量	取样方法	试验方法
1	拉伸	2	不同根(盘)钢筋切取	GB/T 28900 和 8.2
2	弯曲	2	不同根(盘)钢筋切取	GB/T 28900 和 8.2
3	反向弯曲(热轧带肋钢筋)	1	任一根(盘)钢筋切取	GB/T 28900 和 8.2

续表

序号	检验项目	取样数量	取样方法	试验方法
4	尺寸	逐支(盘)	—	GB/T 1499 和 8.3
5	表面	逐支(盘)	—	目视
6	质量偏差	GB/T 1499 和 8.4		

取样时建设单位、监理单位、施工单位均需有专人到场见证；取样时端头部分应去掉；取样时切口应平滑，与长度方向垂直且不应小于 500 mm，如图 4-13 所示。

图 4-13　钢筋取样

3）检查质量证明书与标志

钢材质量检验除了进行取样检验外，还需进行钢材的相关产品质量证明书与标志等的检查。

(1)质量证明书

每批交货的钢筋都应附有质量证明书(图 4-14)。通过质量证明书核实该批钢筋所达质量标准要求和订货合同的质量要求是否一致。质量证明书应由供方质量监督部门盖章。质量证明书应包括以下内容：

①供方名称或商标。

②需方名称。

③质量证明书签发日期或发货日期。

④产品标准号。

⑤牌号。

⑥炉(批)号、交货状态、质量、根数或件数。

⑦品种名称、尺寸(型号或规格)和级别。

⑧产品标准和合同中所规定的各项检验结果。

⑨供方质量监督部门印记。

(2)标志

成捆(盘)交货的钢筋，每捆(盘)至少贴(挂)两个标签或挂两个吊牌(每根钢筋做有标志时，可没有标签或吊牌)作为产品标志。标志的内容应至少包括制造厂名称或商标、产品

浙江冈本钢铁有限公司
产品质量证明书

浙江丽水遂昌　邮编：323300
TEL：（0578）8196×××

订货单位 Customer	瑞安市×××××材料有限公司		合同号 Contract No	质证号 Ceritificate ID	2012010203201
牌号 Stell Grade	HRB335		出库单号 Delivery ID	签发日期 Date Of Issue	2020.03.14
交货标准 Specification	GB1499.2—2007	产品名称 Product	热轧带肋钢筋	许可证号 License No.	XK05-001-00012

序号 No.	炉批号 Heat No.	规格 mm	件数 Qty.	质量 Mass	化学成分Chemical Compisition/%									拉伸性能 Tensile				
					碳	锰	硅	硫	磷	钒	铌	铬	Ceq	Rel	Rm	A	冷弯	备注
				T	C	Mn	Si	S	P	V	Nb	Cr					B.T.	Remarks
1	11131	10	38	63.308	0.23	1.26	0.58	0.035	0.033				0.44	410	605	29	合格	
2	11125	12	25	41.950	0.20	1.32	0.54	0.038	0.037				0.43	380	570	23	合格	
合计			63	105.258														

综合判定 Fin Alresut	合格 Pass	注意事项 Attentive Items	1.质量证明书复印不作有效证明文件。The copy of this Certificate is invalid. 2.用户验货后使用如有异议应及时告知炉批号、牌号，并保留实物及标志。The heat no. and steel grade will be sent to ours in time by the customer, if the comlain were happed after inspection keep int the material and the markin card.	浙江冈本钢铁有限公司 质检印章 质检专用章	签证人 Visa 柏小英

图 4-14　质量证明文件

名称、产品标准号、牌号、炉/批号、产品规格或型号，长度、质量或每捆根数。根据需求，也可增加主要性能指标、尺寸精度级别、条码或二维码等内容。吊牌在固定时应用铁丝、U 形钉、平头钉等固定在钢筋上。

对于直径大于 10 mm 的热轧带肋钢筋，在其表面还应轧有牌号标志、生产企业号(许可证后 3 位数字)和公称直径毫米数字，还可轧上经注册的厂名或商标(图 4-15)。钢筋牌号以阿拉伯数字或阿拉伯数字加英文字母表示，HRB400，HRB500，HRB600 分别以 4，5，6 表示；HRBF400，HRBF500 分别以 C4，C5 表示；HRB400E，HRB500E 分别以 4E，5E 表示；HRBF400E，HRBF500E 分别以 C4E，C5E 表示。厂名以汉语拼音字头或商标表示。公称直径毫米数以阿拉伯数字表示。直径不大于 10 mm 的钢筋，可不做轧制标志，可采用挂标牌方法。(带肋)钢筋表面标志示意图如图 4-16 所示。

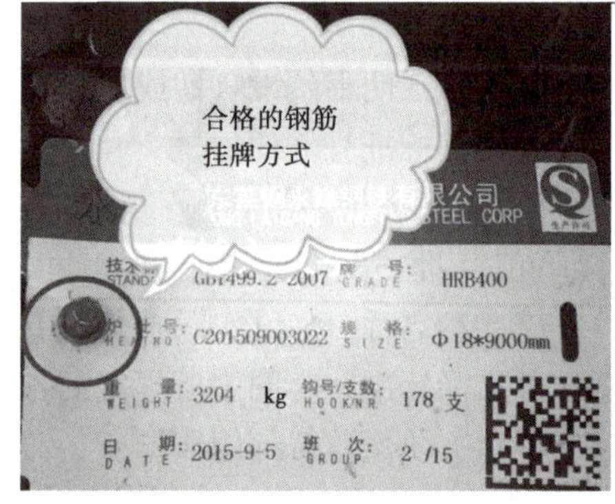

图 4-15　挂吊牌

图 4-16　（带肋）钢筋表面标志示意图

（3）复核信息

进场检验时，要注意检查钢筋原材料质量证明书（图 4-14）中厂名、生产日期、炉罐号、钢筋级别、直径等信息是否与每捆钢筋上的挂牌一致（重点注意捆数、直径、炉罐号），如图 4-17 所示，核对炉罐号是否一致。如果是带肋钢筋，还需检查钢筋表面标志与挂牌信息的直径、牌号等是否一致。检查质量证明书（原件）中是否盖有红章。

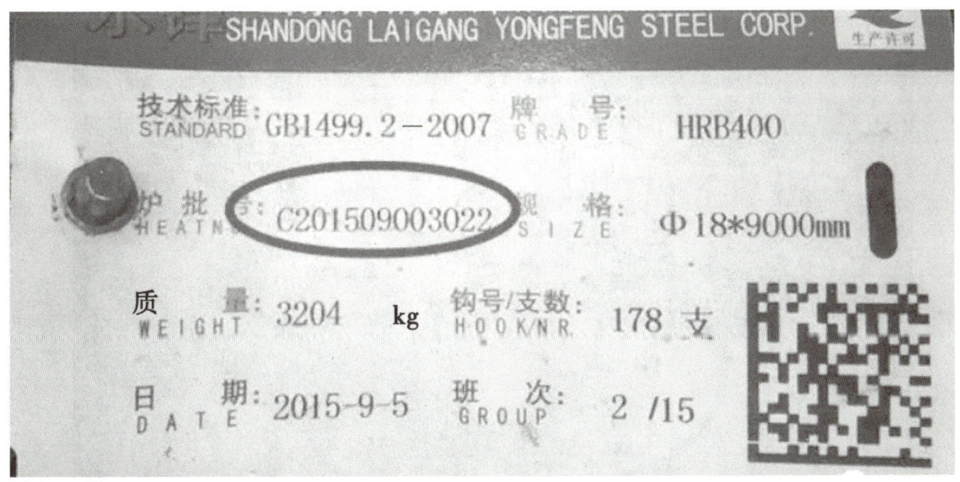

客户名称 SOLD TO	青岛海泉金属制品有限公司		装车作业单号 DELIVERY NO
收货单位 CONSIGNEE			车号 CAR NO.
产品标准 SPEC	GB 1499.2 2007		订单到站 ORDER DESC
生产许可证 PERMISSION NO.	XK05-001-00212	T/C 1/0	客户采购案号 CUST ORDER

项次 ITEM NO.	牌号 GRADE	炉号 HEAT NO.	炉批号 LOT NO.	尺寸及规格 MATERIAL DESCRIPTION 产品尺寸 PRODUCT SIZE	数量 QTY	质量 WEIGHT(t)	化学成分% CHEMICAL ANALYS C	Si	Mn	P
							10^2	10^2	10^2	10^3
规格 SPECIFICATION							0 25	0 80	0 160	0 45
002	HRB400	15211415	C201509003022	18mm*9000mm	5	16.02	22	23	132	27

图 4-17　检查炉罐号是否与现场挂牌钢筋一致

4)钢材表面质量检验

质量良好的钢筋应平直、无损伤;表面不得有裂纹、油污、颗粒状或片状老锈(钢筋表面如若有油污,原材料必须退场)。对于钢材表面质量检验,主要卷尺(测长度)、游标卡尺(测直径)等工具,通过目测,结合经验最终判定其表面质量是否良好。

2. 钢筋现场堆放

钢筋的堆放要减少钢材的变形和锈蚀,节约用地,也要便于提取钢材。钢筋现场堆放要满足以下要求:

①钢材应按不同的钢号、炉号、规格、长度等分别堆放。

②露天堆放时应加上简易的篷盖,或选择较高的堆放场地,四周有排水沟,雪后易于清扫。堆放时尽量使钢材截面的背面向上或向外,以免积雪、积水。

③堆放在有顶棚的仓库时,可直接堆放在地坪上(下垫楞木),对小钢材也可放在架子上,堆与堆之间应留出走道;堆放时每隔 5 ~6 层放置楞木,其间距以不引起钢材明显的弯曲变形为宜。楞木要上下对齐,在同一垂直平面内。

④为增加堆放钢材的稳定性,可使钢材互相勾连,或采用其他措施。这样,钢材的堆放高度可达堆放宽度的两倍。否则,钢材的堆放高度不应大于其宽度,一堆中,上下相邻的钢材须前后错开,以便在其端部固定标牌(图 4-18)和编号。标牌应标明钢材的规格、钢号、数量和材质验收证明书号,并在钢材端部根据其钢号涂以不同颜色的油漆。

图 4-18　钢筋标识牌

⑤应定期检查钢材的标牌。选用钢材时,应按顺序寻找,不得乱翻。

⑥不得将完整的钢材与已有锈伤的钢材混放在一起。凡是已经锈蚀的,应另放,并进行适当处理,将锈蚀处用硬钢丝刷刷净。

【课堂思考与讨论 4-7】

(1)钢筋进行现场取样后,应进行哪些性能测试?

(2)钢筋储存过程中应注意哪些问题?

课后作业

一、填空题

1. 钢按脱氧程度分为________、________、________。

2. ________是指钢材表面局部体积内抵抗变形或破坏的能力。

3. 钢材的工艺性能包括________、________。

4. 承受动荷载作用的钢结构不宜采用质量等级为________钢。

5. 低合金钢在拉伸过程中，其应力-应变的变化规律分为 4 个阶段，它们分别是________、________、________和________。

6. 钢材经冷拉或冷拔和时效处理后，其________、________均会提高，但其________、________会降低。

二、单项选择题

1. 在钢结构中常用(　　)，轧制成钢板、钢管、型钢来建造桥梁、高层建筑及大跨度钢结构建筑。

A. 碳素钢　　B. 低合金钢　　C. 热处理钢筋　　D. 冷拔低碳钢丝

2. 钢材中(　　)的含量过高，将导致其热脆现象发生。

A. 碳　　B. 磷　　C. 硫　　D. 硅

3. 钢材中(　　)的含量过高，将导致其冷脆现象发生。

A. 碳　　B. 磷　　C. 硫　　D. 硅

4. 钢结构设计中，钢材强度取值的依据是(　　)。

A. 屈服强度　　B. 抗拉强度　　C. 弹性极限　　D. 屈强比

5. 塑性的正确表述为(　　)。

A. 外力取消后仍保持变形后的现状和尺寸，不产生裂缝

B. 外力取消后仍保持变形后的现状和尺寸，但产生裂缝

C. 外力取消后恢复原来的现状，不产生裂缝

D. 外力取消后恢复原来的现状，但产生裂缝

6. 在一定范围内，钢材的屈强比小，表明钢材在超过屈服点工作时(　　)。

A. 可靠性难以判断　　B. 可靠性低，结构不安全

C. 可靠性较高，结构安全　　D. 结构易破坏

7. 对直接承受动荷载而且在负温下工作的重要结构用钢应特别注意选用(　　)。

A. 屈服强度高的钢材　　B. 冲击韧性好的钢材

C. 延伸率好的钢材　　D. 冷弯性能好的钢材

8. 随钢材含碳质量分数的提高(　　)其性能有何变化。

A. 强度、硬度、塑性都提高　　B. 强度提高，塑性下降

C. 强度下降，塑性上升　　D. 强度、塑性都下降

三、判断题

1. 沸腾钢是用强脱氧剂，脱氧充分、液面沸腾，故质量好。　　(　　)

2. 钢材经冷加工强化后其屈服点、抗拉强度、弹性模量均提高了,塑性降低了。 ( )
3. 质量等级为 A 级的钢,一般仅适用于静荷载作用的结构。 ( )
4. 钢材防锈的根本方法是防止潮湿和隔绝空气。 ( )
5. 热处理钢筋因强度高,综合性能好,质量稳定,故最适于普通钢筋混凝土结构。 ( )
6. 钢筋牌号 HRB335 中 335 指钢筋的极限强度。 ( )
7. 钢筋焊接接头力学性能试验应在每批成品中切取 6 个试件。 ( )

四、问答题

1. 何谓钢材的屈强比? 其在工程中的实际意义有哪些?
2. 钢材的技术性质主要有哪些?
3. 钢筋混凝土用热轧钢筋有哪些牌号? 其表示的含义是什么?
4. 建筑钢材的主要检验项目有哪些? 分别反映钢材的什么性质?

项目五

砌筑工程施工材料——墙体原材料及建筑砂浆选用与配制

【学习目标】

一、知识目标

1. 掌握墙体材料的品种及特点。
2. 认识新型装配式建筑中墙板的特点及应用。
3. 掌握建筑砂浆品种及应用，能进行砂浆配合比设计。
4. 认识预拌砂浆，了解预拌砂浆的品种、特点及储存、应用范围等。

二、技能目标

1. 通过对墙体材料的学习，能根据其特性选择合适的墙体材料。
2. 针对建筑工程中不同的要求，能进行砌筑砂浆配合比设计、建筑砂浆的技术性质测定及其进场复验。
3. 认识常见的预拌砂浆，能合理进行预拌砂浆正确储存及常见质量通病的分析。

【问题导论】

墙体材料是指用来砌筑、拼装或用其他方法构成承重墙、非承重墙的材料。它是建筑材料的一个重要组成部分，在房屋建筑材料中墙体材料占总量的70%。根据墙体在房屋建筑中的作用不同，所组成的墙体材料也应有所不同。建筑物的外墙要经受外界气温变化影响及风吹、雨淋、冰雪等的侵蚀，故对外墙材料的选择，除应满足承重要求外，还要考虑保温、隔热、坚固、耐久、防水、抗冻等方面的要求；对内墙则应考虑选择防潮、隔声、轻质的材料。因此，在选择墙体材料时，应结合建筑物的功能要求，合理选择墙体材料。同时，绿色装配式建筑的大力发展，也促进了墙体材料的部品部件的快速发展，在掌握传统墙体材料的同时，积极了解和选用新型墙体材料，推进其发展也显得尤为重要。

建筑砂浆是将墙体材料黏结为整体的一种材料，是建筑工程中的一项用量大、用途广的建筑材料。除了砌筑用的砂浆外,还有很多其他用途的砂浆。认识砂浆,了解砂浆的特性,掌握砂浆配合比设计,是保证砂浆满足工程质量要求的前提。随着建筑业技术进步和文明施工要求的提高,现场拌制砂浆日益显示出其固有的缺陷,为提高砌筑工程质量,满足文明施工要求,我国从 20 世纪 90 年代开始研究应用预拌砂浆这一新型建筑材料,现在预拌砂浆技术已经比较成熟。采用工业化生产的预拌砂浆,它是保证建筑工程质量、提高建筑施工现代化水平、实现资源综合利用、减少城市污染、改善大气环境、发展散装水泥、实现可持续发展的一项重要举措。

【学习内容】

任务一　认识与选用墙体原材料

子任务一　认识砌墙砖、建筑砌块及选用对比

【任务背景】 墙体是房屋建筑的重要组成部分,墙体材料的质量好坏直接影响建筑物的使用功能。传统墙体材料(如黏土砖)的生产损毁大量耕地,对环境产生严重污染,在如今工程中已禁止采用。针对传统材料的弊端,国家大力推广新型墙体材料,这些新型墙体材料普遍具有保温、隔热、隔声、轻质等功能,同时具有强度高、施工效率高等优势。现今,新型墙体材料种类繁多,必须逐一掌握其性能,结合工程所需,才能进行正确选择,确保建筑物各项功能得以实现。

1. 砌墙砖

砌墙砖是指以黏土、工业废料或其他地方材料为主要原料,以不同工艺制造的、用于砌筑承重墙体和非承重墙体的墙砖。砌墙砖按照生产工艺分为烧结砖和非烧结砖。经焙烧制成的砖为烧结砖,经炭化或蒸汽(压)养护硬化而成的砖属于非烧结砖。按照孔洞率(砖上孔洞和槽的总体积与按外廓尺寸算出的体积之比的百分率)的大小,砌墙砖分为实心砖、多孔砖和空心砖。实心砖是没有孔洞或孔洞率小于 15% 的墙砖;多孔砖是孔洞率等于或大于 15%、孔的尺寸小而数量多的墙砖;空心砖是孔洞率等于或大于 15%、孔的尺寸大而数量少的墙砖。

1)烧结普通砖

烧结普通砖是以黏土、页岩、煤矸石、粉煤灰为主要原料,经焙烧而成的普通砖,按主要原料分为烧结黏土砖(符号为 N)、烧结页岩砖(符号为 Y)、烧结煤矸石砖(符号为 M)和烧结粉煤灰砖(符号为 F)。

烧结普通砖的公称尺寸是 240 mm×115 mm×53 mm,如图 5-1 所示,通常将 240 mm×115 mm 面称为大面,240 mm×53 mm 面称为条面,115 mm×53 mm 面称为顶面。烧结普通砖根据抗压强度分为 MU30,MU25,MU20,MU15、MU10 共 5 个强度等级。

烧结普通砖具有较高的强度、较好的耐久性及隔热、隔声、价格低廉等优点,加之原料广泛、工艺简单,所以是应用历史最久、应用范围最广的墙体材料。烧结普通砖也可用来砌筑柱、拱、烟囱、地面及基础等,还可与轻集料混凝土、加气混凝土等复合砌筑成各种轻质墙体。

在砌体中配置适当的钢筋或钢丝网也可制作砖柱、砖过梁等，代替钢筋混凝土柱、过梁使用。烧结普通砖的缺点是大量毁坏土地，特别是黏土砖，破坏生态、能耗高、砖的自重大、尺寸小、施工效率低、抗震性能差等。

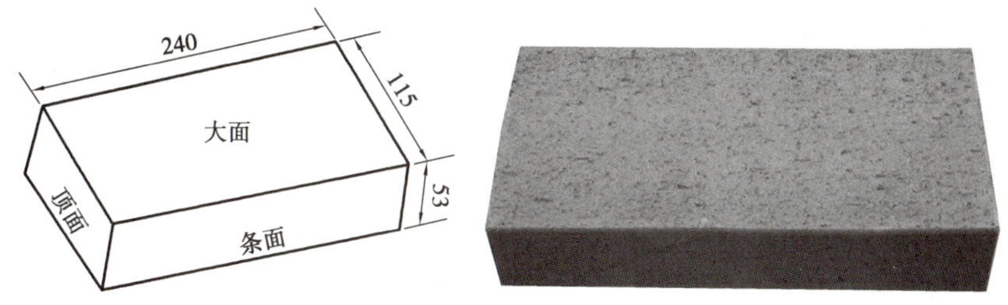

图 5-1 烧结砖的尺寸及平面名称(单位:mm)

2)烧结多孔砖和烧结空心砖(砌块)

在现代建筑中，由于高层建筑的发展，对烧结砖提出了减轻自重、改善绝热和吸声性能的要求，因此出现了烧结多孔砖、烧结空心砖和空心砌块，如图 5-2 所示。它们与烧结普通砖相比，具有一系列优点：可使建筑物自重减轻 1/3 左右，节约黏土 20% ~30%，节省燃料 10% ~20%，且烧成率高，造价降低 20%，施工效率提高 40%，并能改善砖的绝热和隔声性能；在相同的热工性能要求下，用空心砖砌筑的墙体厚度可减薄半砖左右。烧结多孔砖因其强度较高，绝热性能优于普通砖，一般用于砌筑 6 层以下建筑物的承重墙；烧结空心砖主要用于非承重的填充墙和隔墙。

(a)烧结多孔砖

(b)烧结空心砖

图 5-2 烧结多孔砖和烧结空心砖

3)非烧结砖

不经焙烧而制成的砖均为非烧结砖，如碳化砖、免烧免蒸砖、蒸养(压)砖等。目前应用较广的是蒸养(压)砖，这类砖是以含钙材料(石灰、电石渣等)和含硅材料(砂子、粉煤灰、煤矸石、灰渣、炉渣等)与水拌和，经压制成型、常压或高压蒸汽养护而成，主要品种有蒸压灰砂砖、蒸压(养)粉煤灰砖等(图 5-3)。

(1)蒸压灰砂砖

蒸压灰砂砖是用磨细生石灰(占 10% ~20%)和天然砂，经混合搅拌、生石灰陈化、轮碾、加压成型、蒸压养护(175 ~191 ℃，0.8 ~1.2 MPa 的饱和蒸汽)而成的。

按抗压强度和抗折强度分为 MU25，MU20，MU15，MU10 共 4 个强度等级。根据尺寸偏差、外观质量、强度和抗冻性分为优等品(A)、一等品(B)和合格品(C)。蒸压灰砂砖有彩色的(Co)和本色的(N)两类,本色为灰白色,若掺入耐碱颜料可制成彩色砖。

灰砂砖表面光滑平整,使用时应注意提高砖与砂浆间的黏结力。灰砂砖中的某些水化产物(氢氧化钙、碳酸钙等)不耐酸也不耐热,因此,不得用于长期受热 200 ℃以上、受急冷急热和有酸性介质侵蚀的建筑部位,也不宜用于有流水冲刷的部位;15 级以上的砖可用于基础及其他建筑部位,10 级砖只可用于防潮层以上的建筑部位。

(2)蒸压(养)粉煤灰砖

蒸压(养)粉煤灰砖是以粉煤灰和石灰为主要原料,掺入适量的石膏和集料,经坯料制备、压制成型、高压或常压蒸汽养护而制成的,其颜色呈深灰色,表观密度约为 1 500 kg/m^3。

蒸压(养)粉煤灰砖根据抗压强度和抗折强度分为 MU20,MU15,MU10,MU7.5 共 4 个强度等级,按尺寸偏差、外观质量、强度和干燥收缩率分为优等品(A)、一等品(B)和合格品(C)。

蒸压(养)粉煤灰砖可用于工业与民用建筑的墙体和基础,但用于基础或易受冻融和干湿交替作用的建筑部位时,必须使用一等品和优等品。蒸压(养)粉煤灰砖不得用于长期受热 200 ℃以上、受急冷急热和有酸性介质侵蚀的建筑部位。为避免或减少收缩裂缝的产生,用蒸压(养)粉煤灰砖砌筑的建筑物应适当增设圈梁及伸缩缝。

图 5-3　蒸压灰砂砖、蒸压(养)粉煤灰砖

2. 砌块

砌块是一种形体大于砌墙砖的人造块材,一般为直角六面体,按尺寸大小分为大型、中型和小型。目前,我国以生产中小型砌块为主。块高大于 980 mm 者为大型砌块,块高在 380 ~ 980 mm 者为中型砌块,块高小于 380 mm 者为小型砌块。按材料分为混凝土砌块、水泥砂浆砌块、加气混凝土砌块、粉煤灰硅酸盐砌块、煤矸石砌块、人工陶粒砌块、矿渣废料砌块等。砌块高度一般不大于长度或宽度的 6 倍,长度不超过高度的 3 倍。

砌块多采用地方材料和工农业废料,材料来源广,可节约黏土资源,并且制作、使用方便,由于砌块的尺寸比砖大,故用砌块来砌筑墙体可提高施工速度,改善墙体的功能。

1)蒸压加气混凝土砌块

蒸压加气混凝土砌块(简称“加气混凝土砌块”,图 5-4)是以钙质材料(水泥、石灰等)、硅质材料(砂、粉煤灰、粒化高炉矿渣等)和水按一定比例配合,加入少量发气剂(铝粉)和外加剂,经搅拌、浇筑、切割、蒸压养护等工序制成的一种轻质、多孔墙体材料,是一种保温隔热、防火性能良好,可钉、可锯、可刨和具有一定抗震能力的新型建筑材料。

图 5-4　蒸压加气混凝土砌块

(1)砌块规格尺寸

砌块规格尺寸有两个系列,见表 5-1。

表 5-1　砌块规格尺寸

序号	长度 L/mm	宽度 B/mm	高度 H/mm
1	600	75,100,125,150,175,200,…(以 25 递增)	200,250,300
2	600	60,120,180,240,300,360,…(以 60 递增)	240,300

注:如需要其他规格,可由供需双方协商解决。

(2)砌块分级

加气混凝土砌块按立方体抗压强度分为 A1.0,A2.0,A2.5,A3.5,A5.0,A7.5 和 A10.0 共 7 个级别,见表 5-2。按干密度分有 B03,B04,B05,B06,B07 和 B08 6 个级别,见表 5-3。砌块按尺寸偏差与外观质量、干密度、抗压强度和抗冻性分为优等品(A)、一等品(B)、合格品(C)3 个等级。砌块的强度等级应符合表 5-4 的要求。

表 5-2　蒸压加气混凝土砌块的立方体抗压强度

强度级别	立方抗压强度/MPa	
	平均值不小于	单组最小值不小于
A1.0	1.0	0.8
A2.0	2.0	1.6
A2.5	2.5	2.0
A3.5	3.5	2.8
A5.0	5.0	4.0
A7.5	7.5	6.0
A10.0	10.0	8.0

表 5-3　砌块的干密度

<table>
<tr><th colspan="2">干密度级别</th><th>B03</th><th>B04</th><th>B05</th><th>B06</th><th>B07</th><th>B08</th></tr>
<tr><td rowspan="2">干密度 /(kg·m^{-3})</td><td>优等品(A)</td><td>≤300</td><td>≤400</td><td>≤500</td><td>≤600</td><td>≤700</td><td>≤800</td></tr>
<tr><td>优等品(B)</td><td>≤325</td><td>≤425</td><td>≤525</td><td>≤625</td><td>≤725</td><td>≤825</td></tr>
</table>

表 5-4　砌块的强度级别

<table>
<tr><th colspan="2">干密度级别</th><th>B03</th><th>B04</th><th>B05</th><th>B06</th><th>B07</th><th>B08</th></tr>
<tr><td rowspan="2">干密度 /(kg·m^{-3})</td><td>优等品(A)</td><td rowspan="2">A1.0</td><td rowspan="2">A2.0</td><td>A2.5</td><td>A5.0</td><td>A7.5</td><td>A10.0</td></tr>
<tr><td>优等品(B)</td><td>A3.5</td><td>A3.5</td><td>A5.0</td><td>A7.5</td></tr>
</table>

蒸压加气混凝土砌块的质量轻,仅为黏土砖的 1/3 左右。对承载力较低的地区的高层建筑可以简化基础,提高抗震能力,降低建筑物自重的作用。由于蒸压加气混凝土砌块具有良好的保温隔热性能,可以节约采暖及制冷能耗;与黏土砖保温效果相同时,可大大降低墙体厚度,节约材料用量,降低建设投资。同时增加建筑的使用面积;又由于蒸压加气混凝土砌块质量轻、块形大,可提高施工和运输效率,缩短施工周期,降低工程造价。

蒸压加气混凝土砌块适用于各类建筑地面(±0.000)以上的内外填充墙和地面以下的内填充墙(有特殊要求蒸压加气混凝土砌块的墙体除外)。蒸压加气混凝土砌块不应直接砌筑在楼面、地面上。对于厕浴间、露台、外阳台以及设置在外墙面的空调机承托板与砌体接触部位等经常受干湿交替作用的墙体根部,宜浇筑宽度同墙厚、高度不小于 0.2 m 的 C20 素混凝土墙垫;对于其他墙体,宜用蒸压灰砂砖在其根部砌筑高度不小于 0.2 m 的墙垫。

2)普通混凝土小型砌块

普通混凝土小型砌块是以水泥、砂、石、水、矿物掺合料等为原料材料,经搅拌、振动成型、养护而成的小型砌块。

普通混凝土小型砌块按空心率分为空心砌块(空心率不小于 25% ,代号为 H)和实心砌块(空心率小于 25% ,代号为 S);按使用时砌筑墙体的结构和受力情况,分为承重砌块(代号为 L,简称“承重砌块”)和非承重砌块(代号为 N,简称“非承重砌块”)。普通混凝土小型砌块也可按抗压强度进行分级,详见表 5-5。

表 5-5　普通混凝土小型砌块的强度等级

砌块种类	承重砌块(L)/MPa	非承重砌块(N)/MPa
空心砌块(H)	7.5,10.0,15.0,20.0,25.0	5.0,7.5,10.0
实心砌块(S)	15.0,20.0,25.0,30.0,35.0,40.0	10.0,15.0,20.0

普通混凝土小型砌块是目前国内技术条件最成熟、应用量最大的混凝土墙材制品。普通混凝土小型砌块作为烧结砖的替代材料,适用于地震设计烈度为 8 度及 8 度以下地区的一般民用与工业建筑物的内墙和外墙,如果利用砌块的空心配置钢筋,可用于建造高层砌块建筑。

3）粉煤灰砌块

粉煤灰砌块是以粉煤灰、石灰、石膏和集料等为原料，加水搅拌、振动成型、蒸汽养护而成的。粉煤灰砌块形状为直角六面体，主要规格尺寸为880 mm×380 mm×240 mm和880 mm×430 mm×240 mm。

粉煤灰砌块适用于一般建筑物的墙体和基础，但由于粉煤灰砌块的干缩值较大，变形大于同强度等级的水泥混凝土制品，因此不宜用于长期受高温影响的承重墙，也不宜用于有酸性介质侵蚀的部位。粉煤灰砌块可用于高层住宅、写字楼、宾馆、医院、学校等建筑物非承重墙体，钢结构建筑围护墙体，建筑物屋层面保温层、隔热层，恒温实验室保温、隔热墙，防火隔墙，房屋改造分户隔墙等。

【课堂思考与讨论5-1】

（1）谈谈我国为什么要禁止或限制使用烧结黏土砖墙体材料？

（2）在砌筑工程中，蒸压加气混凝土砌块相对于烧结黏土砖的优势有哪些？

（3）在框架结构中，如何选择各部位墙体材料？

子任务二　认识新型装配式建筑中的墙板

【任务背景】　装配式建筑由于建造速度快、生产成本较低、施工周期短、工业化程度高、环保效果好、便于实施复杂的保温节能措施等特点，得到了迅猛发展和广泛应用。装配式建筑墙体所用材料是各类墙板，这种墙板在工厂预制完成，可大大减少施工周期，减少施工环境污染。随着国家大力发展装配式建筑，其墙板也必将成为未来新型墙体材料发展的重点之一。

1.装配式建筑墙板的类型

随着装配式建筑技术的不断进步，装配式建筑中所用墙板的生产也发展迅速，品种日益繁多。根据其所处的建筑部位不同，墙板分为装配式建筑外墙板和装配式建筑内墙板，其中，外墙板多为带有保温层的钢筋混凝土复合板，内墙板多为钢筋混凝土的实心板或空心板（轻质隔墙板为实心的复合墙板）；根据工艺和连接方式将墙板划分为预制一体化墙板、组合墙板与条板。墙板属于地方性建筑材料，不论哪种类别的墙板，各地都会结合本地区生产所需原材料的实际情况进行积极生产与推广，可有效促进墙板种类的多样化。本书选择其中部分墙板产品进行介绍。

1）承重混凝土岩棉复合外墙板

承重混凝土岩棉复合外墙板（图5-5）是由钢筋混凝土结构承重层、岩棉保温层和饰面层复合而成的。承重混凝土岩棉复合外墙板厚度为250 mm，其中，钢筋混凝土结构承重层厚150 mm、岩棉保温层厚50 mm、饰面层厚50 mm。与传统的砖混墙体或膨珠、浮石、陶粒混凝土外墙板相比，该种复合外墙板除了具有适应承重要求的力学性能外，还符合民用建筑节能设计标准对其保温、隔热性能的要求，具有强度高、保温隔热性能好、施工方便等特点，冬季保温效果相当于厚度为490 mm的砖墙，热稳定性也优于厚度为370 mm的砖墙。但面密度较大，安装效率较低。

图 5-5　承重混凝土岩棉复合外墙板

2)薄壁混凝土岩棉复合外墙板

薄壁混凝土岩棉复合外墙板是由钢筋混凝土结构层(里层)、岩棉保温层(中层)和混凝土饰面层(外层)复合而成的非承重型复合外墙板,墙板厚度为 150 mm。它主要用作框架结构轻型建筑体系的非承重外墙。薄壁混凝土岩棉复合外墙板不但具有优良的保温、隔热性能,其冬季保温相当于 370 mm 的砖墙,而且比传统材料的外墙板质量轻很多,但制作工艺较复杂。

3)混凝土聚苯乙烯复合外墙板

混凝土聚苯乙烯复合外墙板(图 5-6)是由 70 mm 厚钢筋混凝土承重层(里层)、60 mm 或 80 mm 厚聚苯乙烯板保温层(中层)和 70 mm 厚钢筋混凝土饰面层(外层)复合而成的。这种复合外墙板可用作钢或钢筋混凝土框架结构、框架-抗震墙结构的围护外墙,也可应用于其他需要围护外墙的结构。它的平均传热系数仅为 0.58 W/(m^2 · K),约相当于 1 m 厚块的保温效果。但面密度较大,需要专用吊机安装。

图 5-6　混凝土聚苯乙烯复合外墙板

4)混凝土膨胀珍珠岩复合外墙板

混凝土膨胀珍珠岩复合外墙板(图 5-7)是由钢筋混凝土结构承重层、膨胀珍珠岩保温层和饰面层复合而成的。混凝土膨胀珍珠岩复合外墙板厚度为 300 mm，其中，承重层厚 150 mm，保温层厚 100 mm，饰面层厚 50 mm。该种复合外墙板除了具有适应承重要求的力学性能外，还能满足民用建筑节能设计标准对其的要求。混凝土膨胀珍珠岩复合外墙板的隔热、保温性能大大优于以往的轻混凝土外墙板，稍逊于混凝土岩棉复合外墙板，其冬季保温效果相当于厚度为 490 mm 的砖墙。但面密度大，需要专用吊机安装。

图 5-7　混凝土膨胀珍珠岩复合外墙板

5）钢丝网水泥保温材料夹芯板

钢丝网水泥保温材料夹芯板（图 5-8）是在工厂内将低碳冷拔钢丝焊成三维空间网架，中间填充轻质保温芯材（主要用阻燃的聚苯乙烯泡沫板）而制成的半成品，在施工现场再在夹芯板的两侧喷抹水泥砂浆或直接在工厂内全部预制完成。该种夹芯板具有质量轻、强度高、防震、保温和隔热、隔声性能好、防火性能好、抗湿、抗冻融性好、运输方便、损耗极少、施工方便经济等特点。能根据设计上的要求组装成各种形式的墙体，甚至可在板内预先设置管道、电气设备、门窗框等，然后在生产厂内或施工现场，再在板的钢丝上铺抹水泥砂浆，施工简便、快速，可加快施工进度。但制作工艺复杂，质量参差不齐。

图 5-8　钢丝网水泥保温材料夹芯板

6)SP 预应力空心板

SP 预应力空心板(图 5-9)的生产技术是采用美国 SPANCRETE 公司技术与设备生产的一种新型预应力混凝土构件。该板采取高强低松弛钢绞线为预应力主筋,用特殊挤压成型机,在长线台座上将特殊配合比的干硬性混凝土进行冲压和挤压一次成型,可生产各种规格的预应力混凝土板材。该产品具有表面平整光滑、尺寸灵活、跨度大、高荷载、耐火极限高、抗震性能好等优点及生产效率高、节省模板、无须蒸汽养护、可叠合生产等特点,但价格较高。

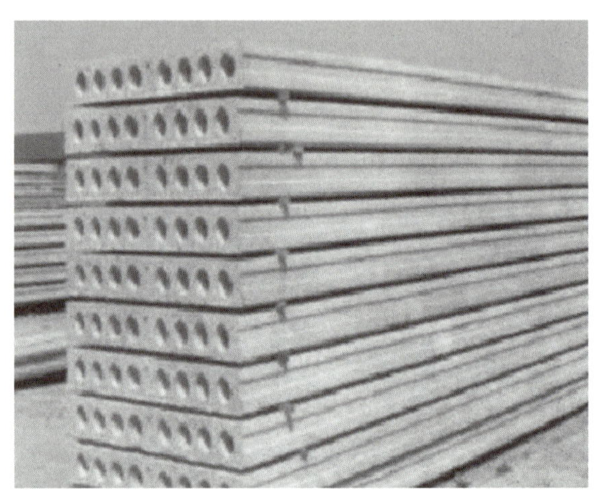

图 5-9　SP 预应力空心板

7)加气混凝土墙板

加气混凝土墙板(图 5-10)是以水泥、石灰、硅砂等为主要原料,再根据结构要求配置添加不同数量经防腐处理的钢筋网片的一种轻质多孔新型的绿色环保建筑材料墙板。该墙板高孔隙率致使材料的密度大大降低,墙板内部微小的气孔形成静空气层,减小了材料的热导率。因为墙板的孔隙率大,具有可锯、可钉、可钻和可黏结等优良的可加工性能,便于施工。该墙板同时具有良好的耐火性能、较高的孔隙率使材料具有较好的吸声性能等优点,已具有 50 多年的欧美发达国家推广应用经验,工艺技术成熟。加气混凝土墙板可用于装配式建筑的内外墙面。

图 5-10　加气混凝土墙板

8)挤出成型水泥纤维墙板

挤出成型水泥纤维墙板,简称ECP(图5-11)是以硅质材料(如天然石粉、粉煤灰、尾矿等)、水泥、纤维等主要原料,通过真空高压挤塑成型的中空型板材,然后通过高温高压蒸汽养护而成的新型建筑水泥墙板。通过挤出成型工艺制造出的新型水泥板材,相比一般板材强度更高、表面吸水率低、隔声效果更好。其优异的性能和丰富的表面,不仅可用作建筑外墙装饰,而且有助于提高外墙的耐久性及呈现出丰富多样的外墙效果。该种墙板可直接用作建筑墙体,减少多道墙体的施工工序,使墙体的结构围护、装饰、保温、隔声实现一体化。

图5-11　挤出成型水泥纤维墙板

2. 工程应用案例

北京通州大运河畔,一座以"世界眼光、国际标准、中国特色、高点定位"打造的未来之城正在崛起。其中,庄严恢宏、清雅肃穆的副中心行政办公区A2项目建筑组团(图5-12),正是北京市政府即将入驻的办公地。

图5-12　北京市副中心行政办公区(A2项目)

A2 项目应用的装配式外墙系统，是预制清水混凝土外挂板首次最大体量用于政府办公楼，整个外墙工程包含 139 种型号、共计 1 405 块外挂板。预制窗口型装配式挂板是 A2 项目的外墙主体，窗口单体重 7.1 t，尺寸达到 5.04 m×4.58 m×0.64 m；形式上包含各种装饰性线条、直角、斜截面、斜交截面、转角弧面等，其中各方向交叉面最多的一块达到 52 个平面，如图 5-13 所示。

图 5-13　北京市副中心行政办公区(A2 项目)外墙面

与以前的建筑外立面在结构框架外砌筑外墙体不同，北京城市副中心行政办公区首次大面积应用预制混凝土挂板幕墙(图 5-14)。设计亮点在于集成——预制墙板的设计融合了保温、防火、门窗、照明、装饰装修等多重构造，打造真正意义上标准化设计、工业化生产、机械化施工方式实现的装配式建筑。

图 5-14　预制混凝土外墙挂墙板

预制混凝土外墙广泛适用于混凝土框架结构和钢结构建筑的外墙工程，可以较好地满足公共建筑外墙装饰、保温、隔热、抗震、围护、防水、防火、隔声、耐久等所有性能的设计要求；同时也能在住宅项目中发挥画龙点睛的作用，是装配式建筑外墙的一个推广方向，未来具有广阔的市场空间和良好的应用前景。

预制混凝土外墙是一套基于设计、生产、施工的成套技术集成产品体系，应针对不同工程特点和设计目标进行精心组织策划，确保项目工期、质量、经济、安全等目标的实现。

【课堂思考与讨论 5-2】

(1)装配式建筑的优缺点与其发展前景？

(2)加气混凝土外墙板有哪些优缺点？

任务二　建筑砂浆的应用与配制

子任务一　认识建筑砂浆

【任务背景】 建筑砂浆有很多不同的工程应用，例如，用于砌筑砖、砌块、石块；用于墙面、地面、梁柱面、顶棚等表面抹灰；用于粘贴大理石、瓷砖、保温材料等；也可用于防水、防腐、保温、加固修补等。不同用途的建筑砂浆，其品种和技术性能要求不同。根据用途进行品种选择，然后根据工程施工需求，进行正确的原材料选择及配合比设计以确保砂浆的技术性能满足工程需求，这是工程技术人员在合理应用砂浆时须遵循的技术与管理路线。

1. 建筑砂浆分类及用途

建筑砂浆的种类有很多，根据不同的分类方法，可进行下述划分。

(1)根据用途不同分类

根据用途不同，建筑砂浆可分为砌筑砂浆和抹面砂浆。其中，砌筑砂浆是指将砖、石、砌块等黏结成砌体的砂浆。它起着传递荷载的作用，是砌体的重要组成部分。抹面砂浆是涂抹在建筑物或建筑构件表面的砂浆统称。抹面砂浆包括普通抹面砂浆、装饰抹面砂浆、特种砂浆。普通抹面砂浆是建筑工程中用量最大的抹面砂浆。其功能主要是保护墙体、地面不受风雨及有害杂质的侵蚀，提高防潮、防腐蚀、抗风化性能，增加耐久性。装饰抹面砂浆是直接用于建筑物内外表面，以提高建筑物装饰艺术性为主要目的的抹面砂浆。特种砂浆是指具有特殊功能的砂浆，如防水砂浆、耐酸砂浆、绝热砂浆、吸声砂浆等。

(2)根据胶凝材料不同分类

根据胶凝材料不同，建筑砂浆可分为水泥砂浆、石灰砂浆、混合砂浆(包括水泥石灰砂浆、水泥黏土砂浆、石灰黏土砂浆、石灰粉煤灰砂浆等)；在砌筑工程中，主要选用水泥砂浆砌筑潮湿环境以及强度要求较高的砌体；石灰砂浆用于砌筑干燥环境中的砌体。低层房屋或平房可采用石灰砌筑砂浆。在普通抹灰工程中，主要选用石灰砂浆用于砖墙底层抹灰；多选用混合砂浆或石灰砂浆用于板条墙或板条顶棚的底层抹灰；混凝土墙、梁、柱、顶板等底层抹灰多用混合砂浆、麻刀石灰浆或纸筋石灰浆。

(3)根据生产和施工方法不同分类

根据生产和施工方法不同，建筑砂浆可分为现场拌制砂浆、预拌砂浆。预拌砂浆可进一步分为湿拌砂浆和干拌砂浆。普通抹灰工程用的砂浆宜选用预拌砂浆。

2. 建筑砂浆组成材料

建筑砂浆主要由胶凝材料、砂、掺加料、水和外加剂配制而成。

1)胶凝材料

建筑砂浆的胶凝材料有水泥、石灰、石膏和有机胶凝材料等，常用的是水泥和石灰，选择材料时应根据砂浆的使用环境和用途等合理选择，在干燥条件下使用的砂浆可选用气硬性胶凝材料（石灰、石膏），也可选用水硬性胶凝材料（水泥）；在潮湿环境或水中使用的砂浆则必须选用水泥作为胶凝材料。

（1）水泥

为了合理利用资源，节约材料，在配置砂浆时要尽量选用低强度等级的通用硅酸盐水泥或砌筑水泥，且应符合我国标准《通用硅酸盐水泥》（GB 175—2007）和《砌筑水泥》（GB/T 3183—2017）的规定。M15 及以下强度等级的砌筑砂浆宜选用 32.5 级通用硅酸盐水泥或砌筑水泥；M15 以上强度等级的砌筑砂浆宜选用 42.5 级通用硅酸盐水泥；预拌砂浆生产厂家在生产预拌砌筑砂浆时，为保证和易性的要求会加入外加剂、粉煤灰、保水增稠材料等，因此，在不浪费水泥的前提下，也可使用强度等级为 42.5 级的普通硅酸盐水泥或硅酸盐水泥。为保证砂浆质量需从原材料进行质量控制，要求经检验合格方可使用。不同品种、不同厂家、不同等级的水泥不得混合使用。

（2）石灰

为改善砂浆的和易性、节约水泥，砂浆中常掺入石灰配制成石灰砂浆和混合砂浆。采用生石灰时应预先消化，并经“陈伏”，消除过火石灰的影响后使用；熟化成石灰膏时，应用孔径不大于 3 mm × 3 mm 的网过滤；严禁使用脱水硬化的石灰膏，因脱水硬化的石灰膏起不到塑化作用且还会影响砂浆强度，未经熟化的消石灰粉也不得直接使用。

2）砂

建筑砂浆的砂宜选用中砂，质量要求应符合行业标准《普通混凝土用建筑用砂、石质量及检验方法标准》的规定，且应全部通过 4.75 mm 的筛孔。

3）水

拌和砂浆用水与混凝土拌和用水的要求相同，应符合行业标准《混凝土用水标准》的规定。

4）掺加料及外加剂

为改善砂浆的和易性、减少水泥用量，常掺入一些无机的微细颗粒掺加料。常用掺加料有粉煤灰、粒化高炉矿渣粉、硅灰、天然沸石粉等。掺入的粉煤灰、粒化高炉矿渣粉、硅灰、天然沸石粉，应分别符合国家《用于水泥和混凝土中的粉煤灰》《用于水泥和混凝土中的粒化高炉矿渣粉》《高强高性能混凝土用矿物外加剂》《天然沸石粉在混凝土和砂浆中应用技术规程》的现行标准。粉煤灰不宜采用Ⅲ级粉煤灰，高钙粉煤灰使用时，必须检验安定性指标合格方可使用。

通过掺入的外加剂改善砂浆的某些性能是现今砂浆配制的发展方向，在砂浆拌合物中常掺入的外加剂有增塑剂、微沫剂、保水剂、膨胀剂和防水剂等。所用外加剂的技术性能应符合国家现行有关标准《砌筑砂浆增塑剂》《混凝土外加剂》《砂浆、混凝土防水剂》的质量要求。掺入的外加剂除应符合国家现行有关标准规定外，引气型外加剂还应有完整的型式检验报告，试验合格后，方可使用。

【课堂思考与讨论 5-3】

（1）砂浆中可以添加外加剂吗，常用外加剂有哪些？

（2）简述水泥砂浆、石灰砂浆、混合砂浆各自的特点。

(3)了解型式检验及《砌体结构工程施工质量验收规范》(GB 50203—2011)相关知识，并完成下列的选择题。

①砌筑砂浆中掺入的(　　)应有砌体强度的型式检验报告。

A. 有机塑化剂　　B. 早强剂　　C. 防冻剂　　D. 缓凝剂

②型式检验报告的有效期是(　　)年。

A. 1　　B. 2　　C. 3　　D. 4

子任务二　砌筑砂浆技术性质与测定

【任务背景】 砌筑砂浆拌合物需要具有良好的和易性，砌筑墙体块材时才能将块材进行很好的黏结，确保工程质量。和易性不好的砂浆，铺浆和挤浆都较困难，影响灰缝砂浆饱满度，使砂浆与块材的黏结力减弱。另外，砂浆保水性差，容易产生分层、泌水现象，砂浆强度也会严重降低。故通过试验检测砌筑砂浆的和易性与强度是否满足工程项目的要求，是保证工程质量、进行质量把控的重要途径与手段。

1. 砌筑砂浆的技术性质

拌制后的砂浆应满足以下要求：

①满足和易性要求；

②满足设计种类和强度等级要求；

③具有足够的黏结力。

1)砌筑砂浆拌合物的和易性

新拌砂浆的和易性，也称砂浆拌合物的工作性。和易性良好的砂浆容易在粗糙的砖石底面上铺设成均匀的薄层，而且能够和底面紧密黏结。使用和易性良好的砂浆，既便于施工操作，提高劳动生产率，又能保证工程质量。新拌砂浆的和易性可根据其流动性和保水性来综合评定。

(1)流动性

砂浆的流动性也称为稠度，是指在自重或外力作用下流动的性能，用“沉入度”表示。用砂浆稠度仪通过试验测定沉入度值，以标准圆锥体在砂浆内自由沉入 10 s 时的沉入深度，用毫米表示。沉入度大，砂浆流动性大；但流动性过大，硬化后强度将会降低；若流动性过小，则不便于施工操作。根据《砌筑砂浆配合比设计规程》(JGJ/T 98—2010)的规定，砌筑砂浆的稠度应按表 5-6 选用。

表 5-6　砌筑砂浆的稠度

砌体种类	砂浆稠度/mm
烧结普通砖砌体，粉煤灰砖砌体	70 ~ 90
混凝土砖砌体，普通混凝土小型空心砌块砌体，灰砂砖砌体	50 ~ 70
烧结多孔砖，烧结空心砖砌体，轻集料混凝土小型空心砌块砌体，蒸压加气混凝土砌块砌体	60 ~ 80
石砌体	30 ~ 50

(2)保水性

新拌砂浆能够保持其内部水分不泌出的能力称为保水性。保水性也指砂浆中各项组成材料不易分离的性质。新拌砂浆在存放、运输和使用的过程中,必须保持其水分不致很快流失,才能便于施工操作且保证工程质量。

砂浆保水性用保水率来表示。根据《砌筑砂浆配合比设计规程》(JGJ/T 98—2010)的规定,不同品种的砌筑砂浆保水率应满足:水泥砂浆保水率≥80%、水泥混合砂浆保水率≥84%、预拌砌筑砂浆保水率≥88%。

2)*砌筑砂浆的强度*

砌筑砂浆在砌体中主要起黏结、传递荷载的作用,并与砌体材料一起经受周围介质的物理化学作用,因此,硬化后的砂浆应具有一定的黏结强度、抗压强度和耐久性。试验证明砂浆的黏结强度、耐久性均随抗压强度的增大而提高,即它们之间有一定的相关性,而且抗压强度的试验方法较为成熟,测定较为简单准确,所以工程上常以抗压强度作为砂浆的主要技术指标。

砂浆的强度等级是以边长为70.7 mm的立方体试块,在标准养护条件(水泥混合砂浆温度为(20±3)℃,相对湿度为60%~80%;水泥砂浆温度为(20±3)℃,相对湿度为90%以上)下,用标准试验方法测得28 d龄期的抗压强度来确定,以3个试件测值的算术平均值的1.3倍作为该组试件砂浆立方抗压强度平均值。水泥砂浆、预拌砌筑砂浆强度等级有M30,M25,M20,M15,M10,M7.5,M5等7个强度等级。水泥混合砂浆强度等级有M15,M10,M7.5,M5等4个强度等级。

影响砂浆强度的因素较多,实验证明,当原材料质量一定时,砂浆的强度主要取决于水泥强度等级与水泥用量。用水量对砂浆强度及其他性能的影响不大。

3)*砂浆黏结力*

砖石砌体是靠砌筑砂浆将许多块状的砖石材料黏结成坚固的整体,因此,要求砌筑砂浆对砖石必须有一定的黏结力。砌筑砂浆的黏结力随其强度的增大而提高,砂浆强度等级越大,黏结力越大。另外,砂浆的黏结力与砖石的表面状态、洁净程度、湿润情况及施工养护条件等有关。所以,砌筑前砖要浇水湿润,其含水率应控制在10%~15%,表面不沾土以提高砂浆与砖之间的黏结力,保证砌筑质量。

2. 砌筑砂浆技术性质测定

1)*砂浆稠度测定*

(1)试验标准

本试验依据《建筑砂浆基本性能试验方法标准》(JGJ /T 70—2009)制订。

(2)试验目的

确定砂浆性能特征值,检验或控制现场拌制砂浆的质量。

(3)主要仪器设备

①砂浆稠度测定仪:如图5-15所示,由试锥、容器和支座3部分组成。试锥由钢材或铜材制成,试锥高度为145 mm,锥底直径为75 mm,试锥连同滑杆的质量应为(300±2) g;盛载砂浆容器由钢板制成,筒高为180 mm,锥底内径为150 mm;支座分底座、支架及刻度显示3个部分,由铸铁、钢及其他金属制成。

②钢制捣棒：直径 10 mm、长 350 mm，端部磨圆。

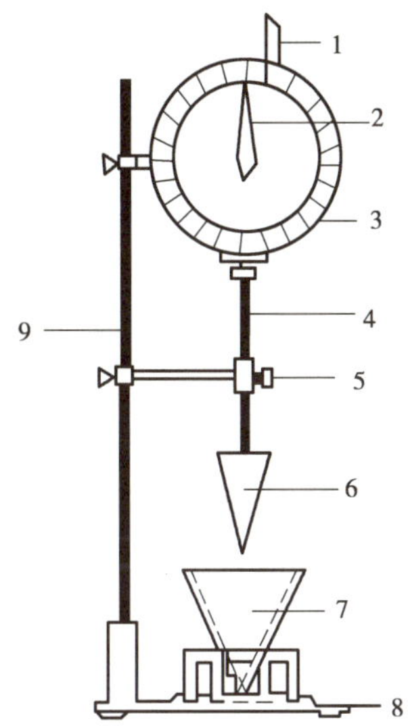

图 5-15　砂浆稠度测定仪

1—齿条测杆；2—摆针；3—刻度盘；4—滑杆；
5—制动螺丝；6—试锥；7—盛装容器；8—底座；9—支架

(4)试验步骤

①用少量润滑油轻擦滑杆，再将滑杆上多余的油用吸油纸擦净，使滑杆能自由滑动。

②用湿布擦净盛浆容器和试锥表面，将砂浆拌合物一次装入容器，使砂浆表面低于容器口约 10 mm。先用捣棒自容器中心向边缘均匀地插捣 25 次，然后轻轻地将容器摇动或敲击 5～6 下，使砂浆表面平整，最后将容器置于稠度测定仪的底座上。

③拧松制动螺丝，向下移动滑杆，当试锥尖端与砂浆表面刚接触时，拧紧制动螺丝，使齿条侧杆下端刚接触滑杆上端，读出刻度盘上的读数(精确至 1 mm)。

④拧松制动螺丝，同时计时间，10 s 时立即拧紧螺丝，将齿条测杆下端接触滑杆上端，从刻度盘上读出下沉深度(精确至 1 mm)，二次读数的差值即为砂浆的稠度值。

⑤盛装容器内的砂浆，只允许测定一次稠度，重复测定时，应重新取样测定。

(5)试验结果判定

①取两次试验结果的算术平均值，精确至 1 mm。

②如两次试验值之差大于 10 mm，应重新取样测定。

2)砂浆保水性测定

(1)试验标准

本试验依据《建筑砂浆基本性能试验方法标准》(JGJ /T 70—2009)制订。

(2)试验目的

测定砂浆保水性，以判定砂浆拌合物在运输及停放时内部组分的稳定性。

(3)主要仪器设备

①金属或硬塑料圆环试模内径 100 mm、内部高度 25 mm。

②可密封的取样容器，应清洁、干燥。

③2 kg 的重物。

④医用棉纱,尺寸为 110 mm×110 mm,宜选用纱线稀疏、厚度较薄的棉纱。

⑤超白滤纸,符合《化学分析滤纸》(GB/T 1914—2017)中速定性滤纸,直径 110 mm,200 g/m^2。

⑥2 片金属或玻璃的方形(圆形)不透水片,边长或直径大于 110 mm。

⑦天平:量程 200 g,感量 0.1 g;量程 2 000 g,感量 1 g。

⑧烘箱。

(4)试验步骤

①称量下不透水片与干燥试模质量 m_1 和 8 片中速定性滤纸质量 m_2。

②将砂浆拌合物一次性填入试模,并用抹刀插捣数次,当填充砂浆略高于试模边缘时,用抹刀以 45°角一次性将试模表面多余的砂浆刮去,然后再用抹刀以较平的角度在试模表面反方向将砂浆刮平。

③抹掉试模边的砂浆,称量试模、下不透水片与砂浆总质量 m_3。

④用 2 片医用棉纱覆盖在砂浆表面,再在棉纱表面放上 8 片滤纸,用不透水片盖在滤纸表面,用 2 kg 的重物压着不透水片。

⑤静止 2 min 后移走重物及不透水片,取出滤纸(不包括棉砂),迅速称量滤纸质量 m_4。

⑥从砂浆的配比及加水量计算砂浆的含水率,若无法计算,可按砂浆含水率测试方法的规定测定砂浆的含水率。

(5)试验结果处理

①稠度试验结果应按下列要求确定:取两次试验结果的算术平均值,精确至 1 mm。

②砂浆保水性应按下式计算:

$$W = \left[1 - \frac{m_4 - m_2}{\alpha(m_3 - m_1)}\right] \times 100\% \tag{5-1}$$

式中 W——保水性,%;

m_1——下不透水片与干燥试模质量,g;

m_2——8 片滤纸吸水前的质量,g;

m_3——试模、下不透水片与砂浆总质量,g;

m_4——8 片滤纸吸水后的质量,g;

α——砂浆含水率,%。

取两次试验结果的平均值作为结果,如两个测定值中有 1 个超出平均值的 5%,则此组试验结果无效。

③砂浆含水率测试方法。

称取 100 g 砂浆拌合物试样,置于一干燥并已称重的盘中,在(105±5)℃的烘箱中烘干至恒重,砂浆含水率应按下式计算:

$$\alpha = \frac{m_5}{m_6} \times 100\% \tag{5-2}$$

式中 α——砂浆含水率,%;

m_5——烘干后砂浆样本损失的质量,g;

m_6——砂浆样本的总质量,g。

砂浆含水率值应精确至0.1%。

3)砂浆立方抗压强度测定

(1)试验标准

本试验依据《建筑砂浆基本性能试验方法标准》(JGJ/T 70—2009)制订。

(2)试验目的

测定砂浆的实际强度,确定砂浆是否达到设计要求的强度和施工要求。

(3)主要仪器设备

①试模:尺寸为70.7 mm×70.7 mm×70.7 mm的带底试模,材质规定参照《混凝土试模》(JG 237—2008)第4.1.3和第4.2.1条,应具有足够的刚度并拆装方便。试模的内表面应机械加工,其不平度应为每100 mm不超过0.05 mm,组装后各相邻面的不垂直度不应超过±0.5°。

②钢制捣棒:直径为10 mm,长为350 mm,端部应磨圆。

③压力试验机:精度为1%,试件破坏荷载应不小于压力机量程的20%,且不大于全量程的80%。

④垫板:试验机上、下压板及试件之间可垫以钢垫板,垫板的尺寸应大于试件的承压面,其不平度应为每100 mm不超过0.02 mm。

⑤振动台:空载中台面的垂直振幅应为(0.5±0.05)mm,空载频率应为(50±3)Hz,空载台面振幅均匀度不大于10%,一次试验至少能固定(或用磁力吸盘)3个试模。

(4)试验步骤

①立方体抗压强度试件的制作及养护应按下列步骤进行:

a.采用立方体试件,每组试件3个。

b.应用黄油等密封材料涂抹试模外接缝,试模内涂刷薄层机油或脱模剂,将拌制好的砂浆一次性装满砂浆试模,成型方法根据稠度而定。当稠度≥50 mm时采用人工振捣成型,当稠度<50 mm时采用振动台振实成型。

人工振捣:用捣棒均匀地由边缘向中心按螺旋方式插捣25次,插捣过程中如砂浆沉落低于试模口,应随时添加砂浆,可用油灰刀插捣数次,并用手将试模一边抬高5~10 mm各振动5次,使砂浆高出试模顶面6~8 mm。

机械振动:将砂浆一次装满试模,放置到振动台上,振动时试模不得跳动,振动5~10 s或持续到表面出浆为止;不得过振。

c.待表面水分稍干后,将高出试模部分的砂浆沿试模顶面刮去并抹平。

d.试件制作后应在室温为(20±5)℃的环境下静置(24±2)h,当气温较低时,可适当延长时间,但不应超过两昼夜,然后对试件进行编号、拆模。试件拆模后应立即放入温度为(20±2)℃,相对湿度为90%以上的标准养护室中养护。养护期间,试件彼此间隔不小于10 mm,混合砂浆试件上应覆盖,防止水滴在试件上。

②立方体试件抗压强度试验测定步骤:

a.试件从养护地点取出后应及时进行试验。试验前将试件表面擦拭干净,测量尺寸,并检查其外观。根据此计算试件的承压面积,如实测尺寸与公称尺寸之差不超过1 mm,可按公称尺寸进行计算。

b. 将试件安放在试验机的下压板(或下垫板)上,试件的承压面应与成型时的顶面垂直,试件中心应与试验机下压板(或下垫板)中心对准。开动试验机,当上压板与试件(或上垫板)接近时,调整球座,使接触面均衡受压。承压试验应连续而均匀地加荷,加荷速度应为0.25～1.5 kN/s(砂浆强度不大于5 MPa时,宜取下限;砂浆强度大于5 MPa时,宜取上限),当试件接近破坏而开始迅速变形时,停止调整试验机油门,直至试件被破坏,然后记录破坏荷载。

(5)试验数据处理及判定

砂浆立方体抗压强度应按下式计算:

$$f_{m,cu} = \frac{N_u}{A} \tag{5-3}$$

式中 $f_{m,cu}$——砂浆立方体试件抗压强度,MPa;

N_u——试件破坏荷载,N;

A——试件承压面积,mm^2。

砂浆立方体试件抗压强度应精确至0.1 MPa。

以3个试件测值的算术平均值的1.3倍(f_2)作为该组试件的砂浆立方体试件抗压强度平均值(精确至0.1 MPa)。

当3个测值的最大值或最小值中如有一个与中间值的差值超过中间值的15%时,则把最大值及最小值一并舍除,取中间值作为该组试件的抗压强度值;如有两个测值与中间值的差值均超过中间值的15%时,则该组试件的试验结果无效。

【课堂思考与讨论5-4】

(1)影响砂浆强度的主要因素有哪些?

(2)影响砂浆与砌体黏结力的因素有哪些?

(3)砂浆的耐久性要求有哪些?其耐久性影响因素有哪些?

子任务三　砌筑砂浆配制及验收

【任务背景】 工程中配置的砂浆,要满足和易性、强度、黏结力等的要求。砂浆配合比决定了砂浆的性能与质量,也影响着砌筑工程的质量。

在建筑工程中,常用的砌筑砂浆有水泥砂浆、水泥混合砂浆。水泥砂浆适用于在潮湿的环境、水中以及要求砂浆强度较高的工程。水泥混合砂浆是在水泥砂浆的基础上掺入了一定的石灰膏,以便改善砂浆的和易性,但其强度有所降低。本书主要围绕以上两种砌筑砂浆品种进行配合比的设计学习。

1. 砌筑砂浆配合比设计

砌筑砂浆要根据工程类别及砌体部位的设计要求选择其强度等级,再按砂浆强度等级来确定其配合比。确定砂浆配合比可通过查有关资料、手册来选择,重要工程用砂浆,如果无参考资料时,可根据《砌筑砂浆配合比设计规程》(JGJ/T 98—2010)确定。

砂浆拌合物的和易性应满足施工要求及拌合物的体积密度:水泥砂浆≥1 900 kg/m^3,水泥混合砂浆≥1 800 kg/m³。本书以现场配制砌筑砂浆为例，进行现场砂浆配制的学习。

1）水泥混合砂浆配合比计算

（1）砂浆的试配强度计算

$$f_{m,0} = kf_2 \tag{5-4}$$

式中 $f_{m,0}$——砂浆的试配强度，MPa，应精确至 0.1 MPa；

f_2——砂浆的强度等级值，MPa，应精确至 0.1 MPa；

k——系数，按表 5-7 取值。

表 5-7 砂浆强度标准差 σ 及 k 值

强度等级施工水平	强度标准差 σ/MPa							k
	M5	M7.5	M10	M15	M20	M25	M30	
优良	1.00	1.50	2.00	3.00	4.00	5.00	6.00	1.15
一般	1.25	1.88	2.50	3.75	5.00	6.25	7.50	1.20
较差	1.50	2.25	3.00	4.50	6.00	7.50	9.00	1.25

（2）每立方米砂浆中的水泥用量计算

$$Q_c = \frac{1\,000(f_{m,0} - \beta)}{\alpha \cdot f_{ce}} \tag{5-5}$$

式中 f_{ce}——水泥实测强度；

α,β——砂浆的特征系数，其中 $\alpha = 3.03$，$\beta = -15.09$。

注：各地区也可用本地区试验资料确定 α,β 值，统计用的试验组数不得少于 30 组。

在无法取得水泥的实测强度值时，可按式（5-6）计算：

$$f_{ce} = \gamma_c \cdot f_{ce,k} \tag{5-6}$$

式中 γ_c——水泥强度等级值的富余系数，该值应按统计资料确定。无统计资料时，可取 1.0；

$f_{ce,k}$——水泥强度等级对应的强度值。

（3）石灰膏用量按下式计算

$$Q_D = Q_A - Q_C \tag{5-7}$$

式中 Q_D——每立方米砂浆的石灰膏用量，kg，应精确至 1 kg；石灰膏使用时的稠度宜为（120 ±5）mm；

Q_C——每立方米砂浆的水泥用量，kg，应精确至 1 kg；

Q_A——每立方米砂浆中水泥和掺加料的总量，应精确至 1 kg，也可为 350 kg。

（4）确定砂子用量 Q_S

每立方米砂浆中的砂子用量应按干燥状态（含水率小于 0.5%）的堆积密度值作为计算值，kg。

（5）确定用水量 Q_W

每立方米砂浆中的用水量，根据砂浆稠度等要求可选用 210 ~ 310 kg。

在确定砂浆用水量时,还应注意以下问题:

①混合砂浆中的用水量,不包括石灰膏中的水。

②当采用细砂或粗砂时,用水量分别取上限或下限。

③稠度小于 70 mm 时,用水量可小于下限。

④施工现场气候炎热或干燥季节,可适当增加用水量。

2)水泥砂浆配合比

水泥砂浆材料用量可按表 5-8 选用。

表 5-8 每立方米水泥砂浆材料用量

强度等级	水泥/(kg·m^{-3})	砂/(kg·m^{-3})	用水量/(kg·m^{-3})
M5	200~230	砂的堆积密度值	270~330
M7.5	230~260		
M10	260~290		
M15	290~330		
M20	340~400		
M25	360~410		
M30	430~480		

注:①M15 及 M15 以下强度等级的水泥砂浆,水泥强度等级为 32.5 级;M15 以上强度等级的水泥砂浆,水泥强度等级为 42.5 级。

②当采用细砂或粗砂时,用水量分别取上限或下限。

③稠度小于 70 mm 时,用水量可小于下限。

④施工现场气候炎热或干燥季节,可酌量增加用水量。

3)砂浆配合比试配、调整及确定

根据上述计算或查表方式完成砂浆的初步配合比计算后,与混凝土的配合比设计一样,还需进一步进行试拌、调整,使砌筑砂浆的和易性与强度都满足要求。在进行后期的试拌、调整时,应按以下规则进行:

①试配时应采用工程中实际使用的材料。砂浆试配时应采用机械搅拌,水泥砂浆、混合砂浆搅拌时间小于 120 s。掺有粉煤灰、外加剂、保水增稠等材料的砂浆,搅拌时间不小于 180 s。

②按计算或查表所得配合比进行试拌时,应测定其拌合物的稠度和保水率,当不能满足要求时,应调整材料用量,直至符合要求为止,然后确定为试配时的砂浆基准配合比。

③试配至少采用 3 个不同的配合比,其中一个为基准配合比,其他配合比的水泥用量应按基准配合比分别增加及减少 10%。在保证稠度、保水率合格的条件下,可将用水量或掺加料用量作相应调整。

④砌筑砂浆试配时稠度应满足施工要求,并分别测定不同配合比砂浆的表观密度及强度;同时应选定符合试配强度及和易性要求、水泥用量最低的配合比作为砂浆的试配配合比。

砂浆的试配配合比应按下列步骤进行校正：

a. 根据砂浆试配配合比材料用量，计算砂浆的理论体积密度值：

$$\rho_c = Q_C + Q_D + Q_S + Q_W \tag{5-8}$$

式中　ρ_c——砂浆的理论体积密度值，kg/m^3，应精确至 10 kg/m^3。

b. 计算砂浆配合比校正系数 δ：

$$\delta = \frac{\rho_c}{\rho_t} \tag{5-9}$$

式中　ρ_t——砂浆的实测体积密度值，kg/m^3，应精确至 10 kg/m^3。

c. 当砂浆的实测体积密度值与理论体积密度值之差的绝对值不超过理论值的 2% 时，试配配合比即为砂浆的设计配合比；当超过 2% 时，应将试配配合比中每项材料用量均乘以校正系数 δ 后，确定为砂浆设计配合比。

砂浆配合比确定后，当原材料有变更时，其配合比必须重新通过试验确定。

2. 砌筑砂浆配合比实例

【例 5-1】　某工程用砌砖砂浆设计强度等级为 M10，要求稠度为 80 ~ 100 mm 的水泥石灰砂浆，现有砌筑水泥的强度等级为 32.5 MPa，细集料为堆积密度 1 450 kg/m^3 的中砂，含水率为 2%，已有石灰膏的稠度为 120 mm，施工水平一般。计算此砂浆的初步配合比。

解　(1) 确定砂浆的试配强度。

根据已知条件，施工水平一般的 M10 砂浆对应的系数 $k = 1.2$，则

$$f_{m,0} = kf_2 = 1.20 \times 10 \text{ MPa} = 12.0 \text{ MPa}$$

(2) 1 m^3 中计算水泥用量。

$$Q_c = \frac{1\,000(f_{m,0} - \beta)}{\alpha f_{ce}} = \frac{1\,000 \times (12.0 + 15.9)}{3.03 \times 32.5} \text{ kg} = 283 \text{ kg}$$

(3) 1 m^3 中计算石灰膏用量。

$$Q_d = Q_A - Q_c = 350 \text{ kg} - 283.3 \text{ kg} = 67 \text{ kg}$$

根据砂子堆积密度和含水率，计算 1 m^3 中用砂量：

$$Q_s = 1\,450 \text{ kg} \times (1 + 2\%) = 1\,479 \text{ kg}$$

(4) 选择用水量

根据前述要求，用水量在 240 ~ 310 kg 范围内的，选择用水量为 300 kg。

(5) 砂浆初步配合比

水泥：石灰膏：砂：水 = 283 : 67 : 1 479 : 300

初步配合比再经适配调整，直至满足和易性与强度要求为止。

【课堂思考与讨论 5-5】

(1) 配置水泥砂浆需要做好哪些工作？

(2) 某工程填充墙砌筑工程用砂浆配合比见表 5-9，试解读表中表示的相关信息？

表 5-9　砂浆配合比标示牌

工程名称	某市A区改造回迁楼1号楼工程		分项工程	填充墙砌筑
砂浆品种	混合砂浆		强度等级	M5
材料名称	规格	质量配合比	砂浆用量/kg	每盘(500 L) 砂浆用量/kg
水泥	PSA32.5	1	250	125
砂	细砂	5.4	1 350	675
白灰膏		0.40	100	50
水	自来水	1.16	290	145

3. 砂浆的验收与复验

施工现场要根据砂浆的配合比，对所搅拌的砌筑砂浆用砂的粒径、水泥用量、搅拌时间、砂浆和易性等进行检查验收。

每一楼层或每 250 m³ 砌体中各种强度等级的砂浆，每台搅拌机至少应检查一次，每次至少应制作砂浆立方体抗压强度试块(边长为 70.7 mm)，一组 3 块。当砂浆强度等级或配合比有变更时，还应另做试块。

砌筑砂浆的验收批，同一类型、强度等级的砂浆试块不应少于 3 组；同一验收批砂浆只有 1 组或 2 组试块时，每组试块抗压强度平均值应大于或等于设计强度等级值的 1.10 倍；对于建筑结构的安全等级为一级或设计使用所限为 50 年及以上的房屋，同一验收批砂浆试块的数量不得少于 3 组；每一检验批且不超过 250 m³。砌体的各种类、各强度等级的普通砌筑砂浆，每台搅拌机应至少抽检一次。验收批的预拌砂浆、蒸压加气混凝土砌块专用砂浆，抽检可为 3 组。

做好的砂浆试块应在标准养护条件下进行“标养”。当工地现场无“标准养护”时，可采用自然养护，或及早将试模送往实验室进行“标养”(试块不得受震动)。制作和送检试块时，均须持有见证员参加见证，试块送到实验室时，应认真填好委托单，写明使用部位、砂浆种类、强度等级、工程名称、制作日期、配合比、稠度、养护条件等，检验报告出示后，不得要求更改有关内容。

任务三　认识新型建筑砂浆——预拌砂浆

子任务一　认识预拌砂浆

【任务背景】 由于施工现场配制的砂浆存在质量不稳定现象，将导致墙体工程质量通病时有发生；另外，现场配制砂浆污染环境、拌制效率低，也已逐渐不能满足建筑施工现代化快速、环保的需要。而预拌砂浆作为一种工业产品，具有集中配制生产和供应、质量稳定、性能优良、品种众多、适应面广的特点，有效克服了传统砂浆在施工和质量上的不足及环境污染的缺点。因此,发展预拌砂浆符合建筑施工现代化的发展趋势,同时也符合国家建设节约型、环境友好型社会、大力发展循环经济、实现可持续发展的要求。对于这类重要的新型建筑材料的认识,是每位建筑工程技术人员都应必须完成的功课。

1.预拌砂浆的概念及分类

预拌砂浆是指由专业化厂家生产的,用于建设工程中的各种砂浆拌合物,是我国近年发展起来的一种新型建筑材料。根据预拌砂浆的生产方式,将预拌砂浆分为湿拌砂浆和干混砂浆两大类。湿拌砂浆是指将水泥、细骨料、矿物掺合料、外加剂和水按一定比例,在搅拌站经计量、拌制后,运至使用地点,并在规定时间内使用的拌合物。干混砂浆也称干拌砂浆或干粉砂浆,是指将水泥、干燥骨料或粉料、添加剂以及根据性能确定的其他组分,按一定比例,在专业生产厂经计量、混合而成的混合物,在使用地点按规定比例加水或配套组分拌和使用。干混砂浆是预拌砂浆的主要供应形式。

湿拌砂浆按用途分为4种,即湿拌砌筑砂浆(代号WM)、湿拌抹灰砂浆(代号WP)、湿拌地面砂浆(代号WS)和湿拌防水砂浆(代号WW)。

干混砂浆按用途分为普通砂浆和特种砂浆。普通砂浆主要用于砌筑、抹灰、地面及普通防水工程,主要有干混砌筑砂浆(代号DM)、干混抹灰砂浆(代号DP)、干混地面砂浆(代号DS)、干混普通防水砂浆(代号DW)。而特种砂浆是指具有特种性能要求的砂浆,包括干混陶瓷砖黏结砂浆(代号DTA)、干混界面处理砂浆(代号DIT)、干混保温板黏结砂浆(代号DEA)等。

2.常见的预拌砂浆

目前常用的干混砂浆主要有陶瓷黏结砂浆(DTA)、界面砂浆(DIT)、聚合物水泥防水砂浆(DWS)、自流平砂浆(DSL)、外保温黏结砂浆(DEA)、外保温抹面砂浆(DBI)等。

1)干混陶瓷砖黏结砂浆

干混陶瓷砖黏结砂浆(DTA)是一种聚合物增强的水泥基预配制柔性黏结砂浆。它是以水泥、石英砂、进口聚合物胶结料配以多种添加剂经混合机均混而成的,和掺入传统建筑胶的砂浆相比具有优良的柔韧性和黏结性能,以及良好的抗下垂性、保水性、耐水性和简单方便的可操作性,增强了基材与保温板之间的黏结强度,增强了拉伸强度。施工时直接加水,施工方便,操作简单,工效高。无毒、无臭、不燃、不伤人体,不含挥发性溶剂,属绿色环保产品。

主要用于大理石、瓷砖、地砖的铺筑,同时也可用于外墙外保温系统和外墙内保温系统上EPS聚苯乙烯保温板、XPS聚苯乙烯挤塑板、水泥板与混凝土、砖砌块和加气块等基材的黏结。也适用于收缩率较大的保温墙面粘贴面砖和粘贴面比较光滑的薄型大理石、石膏板等材料的粘贴。

2)干混界面砂浆

干混界面砂浆(DIT)是采用水泥、石英砂、聚合物胶粉、填料等,经科学配置而成的新型预拌砂浆,适用于各种新建工程及维修改造工程现浇混凝土构件和预制混凝土构件表面处理,以增强表层与其他装饰材料的黏结力。

干混界面砂浆是既能牢固地黏结基层,而其表面又能很好地被新的砂浆黏结覆盖,具有双向亲和性的材料。能封闭基材的空隙,减少墙体的吸收性,达到阻缓、降低轻质砌体抽吸覆面砂浆内的水分,保证覆面砂浆材料在最佳条件下黏结胶凝。

3)聚合物水泥防水砂浆

聚合物水泥防水砂浆(DWS)以水泥、细骨料为主要组分,以聚合物乳液或可再分散乳胶粉为改性剂,添加适量助剂混合制成的防水砂浆。它是一种刚柔结合的新型无机防水材料,具有一定的柔韧性及高抗渗水性。与传统的防水材料(涂料)、卷材等相比,具有不燃、耐冻、无毒、可湿施工,与基层黏结牢固,不起壳,使用寿命长,造价便宜,耐老化性能好等优点。施工方便,不需要做配套的防水找平层和保护层,即可做外防水,也可做内防水,不要求基面十分平整、干燥。

聚合物水泥防水砂浆是一种符合环保要求的新型绿色防水材料,特别适用于地下室、游泳池、卫生间、水箱、斜屋面等需要作防水处理的部位。

4)干混自流平砂浆

干混自流平砂浆(DSL)由无机或有机胶凝材料、细骨料、填料及外加剂等组成,是一种加水搅拌后具有流动性或稍加辅助摊铺就能流动找平的地面材料。它具有流动度大、施工快速、表面光滑平整等优点,如图5-16所示,是大型超市、商场、停车场、工厂车间、仓库等地面铺筑的理想材料,是现在建筑地面施工的一个发展方向,市场潜力大。

图5-16　干混自流平砂浆

干混自流平砂浆具有耐磨耐用、优良的流动性、良好的黏结性、施工简单、方便快捷、经济环保等特点。

5)外保温黏结砂浆

外保温黏结砂浆(DEA)由水泥、石英砂、聚合物胶结料配以多种添加剂经机械混合均匀而成,主要用于黏结保温板的黏结剂。具有无毒、无味、绿色环保,黏结力强、固化时间快,防水性能优异,和易性好,操作性好,抗冻融、收缩率小,耐候性、防水性、防腐性好,使用寿命长等特点。

外墙保温黏结砂浆主要用于建筑物外墙外保温系统中的EPS聚苯乙烯泡沫板、XPS挤塑板、大理石、瓷砖与墙体、混凝土、瓷砖墙面、水泥砂浆墙面以及各种墙面之间的黏结。

6）干混外保温抹面砂浆

干混外保温抹面砂浆（DBI）又称绝热砂浆，是采用水泥、石灰和石膏等胶凝材料与膨胀珍珠岩或膨胀蛭石、陶砂等轻质多孔骨料按一定比例配合制成的砂浆。保温砂浆具有轻质、保温隔热、吸声等性能，其导热系数为 0.07 ~ 0.10 W/(m·k)，可用于屋面保温层、保温墙壁以及供热管道保温层等处。

常用的保温砂浆有水泥膨胀珍珠砂浆、水泥膨胀蛭石砂浆和水泥石灰膨胀蛭石砂浆等。随着国内节能减排工作的推进，涌现出众多新型墙体保温材料，其中 EPS（聚苯乙烯）颗粒保温砂浆就是一种得到广泛应用的新型外保温砂浆，其采用分层抹灰工艺，最大厚度可达 100 mm，此砂浆保温、隔热、阻燃和耐久。

【课堂思考与讨论 5-6】

（1）与传统砌筑砂浆相比，预拌砂浆有哪些优势？

（2）查询资料，了解预拌砂浆强度与传统砌筑砂浆的强度对比关系？

3. 预拌砂浆的储存

1）湿拌砂浆的储存

施工现场宜配备湿拌砂浆储存容器，湿拌砂浆的储存应符合下列规定：

①储存容器应密闭、不吸水。

②储存容器的数量、容量应满足砂浆品种、供货量的要求。

③储存容器使用时，内部应无杂物、无明水。

④储存容器应便于储运、清洗和砂浆存取。

⑤砂浆存取时，应有防雨措施。

⑥储存容器宜采用遮阳、保温等措施。

不同品种、强度等级的湿拌砂浆应分别存放在不同的储存容器中，并应对储存容器进行标识，标识内容应包括砂浆品种、强度等级和使用时限等。砂浆应先存先用。湿拌砂浆在储存及使用过程中不应加水。在砂浆存放过程中，当出现少量泌水时，应拌和均匀再使用。砂浆用完后，应立即清理储存容器。湿拌砂浆储存地点的环境温度宜为 5 ~ 35 ℃。

2）干混砂浆的储存

干混砂浆的储存应符合下列规定：

①干混砂浆在储存过程中不应受潮及混入杂物。不同品种、不同规格型号的干混砂浆应分别储存，不应混杂。

②散装干混砂浆应储存在散装移动筒仓中，筒仓应密闭且防雨、防潮。砂浆保质期自生产日起为 3 个月。筒仓应符合行业标准《干混砂浆散装移动筒仓》（SB/T 10461—2008）的规定，并应在现场安装牢固。

③袋装干混砂浆应储存在干燥环境中，应有防雨、防潮、防扬尘措施。储存过程中，包装袋不应破损，并应按品种、批号分别堆放，不得混堆混用且应先存先用。配套组分中有机类材料应储存在阴凉、干燥、通风、远离火源和热源的场所，不应露天存放和暴晒，储存环境温度应为 5 ~ 35 ℃。

④袋装干混砌筑砂浆、干混抹灰砂浆、干混地面砂浆、干混普通防水砂浆、干混自流平砂浆的保质期自生产日起为 3 个月，其他袋装干混砂浆的保质期自生产日起为 6 个月。

子任务二 预拌抹灰砂浆的应用实例

【任务背景】 自建筑工程推广应用预拌砂浆以来,取得了显著的进展,但也出现了一些疑问及争议,主要集中在抹灰砂浆,特别是混凝土剪力墙面抹灰砂浆空鼓现象时有发生。如何避免混凝土表面抹预拌砂浆空鼓问题是推广预拌砂浆、提高砂浆施工质量必须要解决的一个重点任务。

1. 工程概况

某建筑工程占地面积约 3 万 m^2,设计规划建设 10 栋商住楼,其中地上 6 ~ 32 层均采用混凝土框支剪力墙结构,1 层地下室。经检测发现,某已完成的预拌砂浆抹面层上出现局部空鼓现象,为做好后期抹面工程,现需调查清楚空鼓原因后再进行抹面工程。

2. 混凝土表面抹预拌砂浆空鼓通病的原因分析

1)预拌砂浆质量缺陷

混凝土表面抹预拌砂浆空鼓通病的出现,一个重要的原因就是预拌砂浆本身达不到施工的要求。这主要表现在所使用的水泥强度等级达不到设计要求,或者存在安定性不合格、使用过期、受潮结块水泥等。

同时,如果预拌砂浆中所使用的砂的粒径过细,掺和时需水量就会变大,水灰比变大很容易造成强度降低,涂抹后容易出现空鼓等质量问题。

此外,如果所使用的砂含泥量超标,客观上会造成水泥与沙子之间的黏结力降低,造成预拌砂浆在强度等方面的性能大大下降,从而影响与混凝土表面的黏结性,这是导致表面空鼓出现的一个重要原因。

2)混凝土表面与预拌砂浆收缩率不一致

实际上,从施工的角度来讲,混凝土表面抹预拌砂浆空鼓的通病只是一个表面现象,造成这种现象出现的本质是混凝土表面与预拌砂浆之间的收缩率出现不一致,导致预拌砂浆的收缩应力超过砂浆剪应力的承受范围,最终导致预拌砂浆与混凝土表面出现剥离、空鼓的现象。

一般来说,预拌砂浆的收缩率在 $1\ 000 \times 10^{-6}$,而混凝土表面的收缩率仅为 300×10^{-6},也就是说,如果不进行相应的处理,而这之间的收缩率差将达到 700×10^{-6},这必然会在二者之间产生一种收缩应力。在工程施工中,预拌砂浆一般是在混凝土收缩基本稳定后再进行,在这时,这种收缩率差要远远高于 700×10^{-6},二者之间的收缩应力将更大,当超过预拌砂浆与混凝土表面黏结强度时,就会在最大应力点的地方出现剥离、空鼓的现象。

3. 混凝土表面抹预拌砂浆空鼓通病的防治

(1)做好施工材料及施工技术的控制工作

施工材料的质量控制,对所使用的水泥在施工前必须进行水泥性能测试,禁止采用质量不达标或者存储不当导致性能下降、过期的水泥。优先使用早期强度较差的普通硅酸盐水泥,在砂子的粒径选择上建议使用中粗或粗砂,砂子中的含泥量应控制在 3% 以内。在混凝土预拌过程中,要严格控制水灰比,要求在正式搅拌前,进行水灰比的配比试验,确定最佳配合比以保证预拌砂浆各项性能符合施工要求。

在施工技术方面，要求并监督施工人员做好混凝土表面的清理工作，将混凝土表面清理干净，并进行适当的洒水以保证混凝土表面湿度符合要求。在压光时要注意压光的时间，压光最低不能少于3遍，压光结束后需进行养护。在施工过程中，还应合理安排施工流向，避免在施工过程中出现上人过早或其他可能影响施工质量的情况出现。

(2)做好界面的处理

在混凝土表面抹预拌砂浆的过程中对混凝土表面有着比较高的要求，也就是必须要利于预拌砂浆与好混凝土表面黏结，这就要求在施工前必须做好界面处理。而界面处理的方式有很多，常见的有使用建筑胶水加水泥进行界面拍毛、用空压机与喷枪进行喷毛等。

【课堂思考与讨论5-7】

查询资料，简述若工程中混凝土表面抹预拌砂浆出现空鼓现象时，后期应采取哪些处理措施？

课后作业

一、填空题

1. 目前所用的墙体材料按形状尺寸分为________、________和________。

2. 砌墙砖按有无空洞和空洞率大小分为________、________和________，按生产工艺分为________和________。

3. 建筑工程中常用的砌块有________、________、________等。

4. 砂浆的强度主要取决于________、________和________。

5. 测定砂浆强度的试件尺寸是边长为________的立方体。在标准条件下养护________ d，测定其________。

6. 砂浆配制强度的确定与砂浆设计________和施工单位的________。

二、单项选择题

1. 灰砂砖和粉煤灰砖的性能与(　　)比较类似，基本上可以相互替代使用。

A. 烧结空心砖　　B. 普通混凝土

C. 烧结普通砖　　D. 加气混凝土砌块

2. 隔热要求高的非承重墙体应优先选用(　　)。

A. 加气混凝土砌块　　B. 烧结多孔砖

C. 普通混凝土板　　D. 烧结普通砖

3. 高层建筑安全通道的墙体(非承重墙)应选用的材料是(　　)。

A. 普通黏土烧结砖　　B. 烧结空心砖

C. 加气混凝土砌块　　D. 石膏空心条板

4. 砂浆的和易性包括(　　)。

A. 流动性、黏聚性　　B. 流动性、保水性

C. 流动性、黏聚性、保水性　　D. 黏聚性、保水性

5. 砂浆的流动性用(　　)来评价。

A. 沉入度　　B. 分层度　　C. 坍落度　　D. 保水率

6. 砂浆抗压强度标准试件尺寸是边长为(　　)mm 的立方体。

A. 100　　B. 150　　C. 70.7　　D. 70

7. 砂浆抗压强度试验的试件数量为一组(　　)块。

A. 3　　B. 6　　C. 9　　D. 12

三、问答题

1. 烧结普通砖的强度等级有哪些?
2. 砌筑砂浆的组成材料有哪些?
3. 砂浆的和易性对工程质量的影响有哪些? 如何改善砂浆的和易性?
4. 预拌砂浆有哪些优点?

四、计算题

1. 配制 M5 水泥石灰混合砂浆,选用下列原材料:复合水泥强度等级为 32.5;中砂,级配良好、含水率为 2%,砂的表观密度为 1 500 kg/m^3,石灰膏稠度为(120 ±5)mm。施工单位施工水平一般,要求砂浆沉入度为 70 ~90 mm。求砂浆的配合比。

2. 今测得某组水泥砂浆 3 个试件的破坏荷载值分别为 31.2,25.5,32.4 kN,求该组试件抗压强度代表值。

项目六
防水工程施工材料——防水密封材料的选用

【学习目标】

一、知识目标

1. 掌握沥青及防水材料的主要类型和技术性质;掌握不同类型防水材料的使用条件及使用要求。

2. 认识密封材料的类型及功能,了解密封材料的应用范围。

二、技能目标

1. 通过对建筑工程中沥青及沥青制品的学习,了解沥青的技术特性,知道常用的沥青防水材料、防水涂料有哪些,怎样选择合适的防水材料。

2. 通过学习掌握密封材料的特点、性能,选择满足建筑功能的密封材料。

【问题导论】

防水材料是建筑工程的重要材料之一,是防止雨水、地下水与其他水分渗透的关键。防水材料质量的优劣直接影响建筑物的使用性和耐久性。从建筑工程的防水技术角度而言,现今防水分为构件自身防水和防水层防水两大类。防水层的做法又可分为刚性防水材料防水和柔性防水材料防水。刚性材料防水是采用浇注掺入防水剂的混凝土或预应力混凝土、涂抹防水砂浆等做法;柔性材料防水是采用涂抹防水涂料、铺设防水卷材等做法。多数建筑物采用柔性材料防水做法,国内外使用的柔性防水材料主要以沥青基防水材料为主。如今,随着技术的不断发展,防水卷材由传统的沥青基防水卷材逐渐向高聚物改性沥青防水卷材和合成高分子防水卷材系列发展,防水涂料也由低塑性产品向高弹性、高耐久性产品的方向发展,施工方法则由热熔法向冷黏法发展。

建筑密封材料是能使建筑上的各种接缝或变形缝保持水密、气密性能,并具有一定的强度,能够连接构件的填充材料。密封材料质量不好,将影响建筑物的使用,对装配式建筑来说还会引起渗漏现象。

掌握建筑防水材料和建筑密封材料的类型及特点,正确选择合适的防水、密封材料,是解决建筑物防水与密封性能、延长建筑物使用寿命的关键所在。

【学习内容】

任务一　认识沥青

【任务背景】　沥青是憎水性有机胶凝材料，其结构致密几乎完全不溶于水和不吸水，与混凝土、砂浆、木材、金属、砖、石料等材料有非常好的黏结力；具有较好的抗腐蚀能力，能抵抗一般酸、碱、盐等的腐蚀；具有良好的电绝缘性。因而，广泛用于建筑工程的防水、防潮、防渗及防腐的道路工程。现今建筑工程中用到的防水材料以沥青基的防水材料最为广泛，了解沥青的技术性质，有利于进一步加深对沥青基防水材料的认识、选择与应用，为建筑工程防水、密封施工提供有力的保障。

1. 沥青

沥青是由不同分子量的碳氢化合物及其非金属衍生物组成的极其复杂的混合物，在常温下呈黑色或黑褐色固体、半固体或液体状态。沥青是一种有机胶凝材料，也是一种憎水性材料，几乎完全不溶于水；沥青与矿物材料有较强的黏结力，其结构致密，不透水、不导电，耐酸碱侵蚀，并有受热软化、冷后变硬的特点，因此，沥青广泛用于工业和民用建筑的防水、防腐、防潮以及道路和水利工程。

沥青按其在自然界中获得的方式，可分为地沥青和焦油沥青两大类。地沥青包括天然沥青和石油沥青。焦油沥青包括煤沥青、木沥青和页岩沥青。工程中使用最多的是石油沥青和煤沥青。虽然石油沥青的防水性能好于煤沥青，但是煤沥青的防腐和黏结性能较石油沥青好。

2. 石油沥青

石油沥青是以原油为原料，经过炼油厂常压蒸馏、减压蒸馏等提炼，提取汽油、煤油、柴油、重柴油、润滑油等产品后得到的油渣，通常这些油渣属于低标号的慢凝液体沥青。

1）石油沥青的技术性质

（1）黏滞性

石油沥青的黏滞性又称黏性或黏度，是指沥青在外力作用下抵抗变形的能力。在沥青路面中，沥青作为黏结材料将矿料黏结起来，形成强度，沥青的黏结性决定了路面的力学行为。沥青的黏性通常用黏度表示，黏度和针入度是划分沥青等级（标号）的主要指标。

①黏度。测定液体石油沥青的黏度，采用道路标准黏度计法。在标准黏度计中，液体状态的沥青，于规定温度条件下，通过规定的流孔直径，流出 50 mL 体积所需的时间秒数（s）称为沥青的黏度，以 CT,d 表示（黏度常以符号 C 表示，T 为试验温度，d 为流孔直径）。在温度和流孔直径相同的条件下，流出时间越长，表示沥青的黏度越大。

②针入度。它是指在温度为 25 ℃的条件下，以 100 g 的标准针，经 5 s 垂直贯入沥青中的深度，并以 0.1 mm 为单位（0.1 mm＝1 ℃）。沥青针入度用 PT,m,t 表示，其中 P 为针入度，T 为试验温度，m 为标准针的质量，t 为贯入时间。按我国现行试验法，试验条件为 P25 ℃，

100 g,5 s。针入度是度量沥青稠度的一种指标,针入度越大,流动性越大,稠度越低。

(2)塑性

塑性是指石油沥青在外力作用下产生变形而不被破坏,除去外力仍保持变形后的形状不变的性质,又称延性。用延度来表示沥青的塑性,沥青延度值的大小直接反映了工程中沥青在外力作用下,保持内部结构连续或抵抗开裂的能力。沥青之所以能配制成性能良好的柔性防水材料,在很大程度上取决于沥青的塑性。沥青的塑性对冲击振动荷载有一定的吸收能力,并能减少摩擦时的噪声,故沥青是一种优良的道路路面材料。

沥青延度的测定是将沥青试样制成“8”字标准试件,在一定温度(25 ℃或15 ℃)和拉伸速度(通常为5 cm/min)下,将试件拉断时延伸的长度,用cm表示。沥青延度越大,塑性越好。

(3)温度敏感性

温度敏感性(感温性)是指沥青的黏滞性和塑性随温度升降而变化的性能。沥青是一种组成和结构非常复杂的非晶体高聚物,它由液态转变为固态时,没有敏感的固化点或液化点。对于沥青的物理性质和温度之间的关系,通常采用产生硬化与滴落时相对应的某一温度区域范围来表示,在此温度区间内,沥青是一种黏滞流动状态。在工程实际中,为保证沥青不会因温度升高而产生流动的状态,取这一温度区间的0.872 1倍作为反映沥青物理状态与温度之间关系的参数,并称为软化点。

通常用“环球法”测定软化点,其方法是将经过熬制、已脱水的沥青试样,装入规定尺寸的铜环中;试样上放置规定尺寸的钢球,放在盛水或甘油的容器中,以5 ℃/min的升温速度,加热至沥青软化,下垂达25.4 mm时的温度即为软化点。

沥青的软化点为50~100 ℃。软化点越高,温度敏感性越小,沥青的耐热性越好,但软化点过高,不易加工和施工;软化点过低,夏季高温时易产生流淌而变形。

沥青的针入度、延度和软化点是划分沥青标号的主要依据,称为沥青的三大指标。

(4)大气稳定性

沥青的大气稳定性也称抗老化性,是指石油沥青在热、阳光、氧气和潮湿等大气因素的长期综合作用下抵抗老化的性能。沥青的大气稳定性用蒸发前后的减量值及针入度比来表示。大气稳定性的好坏,反映了沥青使用寿命的长短。大气稳定性好的沥青,耐老化,使用寿命长。

(5)施工安全性

黏稠沥青在使用时必须加热,当加热至一定温度时,沥青材料中挥发的油分蒸汽与周围空气组成混合气体,此混合气体遇火焰则易发生闪火。若继续加热,油分蒸汽的饱和度增加。由于此种蒸汽与空气组成的混合气体遇火焰极易燃烧而引发火灾。因此,必须测定沥青加热闪火和燃烧的温度,即闪点和燃点。

闪点是指加热沥青至挥发出的可燃气体和空气的混合物,在规定条件下与火焰接触,初次闪火(有蓝色闪光)时的沥青温度。

燃点是指加热沥青产生的气体和空气的混合物,与火焰接触能持续燃烧5 s以上时,此时即沥青的温度。燃点是沥青可维持燃烧的最低温度,燃点温度比闪点温度一般约高10 ℃。

闪点和燃点的高低表明沥青引起火灾或爆炸的可能性大小,它关系到运输、储存和加热使用等方面的安全。

2)石油沥青技术标准

石油沥青按用途分为建筑石油沥青、道路石油沥青和普通石油沥青3种。在土木工程中使用的沥青主要为建筑石油沥青和道路石油沥青。

建筑石油沥青按针入度不同分为10号、30号和40号共3个牌号,见表6-1;道路石油沥青按国家标准《重交通道路石油沥青》(GB/T 15180—2010)分为AH-30,AH-50,AH-70,AH-90,AH-110和AH-130共6个牌号,见表6-2。

表6-1 建筑石油沥青技术标准

项目	质量指标			试验方法
	10号	30号	40号	
针入度(25 ℃,100 g,5 s)/(1/10 mm)	10~25	26~35	36~50	GB/T 4509
针入度(46 ℃,100 g,5 s)/(1/10 mm)	实测值	实测值	实测值	
针入度(0 ℃,200 g,5 s)/(1/10 mm) 不小于	3	6	6	
延度(25 ℃,5 cm/min)/cm 不小于	1.5	2.5	3.5	GB/T 4508
软化点(环球法)/℃ 不低于	95	75	60	GB/T 4507
溶解度(三氯乙烯)/% 不小于	99.0			GB/T 11148
蒸发后质量变化(163 ℃,5 h)/% 不大于	1			GB/T 11964
蒸发后25 ℃针入度比/% 不小于	65			GB/T 4509
闪点(开口杯法)/℃ 不低于	260			GB/T 267

注:测定蒸发损失后样品的25 ℃针入度与原25 ℃针入度之比乘以100后,所得的百分比,称为蒸发后的针入度比。

表6-2 道路石油沥青技术标准

项目	质量指标						试验方法
	AH-130	AH-110	AH-90	AH-70	AH-50	AH-30	
针入度(25 ℃,100 g,5 s) 1/10 mm	120~140	100~120	80~100	60~80	40~60	20~40	GB/T 4509
延度(15 ℃)/cm 不小于	100	100	100	100	80	实测值	GB/T 4508
软化点/℃	38~51	40~53	42~55	44~57	45~58	50~65	GB/T 4507
溶解度/% 不小于	99.0	99.0	99.0	99.0	99.0	99.0	GB/T 11148
闪点/℃ 不小于	230					260	GB/T 267
密度(25 ℃)/kg/m^3	实测值						GB/T 8928
蜡含量/% 不大于	3.0	3.0	3.0	3.0	3.0	3.0	SH/T 0425

续表

项　目	质量指标						试验方法
	AH-130	AH-110	AH-90	AH-70	AH-50	AH-30	
薄膜烘箱试验(163 ℃,5 h)							GB/T 5340
质量变化/%　不大于	1.3	1.2	1.0	0.8	0.6	0.5	GB/T 5340
针入度比/%　不小于	45	48	50	55	58	60	GB/T 4509
延度(15 ℃)/cm 不小于	100	50	40	30	实测值	实测值	GB/T 4508

3)沥青掺配

施工中,若采用一种沥青不能满足沥青的要求时,可按使用要求,对沥青进行掺配,得到满足技术要求的沥青。

在进行掺配时,为了不使掺配后的沥青胶体结构被破坏,应选用表面张力相近和化学性质相似的沥青。试验证明,同产源沥青容易保证掺配后的沥青胶体结构的均匀性。所谓同产源,是指同属石油沥青或同属煤沥青(或煤焦油)。如用3种沥青时,可先算出两种沥青的配比,再与第三种沥青进行配比计算,然后再试配。

4)石油沥青的选用

选用石油沥青的原则是根据工程性质与要求及当地气候条件、所处工程部位(屋面、地下)来选用,在满足使用的前提下,应选用牌号较大的石油沥青,以保证有较长的使用年限。

建筑石油沥青的黏性较大、温度敏感性较小、塑性较小,主要用于生产或配制屋面与地下防水、防腐蚀等工程用的各种沥青防水材料。对不受较高温度作用的部位,宜选用牌号较大的沥青。屋面防水工程中由于一般同地区的沥青屋面表面温度比其他材料都高,据高温季节测试沥青屋面达到的表面温度比当地最高气温高25～30 ℃;为避免夏季流淌,一般屋面用沥青材料的软化点还应比本地区气温高20 ℃以上,故对于屋面防水工程一般选用10号或30号建筑石油沥青,或将10号建筑石油沥青与30号建筑石油沥青掺配使用。严寒地区屋面工程不宜单独使用10号建筑石油沥青。

道路石油沥青多用于拌制沥青砂浆和沥青混凝土,用于道路路面及厂房地面等。道路沥青的选用,宜按照公路等级、气候条件、交通条件、路面类型及在结构层中的层位和受力特点、施工方法等,结合当地的使用经验,经技术论证后再确定。

对于高速公路、一级公路,夏季温度高,高温持续时间长的地区,重载交通路段,山区及丘陵区上坡路段,服务区,停车场等行车速度慢的路段,尤其是汽车荷载剪应力大的层次,宜采用稠度大,60 ℃黏度大的沥青,也可提高高温气候分区的温度水平选用沥青等级。对于冬季寒冷的地区或者交通量小的公路,旅游公路宜选用稠度小、低温延度大的沥青。对于温度日温差、年温差大的地区应选用针入度指数大的沥青。

【课堂思考与讨论6-1】

请比较下列A,B两种建筑石油沥青的针入度、延度及软化点测定值。讨论:对于南方夏季炎热地区屋面,选用何种沥青做防水材料较合适。

质量指标	针入度/0.1 mm (25 ℃,100 g,5 s)	延度/cm (25 ℃,5 cm/min)	软化点/℃ 环球法
A	30	5	72
B	22	2.5	101

3. 煤沥青

煤沥青是煤干馏得到的煤焦油,经再提炼加工得到的产品,也称煤焦油沥青或柏油。煤沥青分为低温、中温、高温煤沥青三大类。

建筑中主要使用半固体的低温煤沥青。煤沥青与石油沥青相比,煤沥青密度较大,塑性较差,温度敏感性较大,在低温下易变脆硬、老化快,与矿质材料表面结合紧密;防腐能力强,有毒和有臭味,因此,煤沥青适用于地下防水工程及防腐工程。

石油沥青和煤沥青不能混合使用,它们的制品也不能相互粘贴或直接接触,否则会分层、成团而失去胶凝性,以致无法使用或降低防水效果。

4. 改性沥青

改性沥青是掺加橡胶、树脂、高分子聚合物、磨细的橡胶粉或其他填料等外掺剂(改性剂),或采取对沥青轻度氧化加工等措施,使沥青或沥青混合料的性能得以改善制成的沥青结合料。改性沥青耐高温,抗低温,适应性强;韧性好,抗疲劳,抗老化,性能稳定,使用寿命长。目前改性道路沥青主要用于机场跑道、防水桥面、停车场、运动场、重交通路面、交叉路口和路面转弯处等特殊场合的铺装应用,以及公路网的养护和补强等。

改性沥青已在全球范围内被广泛使用,对改性沥青的分类有不同的分类方式,一般从沥青改性的手段看主要有工艺性、结构性和改性剂改性等。从改性剂的类型看分为非聚合物改性和聚合物改性。非聚合物材料主要有填料、天然沥青、纤维、抗剥离剂、抗老化剂和抗氧化剂等。聚合物材料主要有热塑性弹性体、树脂类和橡胶类等。工程上常用的 SBS 改性沥青就属于高聚物改性沥青,它是以基质沥青为原料,加入一定比例的 SBS 改性剂,通过剪切、搅拌等方法使 SBS 均匀地分散在沥青中,同时,加入一定比例的专属稳定剂,形成 SBS 共混材料,利用 SBS 良好的物理性能对沥青做改性处理。SBS 改性沥青是目前世界上使用最普遍的一种聚合物改性沥青,既改善了沥青的高温、低温性能,又起到抗疲劳和耐水损害作用。

【课堂思考与讨论 6-2】

(1)查询资料,简述石油沥青和煤沥青的区别。

(2)对石油沥青改性的目的是什么,通常采用哪些方法对石油沥青进行改性?

任务二　防水材料的选用

【任务背景】 我国地域辽阔,南北气温高低悬殊,在选择防水材料时,应注意地域差异。江南地区夏季气温高达 40 ℃,持续数日,屋面防水层长时间暴晒,影响防水层的防水性能。到了雨季,年降雨量在 1 000 mm 以上的约有 15 个省市自治区,阴雨连绵的日子很长,屋面因排水不畅而积水,一连数月不干,浸泡着防水层,同样会损害防水层的防水功能。严寒多雪的北方地区，一年中有四五个月被皑皑白雪覆盖，雪水长久浸渍防水层，有些防水材料经不住低温冻胀收缩的循环变化，过早老化断裂。

对同一地区的建筑物，建筑屋面、外墙面、地下建筑、厨房、卫生间等地方对防水要求也不相同，如不进行正确的防水处理，或防水处理不当，将严重影响建筑物的安全性和使用性。

因此，只有根据工程要求，结合工程地质水文、结构类型、施工季节、当地气候、建筑使用功能以及特殊部位等情况，对防水材料提出具体要求，工程技术人员才能在面对品种繁多、形态不一的防水材料时结合其性能、价格、施工方式等不同，综合考虑进而做出正确的选择，这对做好防水工程来说具有重大意义。

1. 防水卷材

防水卷材是建筑工程防水材料的重要品种之一。防水卷材的品种较多，性能各异。防水卷材按照材料的组成一般可分为石油沥青防水卷材、高聚物改性沥青防水卷材和合成高分子防水卷材三大类。

1）石油沥青防水卷材

石油沥青防水卷材俗称油毡，是用高软化点的石油沥青涂盖纸胎两面，再撒上滑石粉（粉毡）或云母片（片毡）面而形成的防水材料。纸胎油毡的抗拉能力低、易腐烂、耐久性差，现已禁止生产使用。为了改善沥青防水卷材的性能，通常是改进胎体材料。因此，开发了玻璃布沥青油毡、玻纤沥青油毡、黄麻胎沥青油毡、铝箔胎沥青油毡等一系列沥青防水卷材。

2）高聚物改性沥青防水卷材

以合成高分子聚合物（如 SBS、APP、APAO、丁苯胶、再生胶等）改性沥青为涂盖层，纤维织物或纤维毡为胎体，粉状、粒状、片状或薄膜材料为覆面材料制成的可卷曲片状防水材料称为高聚物改性沥青防水卷材。它弥补了传统沥青防水卷材温度稳定性差、延伸率小的不足，具有高温不流淌、低温不脆裂、延伸率较大等优异性能，且价格适中。

高聚物改性沥青防水卷材一般可分为弹性体聚合物改性沥青防水卷材、塑性体聚合物改性沥青防水卷材、橡塑共混体聚合物改性沥青防水卷材三大类，各大类可再按聚合物改性体作进一步分类，例如，弹性体聚合物改性沥青防水卷材可进一步分为 SBS 改性沥青防水卷材、SBR 改性沥青防水卷材、再生胶改性沥青防水卷材等。

高聚物改性沥青防水卷材适用于屋面防水、地下室平面防水。目前主要品种有 SBS 改性沥青热熔卷材、APP 改性沥青热熔卷材、APAO 改性沥青热熔卷材、再生胶改性沥青热熔卷材等。

（1）弹性体改性沥青防水卷材

弹性体改性沥青防水卷材（即 SBS）是用沥青或热塑性弹性体（如苯乙烯-丁二烯嵌段共聚物 SBS）改性沥青浸渍胎基，以塑料薄膜、矿物粒、片料等作为防粘隔离层，经选材、配料、共熔、浸渍、复合成型、卷曲、检验、分卷、包装等工序加工而制成的一种柔性中、高档的可卷曲片状防水材料。

该类卷材使用玻纤毡和聚酯毡两种胎体，其延伸率高，可达 150%，大大优于普通纸胎油毡，对结构变形有很高的适应性；其有效适用温度范围广，为 -38 ~ 119 ℃；耐疲劳性能优异，疲劳循环 1 万次以上仍无异常，广泛使用于各类防水、防潮工程，尤其适用于高级和高层建筑物的屋面、地下室、卫生间等的防水防潮，以及桥梁、停车场、屋顶花园、游泳池、蓄水池、隧道等建筑的防水。又因该卷材具有良好的低温柔韧性和极高的弹性延伸性,更适合于北方寒冷地区和结构易变形的建筑物防水。

(2)APP 改性沥青防水卷材

APP 改性沥青防水卷材是塑性体沥青防水卷材中的一种。塑性体沥青防水卷材是以沥青或塑性塑料(如聚丙烯)改性沥青浸渍胎基(通常以聚酯毡或玻纤毡为胎基),两面涂以塑性体沥青,再用细砂、聚乙烯膜作为隔离层而制成的防水卷材。聚酯毡胎的卷材抗拉强度高、延伸率大,有较强抗穿刺和撕裂能力。APP 改性沥青防水卷材具有耐高温、耐老化、耐辐射的优异性能,尤其适用于高温或有强烈太阳辐射地区的建筑物防水。

(3)SBR 改性沥青防水卷材

SBR 改性沥青防水卷材采用玻纤毡或聚酯无纺布为胎体,浸涂 SBR 改性沥青,上表面撒布矿物粒、片料或者覆盖聚乙烯膜,下表面撒布细砂或者覆盖聚乙烯膜所制成的可卷曲片状防水材料。SBR 改性沥青防水卷材的适用范围,除适用于一般工业与民用建筑工程防水外,尤其适用于高层建筑的屋面和地下工程的防水防潮以及桥梁、停车场、游泳池、隧道等建筑工程的防水。

3)合成高分子防水卷材

合成高分子防水卷材是以合成橡胶、合成树脂或它们两者的共混体为基料,加入适量的助剂和填充料等,经混炼、压延或挤出等工序加工而制成的可卷曲片状防水材料。

合成高分子防水卷材具有拉伸强度和抗撕裂强度高、断裂伸长率大、耐热性和低温柔性好、耐腐蚀、耐老化等一系列优异的性能,是新型高档防水卷材。常见的有三元乙丙(EPDM)橡胶防水卷材、聚氯乙烯(PVC)防水卷材、氯化聚乙烯-橡胶共混防水卷材等。

(1)三元乙丙(EPDM)橡胶防水卷材

三元乙丙(EPDM)橡胶防水卷材是以三元乙丙橡胶为主体,掺入适量的硫化剂、促进剂、软化剂、填充料等,经过配料、密炼、拉片、过滤、压延或挤出成型、硫化等工序加工制成的高弹性防水卷材。耐老化性能好,对基层伸缩或开裂的适应性强,且使用温度范围宽,耐高低温性能好,抗拉强度高,耐酸碱腐蚀等。三元乙丙(EPDM)橡胶防水卷材适用于防水要求高、耐用年限长等的土木建筑工程中,如地下室、隧道等。

(2)聚氯乙烯(PVC)防水卷材

聚氯乙烯(PVC)防水卷材是以聚氯乙烯树脂为主要材料,掺加改性剂、抗氧化剂、紫外线吸收剂等,经混炼、压延或挤出成型、冷却、分卷包装等工序制成的防水卷材。

聚氯乙烯防水卷材的尺寸稳定性、耐热性、耐腐蚀性、耐细菌性等均较好,适用于各类建筑屋面防水工程和水池、堤坝等防水抗渗工程。

与三元乙丙(EPDM)橡胶防水卷材相比,除在一般工程中使用外,聚氯乙烯(PVC)防水卷材更适应于刚性层上的防水层及旧建筑混凝土构件屋面的修缮工程,以及有一定耐腐蚀要求的室内地面工程防水、防渗工程等。

(3)氯化聚乙烯-橡胶共混防水卷材

氯化聚乙烯-橡胶共混防水卷材是以氯化聚乙烯树脂和合成橡胶为主体,掺入适量的硫化剂、促进剂、稳定剂等,经配料、密炼、过滤、压延成型、硫化等工序加工制成的防水卷材。这种卷材具有氯化聚乙烯特有的高强度和优异的耐候性,同时还表现出橡胶的高弹性、高延伸率及良好的耐低温性能，适用于寒冷地区或变形较大的建筑防水工程。

2. 防水涂料

防水涂料实质上是一种特殊涂料。它的特殊性在于当涂料涂布在防水结构表面后能形成柔软、耐水、抗裂和富有弹性的防水涂膜，隔绝外部水分子向基层渗透。因此，在原材料的选择上不同于普通建筑涂料，主要采用憎水性强、耐水性好的有机高分子材料。

根据成膜物质的不同，防水涂料可分为沥青基防水涂料、高聚物改性沥青防水涂料和合成高分子防水涂料三大类。防水涂料可按涂料状态和形式分为乳液型、溶剂型、反应型和改性沥青。

1）沥青基防水涂料

沥青基防水涂料是以沥青为基料配制而成的水乳型或溶剂型防水涂料。沥青基防水涂料对沥青基本没有改性或改性作用不大。沥青基防水涂料主要用于防水等级较低的工业与民用建筑屋面、混凝土地下室和卫生间防水、防潮等。建筑工程中常用的水乳型沥青基防水涂料主要有石灰乳化沥青、水性石棉沥青防水涂料、膨润土沥青乳液等；溶剂型沥青基防水涂料主要有冷底子油。

2）高聚物改性沥青防水涂料

高聚物改性沥青防水涂料一般以沥青为基料，用合成高分子聚合物对其进行改性，配制而成的溶剂型或水乳型涂膜防水材料。该类涂料在柔韧性、抗裂性、拉伸强度、耐高低温性能、使用寿命等方面均比沥青基涂料有较大改善，具有成膜快、强度高、耐候性和抗裂性好、难燃、无毒等优点。主要品种有氯丁橡胶改性沥青防水涂料、再生橡胶沥青防水涂料、丁基橡胶沥青涂料、聚氨酯改性沥青涂料、SBS 和 APP 改性沥青防水涂料。

3）合成高分子防水涂料

合成高分子防水涂料是以合成橡胶或合成树脂为主要成膜物质，加入其他辅助材料配制而成的单组分或多组分防水涂料。该类涂料主要有橡胶类和合成树脂类两种。其弹性高、温度稳定性好、耐久性好，适用于高防水等级的屋面、地下室、水池及卫生间防水工程。主要品种有聚氨酯防水涂料、水性丙烯酸酯防水涂料、聚氯乙烯防水涂料。

（1）聚氨酯防水涂料

聚氨酯防水涂料是由异氰酸酯、聚醚等经加成聚合反应而成的含异氰酸酯基的预聚体，配以催化剂、无水助剂、无水填充剂、溶剂等，经混合等工序加工制成的单组分聚氨酯防水涂料。该类涂料为反应固化型（湿气固化）涂料、具有强度高、延伸率大、耐水性能好等特点，在使用过程中不易产生变形和防水层脱落等现象。因此，被广泛应用于各类住宅和大型建筑工程之中，是市场上常见的防水涂料之一。

（2）水性丙烯酸酯防水涂料

水性丙烯酸酯防水涂料是以纯丙烯酸聚合物乳液为基料，加入其他添加剂而制得的单组分水乳型防水涂料。丙烯酸酯防水涂料是一种单组分的防水涂料，以水为分散介质，无毒、无味、不污染环境，属环保产品。它具有很强的温度适应性和操作性，在使用过程中也有很好的抗老化性、延伸性和防渗透性，使用效果明显。所形成的防水层为封闭体系，整体防水效果好，如果出现破损现象，也很容易进行修补和维护，从而降低维修难度。该涂料适用于屋面、墙面、卫生间、地下室等非长期浸水环境下的、防渗工程。

(3)聚氯乙烯防水涂料

聚氯乙烯防水涂料是以 PVC 树脂或塑料与煤焦油相互改性,掺加适量增塑剂、稳定剂、填充料等配制而成的。该涂料具有适应范围广、耐候性、抗酸性、抗变形、使用寿命长、拉伸强度高、延伸率大等特点。特别对基层收缩和开裂变形适应性强,使用温度范围为 -40 ~ 100 ℃。

【课堂思考与讨论 6-3】

(1)为满足防水要求,防水材料应具有哪些方面的性能?

(2)与传统沥青防水卷材相比,高聚物改性沥青防水卷材、合成高分子防水卷材各有哪些优点?

(3)查询资料,简述防水涂料的优缺点。

(4)扫二维码学习水泥基渗透结晶防水涂料与 K11 防水涂料知识,并思考水泥基渗透结晶防水涂料和 K11 防水涂料的区别?

水泥基渗透结晶防水涂料与K11防水涂料

任务三　建筑密封材料的选用

【任务背景】 接缝设计是整个结构设计的组成部分,几乎任何建筑都有接缝。在进行接缝处理、选择密封材料时,应先考虑密封材料的使用部位以及它的黏性性能。密封材料和基层良好黏结是作为密封的重要基础,若密封材料选择不当,将会降低建筑的使用性能。同时,应保证接缝处的密封材料具有良好的水密性和气密性能、良好的耐高低温性和耐老化性能,以及一定的弹塑性和拉伸-压缩循环性能。

面对品种较多的建筑密封材料,必须了解工程上常用建筑密封材料的类型、特性、使用范围,才能正确地选用密封材料,保证建筑物的使用功能。

1. 建筑密封材料的类型

建筑密封材料是指嵌入建筑物缝隙、门窗四周、玻璃镶嵌部位以及因开裂产生的裂缝,能承受位移且能达到气密、水密目的的材料,又称嵌缝材料。密封材料按构成类型分为溶剂型密封材料、乳液型密封材料和反应型密封材料;按使用时的组分分为单组分密封材料和多组分密封材料;按组成材料分为改性沥青密封材料和合成高分子密封材料。

1)聚氨酯密封材料

聚氨酯密封材料是以含有异氰酸酯基的基料和含有活性氢化合物的硫化剂以及催化剂、填充料等组成的常温硫化型的弹性密封材料,固化前为可挤注黏稠流体。单组分型聚氨酯密封膏为湿气固化型,施工方便,但固化慢,受外部环境影响大,高温环境下可能产生气泡和裂纹。双组分型聚氨酯密封膏为反应固化型,固化快、性能好,但施工麻烦。

聚氨酯密封材料具有弹性高、延伸率好、黏结性好等特点,室温下通过空气或交联剂固化,有高、中、低各种模量,具有高位移能力,价格适中;耐溶剂、耐磨、抗撕裂、透气率低,可用于除结构粘接外的所有场合。耐候性好,耐油、耐生物老化,使用年限 15 ~ 220 年。但不能长期受热,浅色配方耐紫外线能力较差,不宜长期暴晒。

聚氨酯密封材料主要用于建筑物中混凝土预制件等建材的连接及施工缝的填充密封,门窗的木框四周及墙的混凝土之间的密封嵌缝,建筑物上轻质结构(如幕墙)的粘贴嵌缝,阳台、游泳池、浴室等设施的防水嵌缝，空调及其他体系连接处的密封，隔热双层玻璃、隔热窗框的密封等。

在高级道路、桥梁、飞机跑道等有伸缩性接缝的地方作为嵌缝密封材料，混凝土、PVC 等材质的雨污水管道、地下煤气管道、电线电路管道接头处的连接密封材料，地铁隧道及其他地下隧道连接处的密封材料等。

2）聚硫密封胶材料

聚硫密封胶材料是以液态聚硫橡胶为基础原材料配以金属过氧化物等硫化剂和填充料、等，在常温下形成弹性体的高档非定型密封材料。聚硫密封胶具有良好的耐气候、耐燃油、耐湿热、耐水和耐低温性能，使用温度为 -40 ~ 96 ℃；具有抗撕裂性强，对钢、铝等金属及各种建筑材料有良好的黏结性；具有极佳的气密性和水密性，良好的低温柔性，可常温或加温固化。该材料适用接缝活动量大的部位，工艺性良好，不需溶剂，无毒，使用安全可靠。

聚硫密封胶常用于玻璃幕墙接缝密封，建筑物护墙板及高层建筑接缝密封，门窗框周围的防水防尘密封，中空玻璃制造中的组合件密封及中空玻璃安装，建筑门窗玻璃装嵌密封门窗玻璃的密封条等。

3）丙烯酸酯密封胶

丙烯酸酯密封胶由丙烯酸树脂掺入增塑剂、分散剂、碳酸钙、增量剂等配置而成，有溶剂型和水乳型两种，通常为水乳型。

水乳型丙烯酸酯密封胶通过水分的蒸发或吸收而固化，贮存稳定性良好。含水量少，体积收缩小；无臭味，不坍塌，消粘时间短，固化时间也短；柔软性、伸长能力、复原性、耐水黏附性、耐候性优良；伸长性好而回复性不良（聚合物不是弹性体），干燥快，几乎能立即复涂；有一定的柔软性和回弹性、收缩小，具有极优的耐紫外光照射性和耐褪色性能。

丙烯酸酯密封胶主要用于屋面、墙板、门、窗嵌缝，但其耐水性能不好，不宜用于经常泡在水中的工程，如广场、公路、桥面有交通往来的接缝及水池、污水厂、灌溉系统、堤坝等水下接缝。

4）硅酮密封胶

硅酮密封胶（图 6-1）是以聚二甲基硅氧烷为主要原料，辅以交联剂、填料、增塑剂、偶联剂、催化剂在真空状态下混合而成的膏状物，在室温下通过与空气中的水发生反应，固化形成弹性硅橡胶。硅酮密封胶具有良好的耐热、耐寒和耐候性，与各种材料都有较好的黏结性能，耐水性好，耐拉伸，抗压缩疲劳性强。

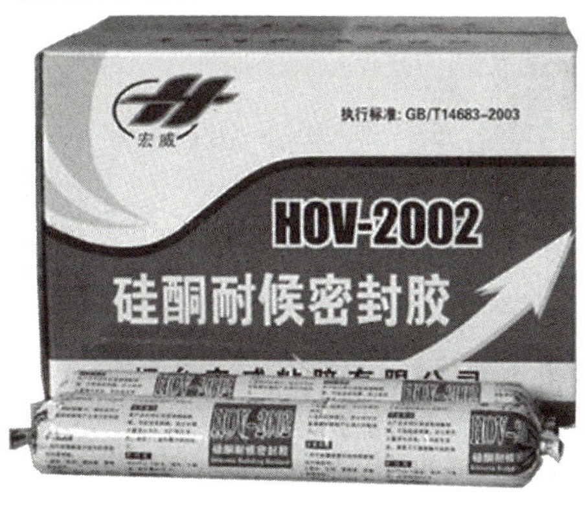

图 6-1　硅酮耐候密封胶

硅酮密封胶分为单组分和双组分，单组分应用较多。硅酮密封胶按用途分为镶装玻璃用和建筑接缝用两种类型，按拉伸模量分为高模量和低模量两个级别。硅酮密封胶具有优异的耐热、耐寒性及较好的耐候性、良好的疏水性能等优点。高模量有机硅密封胶主要用于建筑物的结构型密封部位，如玻璃墙、门窗等；低模量的有机硅密封胶主要用于建筑物的非结构密封部位，如预制混凝土墙板、水泥板、大理石板、花岗岩的外墙板缝、混凝土与金属框架的黏结以及卫生间和高速公路等接缝的防水密封等。

5）止水带

止水带也称封缝带，是处理建筑物或地下构筑物接缝（伸缩缝、施工缝、变形缝）的一类定型防水密封材料，常用品种有橡胶止水带、塑料止水带等。

橡胶止水带是以天然橡胶或合成橡胶为主要原料，掺入各种助剂及填料，经塑炼、混炼、模压而成，具有良好的弹塑性、耐磨性和抗撕裂性能，适应变形能力强，防水性能好。但使用温度和使用环境对物理性能有较大的影响，当作用于止水带上的温度超过 50 ℃，以及受强烈的氧化作用或受油类等有机溶剂的侵蚀时不宜采用。橡胶止水带一般用于地下工程、小型水坝、储水池、地下通道、河底隧道、游泳池等工程的变形缝部位的隔离防水以及水库、输水洞等处闸门的密封止水。

塑料止水带目前多为软质聚氯乙烯塑料止水带，是由聚氯乙烯树脂、增塑剂、稳定剂等原料经塑炼、造粒、挤出、加工成型而成的。塑料止水带的优点是原料来源丰富，价格低廉，耐久性好，物理力学性能满足使用要求。塑料止水带可用于地下室、隧道、涵洞、沟渠等的隔离防水。

【课堂思考与讨论 6-4】

（1）建筑密封材料的作用是什么，常用类型有哪些？

（2）扫描二维码了解装配式建筑外墙接缝用密封胶的性能要求及《硅酮和改性硅酮建筑密封胶》（GB/T 14683—2017）相关知识，并完成下列各题：

装配式建筑接缝密封材料

①改性硅酮密封胶按用途分为________和________两类。

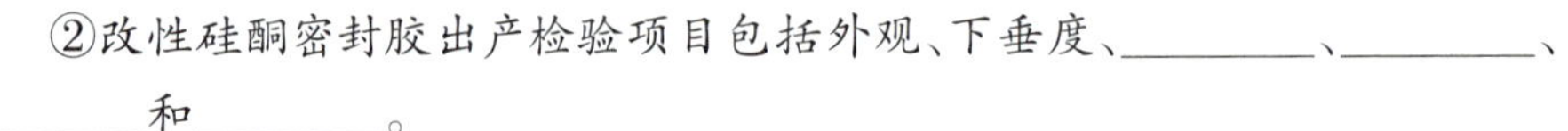

②改性硅酮密封胶出产检验项目包括外观、下垂度、________、________、________和________。

③同一类型/同一级别的产品每________ t 为一批进行检验。

课后作业

一、填空题

1. 石油沥青的牌号主要根据其________、________、________等质量指标划分，以________表示。

2. 防水卷材根据其主要防水组成材料分为________、________和________三大类。

3. SBS 卷材主要用于屋面及地下室防水，尤其适用于________地区；APP 卷材适用于工业与民用建筑的屋面和地下室防水工程及道路、桥梁等建筑物的防水，尤其适用于________环境的建筑防水。

4. 防水涂料根据成膜物质的不同，可分为________、________和________三大类。

5. 装配式建筑常采用的密封材料有________、________和________，________装配式建筑接缝密封胶的首选。

二、单项单选题

1. 石油沥青的针入度越大，则黏滞性(　　)。

A. 越大　　B. 越小　　C. 不变　　D. 不一定

2. 为避免夏季流淌，一般屋面用沥青材料软化点应比本地区屋面最高温度高(　　)。

A. 10 ℃以上　　B. 15 ℃以上　　C. 20 ℃以上　　D. 25 ℃以上

3. 下列不宜用于屋面防水工程中的沥青是(　　)。

A. 建筑石油沥青　　B. 煤沥青　　C. SBS 改性沥青　　D. APP 改性沥青

4. 三元乙丙(EPOM)防水卷材属于(　　)防水卷材。

A. 合成高分子　　B. 沥青　　C. 高聚物改性沥青　　D. 天然沥青

5. 用于游泳池、公路接缝，密封性能好的密封材料时(　　)。

A. 沥青嵌缝油膏　　B. 丙烯酸类密封膏

C. 聚氨酯密封膏　　D. 聚氯乙烯接缝膏

三、问答题

1. 什么是防水材料，防水材料的发展趋势如何？

2. 石油沥青的主要技术性质是什么，各由哪些指标表示？

3. 防水涂料的主要类型有哪些，其用途是什么？

项目七

保温节能工程施工材料——各部位的保温材料选用

【学习目标】

一、知识目标

1. 掌握墙体保温材料的特点及使用要求,了解常见保温材料的特点及特性。

2. 掌握屋面保温材料的特点及使用要求,了解常见保温材料的类型及选用原则。

二、技能目标

1. 通过对墙体保温材料的学习,认识建筑工程中常见的建筑墙体保温材料和新型墙体保温材料,根据其特性选择更优异的墙体材料。

2. 认识建筑工程中屋面保温材料,根据其特性选择更合理的保温材料。

【问题导论】

建筑能耗占中国社会总能耗的30%左右,而建筑能耗的30%～50%是通过屋顶和围护结构损失的,所以作好屋顶与墙体的保温与隔热是建筑节能的关键环节。通过选用良好的保温材料,可有效阻止热交换、热传递的进行,减少能源散失,能有效起到节约能源的作用。研究表明:对于空调采暖住宅而言,通过使用保温材料,可在现有的基础上节能50%～80%。在日本,其节能研究表明每使用1 t保温材料,可节约标准煤3 t/年,有效减少不可再生能源消耗,减轻能源负担且同时保护环境。除此以外,保温材料还可以起到保护主体结构,延长建筑物寿命的作用;选材适当、厚度合理的外保温可有效防止和减少墙体与屋面的温度变形,有效消除顶层横墙常见的斜裂缝或八字裂缝。总之,优良的保温材料对节约能源、保护环境、促进可持续发展、保持国民经济的持续高速发展具有重要意义。

我国保温材料发展缓慢,20世纪70年代前一直使用水泥发泡剂制成的泡沫混凝土和性能差、密度大的炉渣。70年代后期才开始生产密度低、导热系数小的膨胀珍珠岩和膨胀蛭石,并很快得到普遍推广;后来又逐渐开发出岩棉、微孔硅酸盐、加气混凝土等。但是这些材料吸水率极高,一旦浸水将不能保证保温功能,还会导致起鼓。直到90年代中期,聚苯乙烯泡沫板、硬泡聚氨酯等有机保温材料的出现,才彻底解决了保温材料吸水率这一难题。有机保温材料有轻质、保温性能好、可加工性强等优点。但有机保温材料也存在一些显著的缺点，包括变形系数大，在使用过程中极易发生形变；材料耐久性差，使用一段时间后会逐渐老化，不能与建筑物同寿命，在建筑物使用期内，需要多次更换保温层，浪费大量人力、物力、财力；更为严重的是其防火安全性差，各地屡屡发生因其被引燃而导致的火灾事故。这些缺点在一定程度上制约了有机保温材料作为屋面保温材料的更快发展。在现有的基础上生产出保温防火性能好、低成本且环保、综合性能优异的产品将是今后我国保温节能材料发展、努力的方向。

【学习内容】

任务一　墙体保温材料

【任务背景】 中国是一个能源比较贫瘠的国家，因此合理利用能源，提高能源利用率是我国社会发展的根本大计。作为占中国社会总能耗的 30% 左右的建筑行业，其节能改革工作的核心主要围绕建筑物围护结构和采暖系统进行，如今，墙体保温在建筑节能中发挥出越来越重要的作用。

墙体保温技术最早起源于欧洲，我国是从 20 世纪 80 年代中期开始试点，目前的建筑节能水平还远低于发达国家，我国建筑单位面积能耗仍是气候相近的发达国家的 3 ~5 倍。提高墙体保温材料的性能是保障保温、节能效果的前提。现今的墙体保温材料从化学成分来分类，主要有无机类与有机类两大类。每类产品其使用环境及施工技术要求不同，特别是其燃烧性能等级不同，作为工程技术人员在选择保温材料时，既要保证材料节能保温，又要做到防火安全，两者并重，缺一不可。

1. 外墙保温材料

外墙保温是指采用一定的固定方式（黏结、机械锚固、粘贴 + 机械锚固、喷涂、浇注等），把导热系数较低（保温隔热效果较好）的绝热材料与建筑物墙体固定为一体，增加墙体的平均热阻值，从而达到保温或隔热效果的一种工程做法。根据保温材料在外墙上使用部位的不同，分为外墙内保温、外墙外保温、外墙自保温。

外墙保温材料按化学成分不同，可分为有机类（如苯板、聚苯板、挤塑板、聚苯乙烯泡沫板、硬质泡沫聚氨酯、聚碳酸酯及酚醛等）、无机类（如珍珠岩水泥板、泡沫水泥板、岩棉、蒸压砂加气混凝土砌块、传统保温砂浆等）和复合材料类（如金属夹芯板、芯材为聚苯、玻化微珠、聚苯颗粒等）。其中，有机保温材料具有低的导热系数，保温性能好，但是易燃、防火等级低，安全性差，需要进行阻燃处理；无机保温材料不燃，防火等级高，安全性能好，但是保温性能不如有机保温材料。

1）有机保温材料

目前建筑外墙常用的有机类保温材料有模塑聚苯板（EPS）、挤塑聚苯乙烯泡沫板（XPS）、聚氨酯（PU）和酚醛泡沫板（PF）等，这些材料的防火安全性能较差，容易燃烧，且在燃烧时释放大量热量、产生大量有毒烟气，不仅会加速大火蔓延，而且容易造成被困人员及救援人员伤亡，使用时均需通过添加一些阻燃剂以达到国家规范的使用标准。

(1)模塑聚苯板

模塑聚苯板(EPS)为模塑聚苯板乙烯泡沫,简称膨胀聚苯板,是以含有挥发性液体发泡剂的可发性聚苯乙烯珠粒为原料,经加热发泡后在模具中加热成型而制成的具有微细闭孔结构的泡沫塑料板材。泡沫由约98%的空气和2%的聚苯乙烯组成,蜂窝孔的直径为0.2~0.5 mm,壁厚为0.001 mm,分为普通型和阻燃型两种类型。

EPS模塑聚苯板薄抹灰外墙保温系统是一种常见的保温系统,具有优越的保温隔热性能、良好的防水性能及抗风压、抗冲击性能,能有效解决墙体龟裂和渗漏水问题。该系统技术成熟,施工方便,性价比高,是保温节能技术设计和建筑施工单位采用的隔热体系。

(2)挤塑聚苯板乙烯泡沫板

挤塑聚苯板乙烯泡沫板(XPS)简称挤塑板,是由聚苯乙烯树脂或其共聚物与其他添加剂经加热挤压过程制造出的硬质板材。其内部具有紧密的闭孔蜂窝结构,完全不会出现空隙,具有高抗压、吸水率低、防潮、不透气、质轻、耐腐蚀、不降解、导热系数低等优异性能。

XPS与EPS模塑聚苯板乙烯泡沫相比,其强度、保温、抗水渗透等性能有较大提高。在浸水条件下仍能完整地保持其保温性能和抗压强度,特别适用于建筑物的隔热、保温、防潮处理。广泛应用于高墙体保温、平面混凝土屋顶及钢结构屋顶保温,低温储能地面、低温地板辐射采暖、泊车平台、机场跑道、高速公路等领域的防潮保温及控制地面冻胀,是目前建筑业物美价廉、品质俱佳的隔热、防潮材料。

(3)聚氨酯

聚氨酯(PU)是聚氨基甲酸酯的简称,是由多元醇和多异氰酸酯反应制得的一类主链上带有重复—NHCOO—基团的聚合物的总称。聚氨酯泡沫材料是以聚醚多元醇、聚酯多元醇和多异氰酸酯或改性异氰酸酯预聚物为原料,加入一定比例的发泡剂、催化剂、泡沫稳定剂等,在一定的温度条件下,经混合均匀发泡所制得的泡沫材料。在建筑上经常使用的聚氨酯品种有数十种,主要类型有聚氨酯硬泡、软泡、防水树脂、塑胶跑道、聚氨酯黏结剂、聚氨酯涂料、聚氨酯密封胶等,在建筑节能中主要应用的是聚氨酯泡沫塑料。

聚氨酯保温材料是国际上性能最好的保温材料。硬质聚氨酯具有质量轻、导热系数低、耐热性好、耐老化、容易与其他基材黏结、燃烧不产生熔滴等优异性能,在欧美国家广泛用于建筑物的屋顶、墙体、天花板、地板、门窗等作为保温隔热材料。欧美等发达国家的建筑保温材料中约有49%为聚氨酯材料,而在我国这一比例尚不足10%。目前,我国已专门成立了聚氨酯硬泡建筑节能推广工作组,以此来加大该保温材料的应用。

(4)酚醛泡沫板

酚醛泡沫板(PF板)是由苯酚和甲醛的缩聚物(如酚醛树脂)与固化剂、发泡剂、表面活性剂和填充剂等混合制成的多孔型硬质泡沫塑料。酚醛泡沫板作为建筑节能保温材料,具有导热系数低、保温隔热效果好、不燃防火、防水透气、刚性大、抗剥离强度高,耐候性及化学稳定性好,无毒、无味、无害、无刺激性等优点。

酚醛泡沫板在国内最早应用是取代传统保温材料用于空调通风管道的保温,后逐步发展应用于化工管道保温、矿井隧道填充和灭火、外墙和内墙保温、活动厂房和临时房屋的保温隔热。很多厂家对酚醛进行改性,解决了酚醛泡沫脆性大的问题,完全满足强度要求。

2)无机保温材料

(1)岩棉制品

岩棉制品是以精选的天然玄武岩或辉绿岩等为主要原料,经高温熔化、高速离心法或喷吹法等制成棉丝状无机纤维(纤维直径为4~7 μm),继而在纤维中加入一定量的胶黏剂、防尘剂、憎水剂,再经固化、切割、贴面等工序制成。岩棉制品主要包括岩棉板和岩棉条。岩棉制品具有良好的隔热、隔音及吸音性能、导热系数小、防火无毒、不燃烧、使用寿命长等优点,是目前世界上应用范围较广的保温材料之一。

岩棉板保温在欧洲是仅次于聚苯板保温材料的一种保温材料,主要用于建筑防火要求较高的建筑部位。在国内,岩棉板保温一直广泛应用于干挂幕墙内部。岩棉板属于吸水性高的材料,在国内夏热冬冷地区,由于在梅雨季节雨量大,空气湿度大,会导致岩棉板温度系统受潮而降低保温性能。对于北方少雨地区,岩棉板是防火性能较好的外保温应用材料。

(2)泡沫玻璃板

泡沫玻璃板是以废平板玻璃和瓶罐玻璃为原料,加入发泡剂、改性添加剂和发泡促进剂等后,经过细粉碎和均匀混合后,再经高温熔化、发泡、退火而制成的无机非金属玻璃板材。该板材是由大量直径为1~2 mm的均匀气泡结构组成的。

泡沫玻璃保温板因其具有质量轻、导热系数小、吸水率小、不燃烧、不霉变、强度高、耐腐蚀、无毒、物理化学性能稳定等优点被广泛用于石油、化工、地下工程、国防军工等领域,能达到隔热、保温、保冷、吸音之效果,另外,还广泛用于民用建筑外墙和屋顶的隔热保温。随着人类对环境保护的要求越来越高,泡沫玻璃将成为城市民用建筑的高级墙体绝热材料和屋面绝热材料。泡沫玻璃以其无机硅酸盐材质和独立的封闭微小气孔汇集了不透气、不燃烧、防啮防蛀、耐酸耐碱(氢氟酸除外)、无毒、无放射性、化学性能稳定、易加工而且不变形等特点,使用寿命等同于建筑物使用寿命,是一个既安全可靠又经久耐用的建筑节能环保材料。

(3)发泡水泥板

发泡水泥板是指将发泡剂加入由水泥基胶凝材料、粉煤灰、发泡剂、外加剂和水制成的料浆中,经混合搅拌、浇注,使其在模具中通过化学反应而使浆体内部产生封闭气孔,经养护、切割而成的板材,其属于气泡状绝热材料,在混凝土内部形成封闭的泡沫孔,以达到保温隔热效果。

发泡水泥保温板是目前墙体保温和墙体保温防火隔离带最理想的保温材料,其优点是导热系数低,保温隔热性能好,耐高温、耐老化;不燃烧,防火性能达到A1级;强度高,与混凝土黏接牢固,膨胀系数一致,使用年限与建筑物一致;无毒害放射物质,环保,是国家大力提倡的一种新型材料。

该产品主要用于屋面保温板、内外墙保温板。粘接砂浆时直接用水泥砂浆粘接,作外墙保温板涂料面,可直接用防水抗裂砂浆和玻纤网格布做保护层即可。粘贴瓷砖时,可挂钢丝网格,也可打塑料锚栓,外抹抗裂砂浆粘贴瓷砖。

(4)膨胀珍珠岩板

膨胀珍珠岩板是将珍珠岩、松脂岩、黑曜岩矿石等原料,经破碎、筛分、预热并在1 260 ℃左右高温中悬浮瞬时急剧加热膨胀制成多孔颗粒状材料后,与无机胶凝材料、外加剂等混合,再经加压成型、烘干、养护等工序制成的板材。

珍珠岩保温板广泛应用于各建筑领域，目前我国珍珠岩外墙保温板的年产量已超过600万 m^3，占我国保温材料年产量的7%左右，是国内使用最为广泛的一类轻质保温材料。珍珠岩保温板主要用于住宅、工业、公共建筑的墙体及楼房屋面、游泳池、冷库、锅炉及一些对防水有特殊要求的保温工程。

(5)玻化微珠保温砂浆

玻化微珠保温砂浆是应用于外墙内外保温的一种新型无机保温砂浆材料，以玻化微珠为轻质骨料、玻化微珠保温胶粉料按一定比例搅拌均匀混合而成，具有强度高、质轻、保温、隔热好、电绝缘性能好、耐磨、耐腐蚀、防辐射等显著特点。

玻化微珠保温砂浆适用于节能50%和65%夏热冬冷、夏热冬暖、温和地区新建、改扩建的公共和民用建筑的外墙内外保温、屋面保温节能工程。

2.外墙保温材料的选用原则

外墙保温材料的选用，应遵循以下原则：

①优先选用具有低导热系数的保温材料。在满足保温效果的条件下，应优先选用具有最小导热系数的保温材料，这样不仅满足设计要求，施工方便、减少运输等费用，而且占用空间小。

②选用的保温材料应有良好的化学稳定性。

③选用的保温材料有足够的强度，保温材料应能承受一定荷载并能抵抗外力撞击。

④应选用具有合理性价比的保温材料。

⑤应优选A级不燃保温材料。

⑥应优选吸水率低或不吸水的保温材料。保温材料吸水后导热系数会增加，因此，应选用吸水率低或不吸水的保温材料，避免保温材料吸水而增加其导热系数。

⑦应优选低密度的保温材料。低密度的保温材料可减轻荷载，施工方便。

⑧选用的保温材料应具有良好的施工性，并且容易维修。

⑨应选用有较长使用寿命的保温材料。建筑上外用保温材料，常年经受自然界冻融循环的影响，随着时间的延长，保温材料的物理性能难免会下降，节能效果也会降低，因此，应选择物理性能指标稳定、耐老化性好的保温材料，以保证节能效果，延长使用寿命。

⑩选用的保温材料应具有环保性且施工方便快捷。

【课堂思考与讨论7-1】

(1)常见的建筑外墙保温材料有哪些？

(2)查询资料，了解EPS膨胀聚苯板、岩棉板、酚醛板、XPS挤塑聚苯板、玻化微珠保温砂浆价格？

任务二　屋面保温材料

【任务背景】 我国的北方地区冬季寒冷，为使冬季房间的内部温度能够满足使用要求以及建筑节能的需要，应在屋顶设置保温层。在选择屋面保温材料时，除了与外墙保温材料一样要求保温防火外，还需防水；同时，不同的保温材料，其施工工艺及难易程度也各有差异。工程技术人员进行材料选择与施工时，应根据不同环境、条件逐一甄别、谨慎选择，在保证安全的前提下，让建筑物具有有效的节能系统和更长久的建筑生命周期。

屋面保温材料应选择轻质、多孔、导热系数小的保温材料。根据保温材料的成品特点和施工工艺的不同，可将屋面保温材料分为散料式保温材料、现场浇筑式保温材料和板块式保温材料3种。

1）散料式保温材料

散料式保温材料主要有膨胀珍珠岩、膨胀蛭石、炉渣等。由于散料在施工时容易受到刮风及其他因素的影响，不易就位成形，施工难度较大，在实际工程中采用的较少。

2）现场浇筑式保温材料

现场浇筑式保温材料是用松散保温材料（如水泥炉渣、沥青膨胀珍珠岩、水泥膨胀蛭石等）为骨料，与水泥或沥青等胶凝材料加适量的水进行拌和，现场整体浇筑而成的保温层。这种保温层的加工性较好，但保温层就位之后仍处于潮湿状态，对保温不利，往往需要在保温层中设置通气口来散发潮气，在构造上比较麻烦。

泡沫混凝土是屋面现浇式保温中常采用的一种物美价廉的材料。泡沫混凝土是通过发泡机的发泡系统将发泡剂用机械方式充分发泡，并将泡沫与水泥浆均匀混合，然后经过发泡机的泵送系统进行现浇施工或模具成型，经自然养护所形成的一种含有大量封闭气孔的新型轻质保温材料。泡沫混凝土用作隔热找坡层，尤其是在大面积屋面施工中，比普通混凝土施工工序简单、方便；与其他屋面隔热找坡层（如水泥砂浆找坡层加挤塑保温板、膨胀珍珠岩，陶粒混凝土，架空预制隔热板等）相比具有自重轻、工艺简单、工序少、防水及保温隔热效果好、耐久性能长等优点，且经济环保，有良好的综合效益，现已逐步取代了常规屋面保温结构。

3）板块式保温材料

板块式保温材料主要有蒸压加气混凝土板、泡沫塑料板、聚苯板（EPS）、膨胀珍珠岩板、膨胀蛭石等。这种材料具有施工速度快、保温效果好、避免了湿作业的优点，在工程中应用得比较广泛。在可能的情况下最好使用两层以上的板块叠合组成保温层，并处理好板块之间的接缝，避免热桥现象发生。

（1）蒸压加气混凝土板

蒸压加气混凝土板是以水泥、石灰、硅砂等为主要原料再根据结构要求配置添加不同数量经防腐处理的钢筋网片的一种轻质多孔新型的绿色环保建筑材料。经高温高压、蒸汽养护反应生产具有多孔状结晶的蒸压加气混凝土板，其密度较一般水泥质材料小，其特点如下：

①保温隔热。蒸压加气混凝土板内部具有大量的气孔和微孔，有良好的保温隔热性能，应用到外围护结构，能有效减少外保温工程的工程量。在严寒地区仅用200～450 mm厚的板材即可达到节能要求，是目前唯一以单一材料达到建筑节能标准的品种，对于中、南部地区的夏季隔热和空调节能也是一种最理想的材料之一。

②轻质高强。蒸压加气混凝土板内部具有气孔和微孔，其密度较一般水泥质材料小，为普通混凝土的1/4、黏土砖的1/3，比水还轻，和木材相当。其板中都配有单片或双层经过防锈处理的钢筋网片，有较好的抗折、抗弯强度，能承受风荷载、雪荷载及动荷载的作用。特别是在钢结构工程中采用蒸压加气混凝土板作围护结构就更能发挥其自重轻、强度高、延性好、抗震能力强的优越性。

③耐火、阻燃。蒸压加气混凝土为无机物,不会燃烧,而且在高温下也不会产生有害气体;同时,蒸压加气混凝土导热系数很小,这使得热迁移慢,能有效抵制火灾,并保护其结构不受火灾影响。

④施工方便。蒸压加气混凝土轻质,可锯、可钻、可磨、可钉,更易体现设计意图。减少施工现场湿作业,简化施工过程、缩短工期。

⑤耐久性好。蒸压加气混凝土板是一种硅酸盐材料,不存在老化问题,也不易风化,是一种耐久的建筑材料,其正常使用寿命完全可以和各类永久性建筑物的寿命相匹配。

⑥绿色环保材料。蒸压加气混凝土板在生产过程中不会产生污染和危险性废弃物,使用时也不会产生放射性物质和有害气体。各个独立的微气泡使加气混凝土产品具有一定的抗渗性能,可防止水和气体渗透。

(2)泡沫塑料板

①挤塑聚苯乙烯泡沫塑料板(XPS)。聚苯乙烯泡沫塑料板具有质量轻、保温隔热性能良好,价格便宜、易加工、施工操作简便等优点,在寒冷地区有比较长的使用历史。同时,聚苯乙烯泡沫板具有非常优越的防潮性能,可用于直接接触潮气或水,特别是可用于倒置式保温屋面,在节能屋面上具有很高的应用价值。

挤塑聚苯乙烯泡沫塑料板耐热性较差,使用温度有所限制。另外,防火应引起重视,在加入阻燃剂后,防火性能有所改善。抗老化性能差,使用寿命在20年左右,废弃材料不能降解而造成“白色污染”、不利于环保,从而影响长期的应用和发展。

②聚氨酯泡沫塑料。硬质聚氨酯(PUR)泡沫塑料是一种高分子聚合物,可代替传统的珍珠岩、蛭石等保温材料,其优点如下:

a.优良的隔热保温性能。硬质聚氨酯泡沫塑料的导热率有50%~70%取决于泡沫内填充气体的导热率,因硬质泡沫塑料在制造过程中以氟利昂为发泡剂,在形成均匀致密的封闭孔中充满了氟利昂气体,而氟利昂的导热率是常见气体导热率最低的,因此导热率很低。

b.独特的抗水渗透性能。硬质聚氨酯泡沫塑料的闭口孔隙率可达92%以上,是结构致密的微孔泡沫体。

c.施工操作方便。一般在施工现场直接喷涂发泡成型,可在任何复杂结构的屋面上作业。硬质聚氨酯泡沫塑料屋面投资较高,因此,降低成本是今后硬质聚氨酯泡沫塑料的发展方向,其在屋面保温节能方面的发展前景广阔。

③酚醛树脂泡沫塑料。酚醛树脂泡沫塑料具有导热率低、力学性能好、吸水率低、耐热性好、难燃等优点,尤其适合于某些特殊场合作为保温隔热材料或其他功能材料。酚醛树脂可长期在130 ℃下工作。同时,在耐热方面也优于聚氨酯发泡材料。酚醛树脂泡沫防火性能良好,隔热效果比普通屋面高2~3倍,是国际上公认的建筑行业中最有发展前途的一种新型保温防火隔音材料。

【课堂思考与讨论7-2】

(1)查询资料,简述蒸压加气混凝土板除了用作屋面保温材料外,还可用在哪些地方?

(2)扫描二维码,归纳、总结膨胀珍珠岩板、膨胀蛭石保温材料的特点及现状。

膨胀珍珠岩板、膨胀蛭石保温材料

课后作业

一、单选题

1. 外墙外保温技术应用范围，说法不正确的是(　　)。

A. 可用于既有建筑　　B. 仅能用于新建建筑

C. 可用于低层、中层和高层　　D. 适用于钢结构建筑

2. 建筑保温材料内部传热的主要方式是(　　)。

A. 绝热　　B. 热传导

C. 热对流　　D. 热辐射

3. 下列 4 种保温隔热材料中，(　　)不适合用于钢筋混凝土屋面保温。

A. 岩棉　　B. 泡沫混凝土

C. 膨胀珍珠岩　　D. 水泥膨胀蛭石

二、多选题

1. 屋面保温层材料宜选用下列何种特性的材料(　　)。

A. 热导率较低的　　B. 不易燃烧的

C. 吸水率较大的　　D. 材质厚实的

2. 对建筑物来说，节能的主要途径有(　　)。

A. 增大建筑物外表面积　　B. 加强外窗保温

C. 提高门窗的气密性　　D. 加强外墙保温

三、问答题

1. 常见的外墙保温材料有哪些？

2. 模塑聚苯板乙烯泡沫(EPS)、挤塑聚苯乙烯泡沫板(XPS)的特点是什么，适用于哪些地方？

项目八

装饰装修工程施工材料——装饰装修材料的认识及选用

【学习目标】

一、知识目标

1. 了解建筑涂料的性质、特点,认识建筑工程中常见的建筑涂料。

2. 了解建筑玻璃的特点,认识建筑工程中常见的建筑玻璃及特性。

3. 掌握建筑陶瓷的概念、分类及特点,认识常用的建筑陶瓷制品及使用范围。

4. 掌握建筑木材的特点、特性,知道常用的木地板的特点及使用范围和要求。

5. 了解建筑石材的特点、特性,装饰工程所用石材的性能要求。

6. 了解建筑竹材、金属材料、塑料制品的特点,知道常见竹材、金属材料、塑料制品的适用范围及要求。

二、技能目标

能根据工程需要、环境及装饰要求,正确选择相应的各建筑部位(包括楼地面、顶棚、墙面、柱面等)的装饰装修材料,以达到保证建筑耐久性、使用功能的同时,增强建筑物的美观性。

【问题导论】

建筑物在使用过程中,会受到外界的各种侵蚀与破坏,如建筑物外墙面长期受到风吹、日晒、雨淋、冰冻等自然现象的作用,以及腐蚀性气体和微生物的作用;内墙面和地面也常受到机械的磨损和撞击作用,以及水汽的渗透作用及污染等;与此同时,建筑物还要满足人们对美感和舒适感的需求。为此,建筑工程中通过装饰建筑物,按一定的施工或构造方法将装饰材料铺设、粘贴或涂刷在建筑表面,使装饰材料对建筑构件起到一定的保护作用,不但美化了建筑,创造出有各种使用功能的室内外环境,还提高了建筑物的耐久性。

装饰工程中铺设或涂装在建筑物表面起装饰和美化环境作用的材料,称为建筑装饰材料，也称为建筑饰面材料。建筑装饰材料是集材料、工艺、造型设计、美学于一体的材料，它是建筑装饰工程的重要物质基础。建筑装饰的整体效果和建筑装饰功能的实现，在一定程度上受建筑装饰材料的制约，尤其受限于装饰材料本身的形式、色彩和质感等。色彩是通过装饰材料表面不同的颜色给人以不同的心理感受，如红色给人一种温暖、热烈的感觉；绿色、蓝色给人一种宁静、清凉和寂静的感觉。质感是通过材料的表面组织结构、花纹图案、颜色、光泽、透明性等给人的一种综合感觉，如石材、陶瓷、木材、玻璃、呢绒等材料在人的感官中有软硬、轻重、粗细、冷吸等感觉。对于装饰材料来说，不仅能美化、保护建筑，还能使建筑的使用功能及效果得到一定的改善，如增强建筑防潮防水、保温隔热、吸声隔音或耐热防火等方面的能力。

因此，熟悉各种装饰材料的性能、特点、装饰效果，合理选择和正确使用装饰材料，是确保达到理想的装饰装修效果与增强建筑物使用功能的必要前提。

【学习内容】

任务一　建筑涂料的认识及选用

【任务背景】 建筑涂料是指能涂敷在建筑物表面，并能形成牢固、完整、坚韧的涂膜，从而对建筑物起到保护、装饰、调节和改善居住条件或使其具有某些特殊功能（如防霉变、防火、防水等功能）的材料。建筑涂料施工涂饰作业方法简单，施工效率高，自重小，便于维护更新，造价低。建筑涂料品种繁多，按其使用部位的不同可分为木器涂料、内墙涂料、外墙涂料、地面涂料以及特种涂料等。针对不同建筑部位，对涂料有不同的装饰与性能要求，材料选择各有不同侧重；在装饰装修工程中，应重点区分、把握外墙与内墙涂料的选择。

1. 外墙涂料

外墙涂料的主要功能是装饰和保护建筑物的外墙，使建筑物外观整洁美观，与使用环境协调一致。外墙涂料一般应具有装饰性好、耐水性良好、防污性能良好、耐候性良好等特点。

外墙涂料按装饰质感分为薄质外墙涂料、复层花纹类外墙涂料、彩砂类外墙涂料和厚质类外墙涂料四大类。薄质外墙涂料质感细腻、用料较省，也可用于内墙装饰，包括平面涂料、沙壁状涂料、云母状涂料。复层花纹类外墙涂料花纹呈凹凸状，富有立体感。彩砂涂料是用染色石英砂、瓷粒云母粉为主要原料制成的，色彩新颖，晶莹绚丽。厚质涂料可喷、可涂、可滚、可拉毛，也能做出不同质感的花纹。

1）薄质外墙涂料

大部分彩色丙烯酸有光乳胶漆，均系薄质涂料。它以丙烯酸合成树脂乳液为基料，加入颜料、填充料和各种辅料，经加工配置而成的外墙涂料，对基层凹凸线型无任何改变作用，主要有水性薄涂料、合成树脂乳液薄涂料、溶剂型（包括油性）薄涂料、无机薄涂料等。

这种涂料无毒、无刺激性气味、干燥迅速、施工安全、不燃烧、施工方便，可喷、刷、滚涂，涂膜光泽柔和，耐候性好，保色、保光性好，且施工应用、技术性能都优于一般油漆。可直接涂饰在室内外混凝土和木制物件的表面，也可用作面漆涂饰在不同的底漆上，用于建筑工程、门窗表面等。

2）复层花纹类外墙涂料

复层花纹类外墙涂料是以丙烯酸酯乳液和高分子材料为主要成膜物质的、有骨料的新型建筑涂料；主要有水泥系复层涂料、合成树脂乳液系复层涂料、硅溶胶系复层涂料和反应固化型合成树脂。

复层花纹类外墙涂料分为底釉涂料、骨架涂料、面釉涂料3种。底釉涂料对底材表面起封闭作用，同时增加骨料和基材之间的结合力；骨架涂料是涂料特有的一层成型层，是主要构成部分，它增加了喷塑涂层的耐久性、耐水性及强度。面釉涂料是喷塑涂层的表面层，其内加入各种耐晒彩色颜料，使其面层带柔和的色彩，面釉涂料起美化喷塑深层和增加耐久性的作用。

复层花纹类外墙涂料耐候性能好；对墙面有很好的渗透作用，结合牢固；使用不受温度限制，0 ℃以下也可施工；施工方便，可采用多种喷涂工艺；可按要求配置成各种颜色。适用于水泥砂浆、混凝土、水泥石棉板等多种基层，利用喷涂、滚涂方法实行施工。

3）彩砂类外墙涂料

彩砂类外墙涂料是以丙烯酸共聚乳液为胶黏剂，由高温烧结的彩色陶瓷粒或以天然带色的石屑作为骨料，外加添加剂等多种助剂配置而成的。

彩砂类外墙涂料无毒，无溶剂污染，耐洗刷，耐热性好，不褪色，耐污染性能好。利用骨料的不同级配可以使深层色彩形成不同层次，取得类似天然石材的丰富色彩的质感。彩砂类外墙涂料主要用于各种板材及水泥砂浆抹面的外墙面装饰。

4）厚质类外墙涂料

厚质类外墙涂料是丙烯酸凹凸乳胶底漆，它是以有机高分子材料——苯乙烯、丙烯酸、乳胶液为主要成膜物质，加上不同的颜料、填料和骨料而制成的厚涂料。

厚质类外墙涂料的特点是耐水性好、耐碱性、耐污染、耐候性好，施工维修容易。成膜后能形成有一定粗糙质感的较厚的涂层，涂层经拉毛或滚花后富有立体感，主要有合成树脂乳液厚涂料、合成树脂乳液砂壁状涂料、合成树脂乳液轻质厚涂料和无机厚涂料等。

2. 内墙涂料

内墙涂料的主要功能是装饰及保护室内墙面，使其美观整洁，让人们处于舒适的居住环境中。内墙漆一般应具有色彩丰富，涂层质地平滑、细腻，耐碱性、耐水性、耐粉化性、遮盖性良好，附着力好和易清洗、涂刷容易等特点。

1）低档水溶性涂料

低档水溶性涂料是聚乙烯醇溶解在水中，再在其中加入颜料等其他助剂而成。这类涂料具有价格便宜、无毒、施工方便的优点。但缺点是耐久性不好，易泛黄变色。但其价格便宜，施工方便，目前消耗量仍最大，多为中低档居室或临时居室内墙装饰选用。其牌号很多，最常见的是106、803涂料。

（1）聚乙烯醇水玻璃内墙涂料

聚乙烯醇水玻璃内墙涂料通常称为“106”内墙涂料。其制备和成膜原理是利用表面活性剂的乳化作用，在激烈搅拌下将聚乙烯醇和水玻璃充分混合并高度分散在水中，形成乳胶液。然后加入其他成分搅匀，成为产品。将涂料涂覆在墙面上，待水充分挥发后，可形成一层光洁的、包含填充料和其他成分并起装饰和保护作用的涂膜。

聚乙烯醇水玻璃内墙涂料具有无毒无味、色泽鲜艳、附着力强、遮盖力好、生产工艺简单、不出现起粉现象、适应各种不同基层等优点，可用于医院、商店、办公楼和宿舍等民用建筑内墙装饰。

(2)聚乙烯醇甲醛内墙涂料

聚乙烯醇甲醛内墙涂料常称“803”内墙涂料，是以聚乙烯醇甲醛为基料，掺加颜料、填料、石灰膏及其他助剂，经研磨加工而成的水溶性内墙涂料。聚乙烯醇甲醛内墙涂料是继聚乙烯醇水玻璃内墙涂料后出现的又一种价廉物美的内墙涂料；这种涂料无毒、无臭味，可喷可刷，涂层干燥快，施工方便，与新、老石灰墙面及水泥墙面黏结良好。涂料色彩多样，装饰效果良好，且具有耐水、耐洗刷等特点。

2)内墙乳胶漆

乳胶漆是一种以水为介质，以丙烯酸酯类、苯乙烯-丙烯酸酯共聚物、醋酸乙烯酯类聚合物的水溶液为成膜物质，加入多种辅助成分制成，其成膜物质是不溶于水的，涂膜的耐水性和耐候性比低档水溶性涂料高，湿擦洗后不留痕迹，并有平光、高光等不同装饰类型。许多家庭在装修时多使用乳胶漆进行内墙面装饰。

乳胶漆颜色丰富，选择乳胶漆时，可根据个人喜好，通过商家所提供的色卡进行挑选。同一色号涂刷后的颜色，会因每个房间的采光、面积大小不同，效果也不同。如光线亮的房间，漆的颜色就显得鲜艳；光线暗的房间，漆的颜色就显得暗淡。乳胶漆按使用的墙面不同，可分为外墙乳胶漆和内墙乳胶漆，其中常用的内墙乳胶漆主要有以下几类：

(1)聚醋酸乙烯乳液内墙涂料

聚醋酸乙烯乳液内墙涂料具有无毒、无味、不燃、易于施工、干燥快、透气性好、附着力强、耐水性好、色泽鲜艳等特点，但耐水性、耐碱性、耐候性较其他乳液差，是一种中档内墙装饰涂料，适用于装饰要求较高的内墙。

(2)乙-丙有光乳胶漆

乙-丙有光乳胶漆具有安全无毒、施工方便、干燥快、外观细腻、耐水性好和保色性好等特点，其耐候性、耐水性、耐久性都优于聚醋酸乙烯乳胶漆，且有光泽，是一种中高档的内墙装饰涂料，适用于高级建筑的内墙装饰。

(3)苯丙乳胶漆

由苯乙烯-丙烯酸(酯)共聚乳液制得的乳胶漆称为苯丙乳胶漆。该类涂料具有良好的耐候性、耐水性、耐擦洗、耐光性、耐碱性，外观细腻，色彩艳丽，质感好，耐水性强，保水性好。由于其采用苯乙烯代替全部或部分纯丙烯酸乳液中的甲基丙烯酸甲酯，降低了成本，性能接近纯丙烯酸乳胶漆，属于中高档建筑内墙涂料。与水泥附着力好，耐洗刷性好，可以用于潮气较大的部位，是中国当今内墙涂料的主要品种。

3)新型的环保内墙涂料

随着人们对生活品质要求的提高，对身体健康的重视，越来越多的新型环保内墙涂料推向市场并受到人们的青睐。不同的环保涂料，根据其不同的原材料，具有不同的功能性。本书选择其中几种家庭装修采用较多的新型环保内墙涂料进行介绍。

(1)硅藻泥

硅藻泥是一种以硅藻土为主要原材料，添加多种助剂的粉末状室内装饰材料，具有以下优良性能。

①硅藻泥产品具备独特的“分子筛”结构，具有极强的物理吸附性和离子交换功能，可以有效去除空气中的游离甲醛、苯、氨等有害物质及因宠物、吸烟、垃圾所产生的气味，净化室内空气。

②防火阻燃。硅藻泥是由无机材料组成的，因此不燃烧，即使发生火灾，也不会冒出任何对人体有害的烟雾。当温度上升至 1 300 ℃时，硅藻泥只是出现熔融状态，不会产生有害气体等烟雾。

③呼吸调湿。随着不同季节及早晚环境空气温度的变化，硅藻泥可以吸收或释放水分，自动调节室内空气湿度，使之达到相对平衡。

④吸音降噪。由于硅藻泥自身的分子多孔结构，因此具有很强的降低噪声的功能，可有效吸收对人体有害的高频音段，并衰减低频噪功能。其功效相当于同等厚度的水泥砂浆和石板的 2 倍以上，同时能够缩短 50% 的余响时间，大幅度地减少了噪声对人身的危害。

⑤历久弥新。硅藻泥使用寿命可达 30 年以上，历久弥新。

如今硅藻泥得到了人们的普遍喜爱与认可，人们逐步用它来替代墙纸和乳胶漆，在家庭、公寓、幼儿园、老人院、疗养院、会所、主题俱乐部、高档饭店、度假酒店、写字楼、风格餐厅等各种不同场所室内装饰中都得到了广泛应用，如图 8-1 所示。

图 8-1　硅藻泥装饰墙面

(2)活性炭墙材

活性炭墙材(图 8-2)是采用 3 年生以上的高山毛竹为原料，通过高温蒸馏的方法将其炭化、活化而成。

活性炭墙材具有良好的可塑性、保水性和施工性，黏结度好、附着力强、抗龟裂、无毒无害。施工方法多样化，可批涂、滚涂、喷涂和采用传统工具、传统施工方法进行操作，通过多种多样的手工艺术处理，可营造出丰富多彩的装饰效果。饰面淳朴自然，质感细腻生动，具有很强的艺术感染力，是打造个性化生活空间的理想壁材。同时，活性炭墙材具有调湿、隔音、除臭、隔热等功能，可持续吸收、分解有害物质的高级墙面装修材料，尤其适用于高档酒店、主题客栈、娱乐场所、健身房、会所、医院、学校等，如图 8-2(b)所示。

(a)活性炭墙材

(b)活性炭装饰墙面

图 8-2　活性炭墙材

(3)液体壁纸

液体壁纸(图 8-3)是一种新型艺术涂料,也称壁纸漆和墙艺涂料,采用高分子聚合物与进口珠光颜料及多种配套助剂精制而成,是集壁纸和乳胶漆特点于一体的环保水性涂料。液体壁纸无毒无味、绿色环保、有极强的耐水性和耐酸碱性、抗菌、不褪色、不起皮、不开裂,使用年限高达 15 年以上。液体壁纸图案颜色随着视角的不同,光线的强弱而变幻出不同的色彩效果,具有高级墙纸精致花纹、立体感强等特点。整纸的图案有限,而液体壁纸不受限制。液体壁纸弥补了乳胶漆无图案选择的缺陷,也克服了壁纸易起皱、易开裂、有接缝、难清洗、寿命短、翻新难等缺点,是一种具备多重优点的新型内墙艺术涂料。

图 8-3　液体壁纸

【课堂思考与讨论 8-1】

(1)扫二维码学习地面涂料相关知识,完成以下问题。

地面涂料

①地面涂料与外墙涂料相比,要求不同的有(　　)。

A. 涂刷施工方便　　B. 耐碱性良好

C. 耐水性良好　　D. 抗冲击性良好

E. 耐污染性好

②环氧地坪漆主要由________、________、________、________等材料混合而成。

(2)在进行屋内装修时,内墙装饰涂料选择应注意哪些问题?

任务二　建筑玻璃的认识及选用

【任务背景】 玻璃是以石英砂、纯碱、石灰石等无机氧化物为主要原料,与某些辅助性原料经高温熔融,成型后经过冷却而成的固体。玻璃作为一种兼具刚硬内在和柔美外表的特殊材料,在建筑领域得到广泛应用。

随着现代建筑发展的需要和玻璃制作技术上的飞跃进步,玻璃正在向多功能方面发展。例如,玻璃过去单纯作为采光和装饰功能的材料,现在逐渐向控制光线、调节热量、节约能源、控制噪声、降低建筑自重、改善建筑环境、提高建筑艺术等多种功能发展,具有高度装饰性和多种适用性的玻璃新品种不断出现,为建筑装饰提供了更多的选择。人们只有不断更新相关知识才能选择正确的玻璃产品。

1. 平板玻璃

平板玻璃按生产方式,可分为普通平板玻璃和浮法玻璃两类。普通平板玻璃是采用传统成型法"引上法"制成的,此法生产的玻璃质量不够理想;浮法玻璃是用浮法工艺生产的高级平板玻璃,浮法工艺是现代最先进的生产玻璃的方法之一。

浮法玻璃的表面平滑整齐,平面度好,厚度均匀性好,纯净透明(特别是超白浮法玻璃,其透明和纯净性更是无以复加),具有极好的光学性能(图 8-4)。浮法玻璃可应用于建筑普通门、窗,是建筑天然采光的首选材料,是建筑玻璃中用量最大的一种;另外,浮法玻璃也是钢化、夹层、镀膜、中空等深加工玻璃的重要原片。

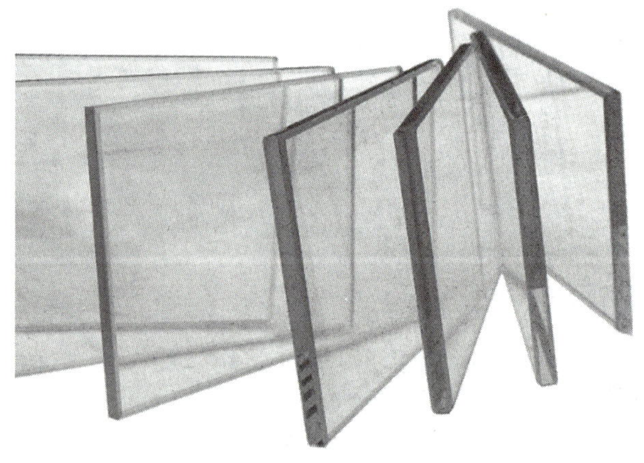

图 8-4　浮法玻璃

2. 安全玻璃

安全玻璃与普通玻璃相比,力学强度高、抗冲击能力强。其主要品种有钢化玻璃、夹丝玻璃、夹胶玻璃和钛化玻璃。安全玻璃被击碎时,其碎片不会伤人,并具有防盗、防火的功能。

1)钢化玻璃

钢化玻璃也称强化玻璃,它是平板玻璃在钢化炉中加热后迅速冷却或通过离子交换法制得的玻璃制品。与普通玻璃相比,钢化玻璃的强度提高近10倍,韧性提高5倍以上,在温差120~130 ℃时仍不会炸裂,即使遭受破坏,其碎片小而无锐角不会伤人,安全系数较大。钢化玻璃在建筑上可用作高层建筑物的门窗、玻璃幕墙、隔墙、屏蔽、桌面玻璃、辐射式气体加热器、弧光灯用玻璃,以及汽车风挡、电视屏幕等。

2)夹丝玻璃

夹丝玻璃(图8-5)是采用压延成型法将金属丝或金属网嵌于玻璃板内制成的。夹丝玻璃的表面可以是压花或磨光的,颜色可以是无色透明或彩色的。

与普通平板玻璃相比,夹丝玻璃具有以下特点。

①整体性有很大提高,耐冲击性强。在外力作用下破而不散,不易被洞穿,用于门窗玻璃也有一定的防盗作用。

②耐热性好。温度骤变时,具有一定的防火作用,在火灾中虽然产生炸裂,但由于有金属丝或网的支撑而不会崩落洞穿,可在相当程度上保持整体性,防止空气的流动,对火灾蔓延有较好的阻止作用,可作为二级门窗防火材料使用。

③抗震性好。夹丝玻璃改善了平板玻璃的易脆性,是一种价格低廉、应用广泛的建筑玻璃,适用于公共建筑的阳台、楼梯、电梯间、走廊、防火门、厂房天窗和各种采光屋顶。

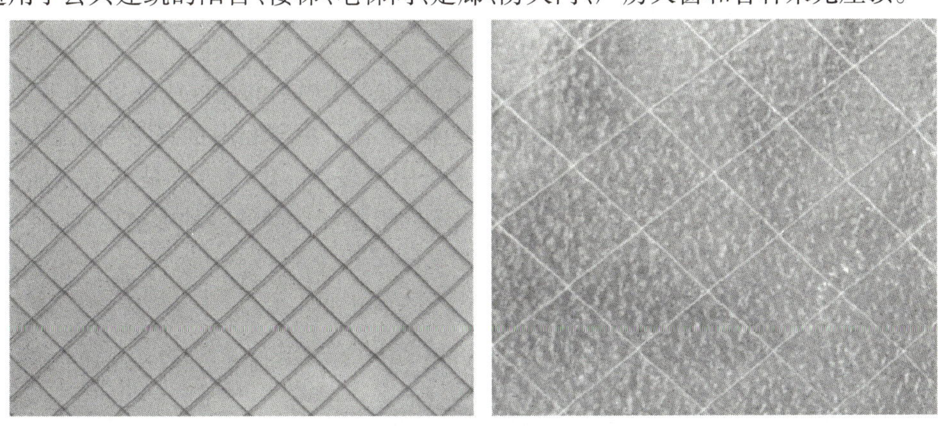

图8-5　夹丝玻璃

3)夹层玻璃

夹层玻璃(见图8-6)是在两层或多层平板玻璃之间,用PVB(聚乙烯醇缩丁醛)或SGP,EVA胶片,经加热、加压黏合而成的平面或曲面的复合玻璃制品,夹层玻璃的层数有2~9层。

夹层玻璃的性能特点如下:

①抗冲击性、抗震、抗弯强度均较普通玻璃高许多倍。夹层玻璃中的胶合层与夹丝玻璃中的金属丝网一样,起骨架增强的作用,膜能抵御锤子等重器的连续攻击,还能在相当长的时间内抵御子弹穿透,其安全防范程度极高。

②隔声效果好。使用了PVB中间膜的夹层玻璃能阻隔声波,维持安静、舒适的办公环境。

图 8-6　夹层玻璃

③能过滤紫外线。夹层玻璃能有效过滤紫外线，既保护了人们的皮肤健康，又可使家中的贵重家具、陈列品等摆脱褪色的厄运，还可减弱太阳光的透射，降低制冷能耗。

夹层玻璃适用于具有防弹或有特殊安全要求的建筑门窗及大面积的玻璃间隔。

4）节能玻璃

节能玻璃是兼具采光、调节光线、调节热量进入与散失、防止噪声、改善居住环境，降低空调能耗等多种功能的建筑玻璃。

（1）中空玻璃

中空玻璃（图 8-7）是在两片或多片玻璃中间，用注入干燥剂的铝框或胶条，将玻璃隔开，四周用胶结法密封，使中间腔体始终保持干燥气体（也有采用空腔内抽真空或充氩气）的玻璃。目前，建筑幕墙和外门窗玻璃绝大多数都采用中空玻璃。中空合成是玻璃深加工的一类重要方法。采用不同的原片和组合，会生产出不同类型和性能的多种中空玻璃。

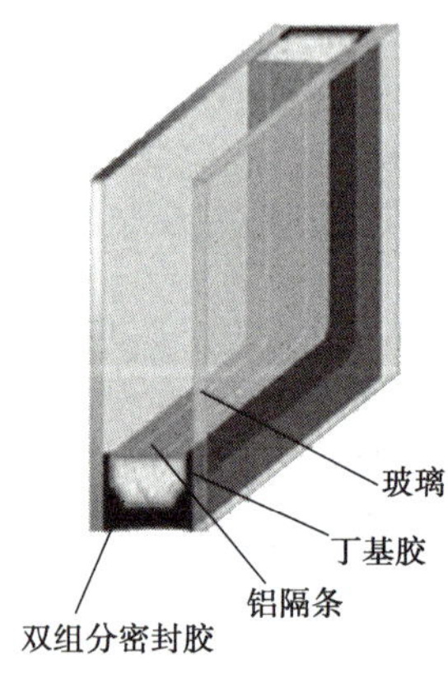

图 8-7　中空玻璃及其构造示意图

中空玻璃的性能特点如下：

①隔热、节能。中空玻璃由于铝框内的干燥剂通过框上面的缝隙使玻璃空腔内空气长期保持干燥，所以隔热性能极好。

②隔音功能强。中空玻璃具有良好的隔音性能,一般可使噪声下降 30 ~40 dB。

③结露温度低。中空玻璃由于与室内空气接触的内层玻璃受空气隔层影响,即使外层接触温度很低,也不会因温差在玻璃表面结霜。

④抗风压能力强。中空玻璃的抗风压强度是传统单片玻璃的 15 倍,中空玻璃的不足之处是价格较高,一般不能现场切割,主要用于大型公用建筑的门窗及对温度控制与防止结露、节能环保有很高要求的建筑。

(2)吸热玻璃

吸热玻璃是在普通玻璃中加入有着色作用的氧化物,或在玻璃表面喷涂有色氧化物薄膜而制得的玻璃。吸热玻璃带色并具有较高的吸热性能,能吸收 20% ~60% 的太阳辐射热,透光率为 70% ~75% 。除了能吸收红外线之外,还可减少紫外线的射入,降低紫外线对人体和室内家具的损害。

吸热玻璃适用于既需要采光,又需要隔热之处,尤其是炎热的地区,需设置空调、避免眩光的大型公共建筑的门窗、幕墙、商品陈列窗、计算机房,以及火车、汽车、轮船的挡风玻璃,还可制成夹层、中空玻璃等制品。

(3)镀膜玻璃

镀膜玻璃分为阳光控制镀膜玻璃和低辐射镀膜玻璃,是一种既能保证可见光良好透过又可有效反射热射线的节能装饰型玻璃。玻璃镀膜的方法有很多,一种是通过喷涂、真空蒸镀、阴极溅射等方法;另一种是采用电浮法或等离子交换法。镀膜玻璃是由无色透明的平板玻璃镀覆金属膜或金属氧化物而制成的。根据外观质量,阳光控制镀膜玻璃和低辐射镀膜玻璃可分为优等品和合格品。

①阳光控制镀膜玻璃,对太阳光具有一定控制作用的镀膜玻璃。这种玻璃具有良好的隔热性能,在保证室内采光柔和的条件下,可有效屏蔽进入室内的太阳辐射能;可避免暖房效应,节约室内降温空调的能源消耗,阳光控制镀膜玻璃的镀膜层具有单向透视性,故又称为单反玻璃。

阳光控制镀膜玻璃可用作建筑门窗玻璃、幕墙玻璃,还可用于制作高性能中空玻璃,它具有良好的节能和装饰效果,很多现代高档建筑都选用镀膜玻璃做幕墙,但在使用时应注意,不恰当使用或使用面积过大会造成光污染,影响环境的和谐。单面镀膜玻璃在安装时,应将膜层面向室内,以提高膜层使用寿命并取得节能的最大效果。

②低辐射镀膜玻璃,又称“Low-E”玻璃,是一种对远红外线有较高反射比的镀膜玻璃,低辐射镀膜玻璃对太阳可见光和近红外光有较高的透过率,有利于自然采光,可节省照明费用。但玻璃的镀膜对阳光中及室内物体所辐射的热射线均可有效阻挡,因而夏季可使家内凉爽而冬季则有良好的保温效果,总体节能效果明显。此外,低辐射膜玻璃还具有较强的阻止紫外线透射的功能,可有效地防止室内陈设物品、家具等受紫外线照射产生老化、提色等现象。

低辐射镀膜玻璃一般不单独使用,往往与普通平板玻璃、浮法玻璃、钢化玻璃等配合,制成高性能的中空玻璃和组成带空气层的玻璃幕墙(图 8-8),可取得极佳的隔热保温及节能效果。

图 8-8　低辐射镀膜玻璃

5）装饰类玻璃

（1）彩色玻璃

彩色玻璃又称为饰面玻璃，它是采用高科技电脑分色、制版和丝网的印刷技术，将各种无机和有机色料经喷涂着色和高温处理等特种工艺制成的装饰玻璃，如图 8-9 所示。分透明、半透明和不透明 3 种，呈红色、蓝色、灰色、茶色等多种颜色，图案丰富、立体感强，风格高雅豪华，耐腐蚀、抗冲刷、易清洗、色彩耐久，是现代居室的高档装饰材料。透明的彩色玻璃主要用于门窗等，不透明玻璃主要用于内外墙等装饰。

图 8-9　彩色玻璃

（2）磨（喷）砂玻璃

磨（喷）砂玻璃又称为毛玻璃，一面平滑，另一面经加工后形成均匀的粗糙表面，具有透光不透视的特点。透过的光线柔和不刺眼，适用于做卫生间、浴室等需要遮蔽场所的门窗和隔断。

(3)压花玻璃

压花玻璃又称为滚花玻璃(图8-10),可分为一般压花玻璃、真空镀膜压花玻璃和彩色膜压花玻璃等。压花玻璃折射光线不规则,透光不透视,兼具使用功能和装饰功能,用于宾馆、办公楼、会议室的门窗装饰,也可用于卫生间门窗的装饰。

图8-10 压花玻璃

(4)喷花玻璃

喷花玻璃又称为胶花玻璃(图8-11),是在平板玻璃表面贴以图案,抹以保护面层,经喷砂处理形成透明与不透明相间的图案而制成的。喷花玻璃给人以高雅、美观的感觉,适用于室内门窗、隔断和采光。

图8-11 喷花玻璃

(5)乳花玻璃

乳花玻璃是在平板玻璃的一面贴上图案,抹以保护层,经化学蚀刻而成的。其花纹柔和、清晰、美丽,富有装饰性。

(6)刻花玻璃

刻花玻璃(图8-12)是由平板玻璃经涂漆、雕刻、围蜡与酸蚀、研磨而成的。图案的立体感非常强,似浮雕一般,在室内灯光的照耀下,更是熠熠生辉。刻花玻璃主要用于高档场所的室内隔断或屏风。

(7)冰花玻璃

冰花玻璃(图8-13)是一种利用平板玻璃经特殊处理而形成的,具有似自然冰花纹理的随机裂痕的玻璃,冰花玻璃对通过的光线有漫射作用。它具有花纹自然、质感柔和、透光不透明、视感舒适的特点。冰花玻璃装饰效果优于压花玻璃,给人以典雅清新之感,是一种新型的室内装饰玻璃,可用于宾馆、酒楼、饭店、酒吧间等场所的门窗、隔断、屏风和家庭装饰。

图8-12　刻花玻璃

图8-13　冰花玻璃

(8)玻璃马赛克

玻璃马赛克又称为玻璃锦砖或玻璃纸皮砖(图8-14)。它是一种小规格的彩色饰面玻璃。一般规格为20 mm×20 mm、30 mm×30 mm、40 mm×40 mm,厚度为4~6 mm,属于各种颜色的小块玻璃质镶嵌材料。外观有无色透明的,着色透明的,半透明的,带金色、银色斑点及花纹或条纹。正面光泽滑润细腻;背面带有较粗糙的槽纹,以便于用砂浆粘贴。玻璃马赛克具有色调柔和、朴实、典雅、美观大方、化学稳定性、冷热稳定性好等优点,而且还有不变色、不积尘、容重轻、黏结牢等特性,多用于室内局部,阳台外侧装饰。

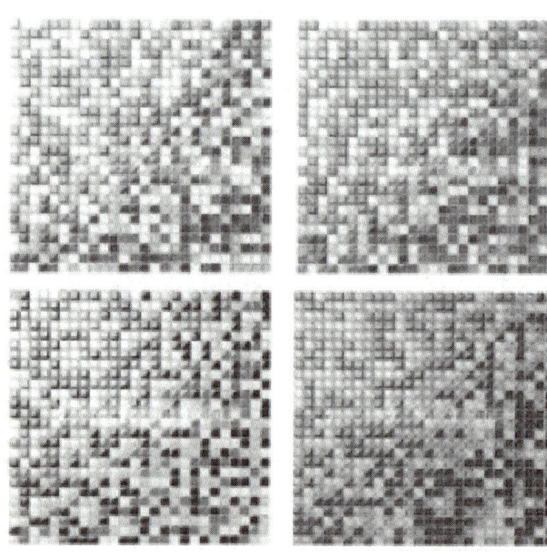

图8-14　玻璃马赛克

【课堂思考与讨论 8-2】

扫二维码学习建筑玻璃相关补充知识，说明玻璃砖、双曲玻璃、单向透视玻璃、防弹玻璃、防滑玻璃的特性与应用？

建筑玻璃品种补充

任务三　建筑陶瓷的认识及选用

【任务背景】　陶瓷是指以黏土及其天然矿物为原料，经粉碎混炼、成型、焙烧等工艺过程所制的各种制品，也称为“普通陶瓷”。从广义上讲，陶瓷包括所有使用陶瓷生产方法制造的无机非金属固体材料和制品。陶瓷是建筑装饰工程最古老的装饰材料之一，在我国有源远流长的历史。

陶瓷普遍具有强度高、防潮、防火、耐酸、抗冻、不老化、不变质、不褪色、易清洁等特点。随着现代科学技术的发展，陶瓷在花色、品种、性能等方面都有了巨大的变化，为现代建筑装饰装修工程带来了越来越多兼具实用性与装饰性的材料。重点围绕房屋建筑中常用的釉面内墙砖、墙地砖、陶瓷锦砖等陶瓷砖的性能及应用范围、施工时注意事项等知识学习，以便合理选用及开发新型建筑陶瓷制品。

1. 陶瓷砖的概念

陶瓷砖是指由黏土或其他无机非金属原料经成型、煅烧等工艺处理而成，用于装饰与保护建筑物、构筑物墙面及地面的板状或块状陶瓷制品，也称为陶瓷饰面砖。陶瓷砖是房屋建筑中使用量最大的建筑陶瓷制品。

根据《陶瓷砖》(GB/T 4100—2015)，陶瓷砖按材质分为瓷质砖（吸水率≤0.5%）、炻瓷砖（0.5% <吸水率≤3%）、细炻砖（3% <吸水率≤6%）、炻质砖（6% <吸水率≤10%）、陶质砖（吸水率>10%）。

2. 陶瓷砖的分类

陶瓷砖按使用部位可分为内墙砖、外墙砖、室内地砖、室外地砖、广场地砖和配件砖等；陶瓷砖按其表面是否施釉分为有釉砖和无釉砖；陶瓷砖按其表面形状可分为平面装饰砖和立体装饰砖。陶瓷砖按应用特性分为釉面砖、陶瓷墙地砖、陶瓷锦砖 3 类。

(1)釉面砖

釉面砖是正面施釉的陶质砖（吸水率>10%的一种陶瓷砖），又称内墙面砖、瓷砖、瓷片或釉面陶土砖，是用于内墙装饰的薄片精陶建筑制品。表面的釉层有不同类型，如光亮釉、花釉、珠光釉、结晶釉等。

釉面砖按釉面颜色分为单色（含白色）砖、花色砖和图案砖 3 种，按用途分为通用砖（正方形、长方形）和异形配件砖（圆边、阴角、阳角、压顶等）。通用砖用于大面积墙面的铺贴，异形配件砖多用于墙面阴阳角和各收口部位的细部构造处理。

釉面砖热稳定性好、抗急冷急热、防火、防潮、耐酸碱、表面光滑、易清洗。它主要适用于厨房、浴室、卫生间、试验室、医院手术室、精密仪器车间等室内墙面、台面等处，如图 8-15 所示。釉面砖色泽柔和典雅、朴实大方，由釉面砖组成的陶瓷壁画可作为大型公共建筑的内部装饰。

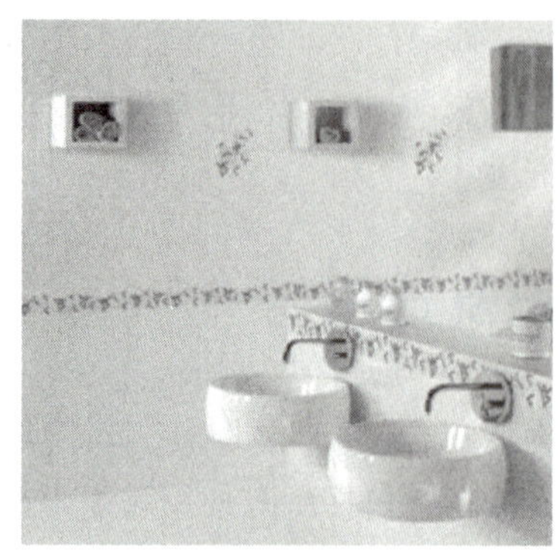

图 8-15　釉面砖

釉面砖使用时应注意以下事项：

①通常不宜用于室外。釉面砖是多孔陶质坯体，在长期与空气接触的过程中，特别是在潮湿的环境中使用，坯体会吸收水分后产生吸湿膨胀现象；但其表面釉层的吸湿膨胀性很小，与坯体结合得很牢固，所以，当坯体吸湿膨胀时会使釉面处于张拉应力状态，超过其抗拉强度时，釉面就会发生开裂，若长期用于室外，经长期冻融，釉面砖会出现表面分层脱落、掉皮现象。为此，釉面砖只能用于室内，不宜用于室外。

②铺贴前必须进行浸水处理。釉面砖铺贴前必须浸水 2 h 以上，取出晾干至表面无明水后才可进行粘贴施工。若直接干贴，干砖会吸走水泥砂浆中的水分而影响水泥正常的凝结硬化，降低粘贴强度，从而造成空鼓、脱落等现象。

(2)陶瓷墙地砖

陶瓷墙地砖为陶瓷外墙面砖和室内外陶瓷铺地砖的统称。由于目前陶瓷生产原料和工艺的不断改进，这类砖在材质上可满足墙地两用，故统称为陶瓷墙地砖。

墙地砖采用陶土质黏土为原料，经压制成型再高温(1 100 ℃左右)焙烧而成，坯体带色。根据表面施釉与否，分为彩色釉面陶瓷墙地砖、无釉陶瓷墙地砖和无釉陶瓷地砖。

陶瓷墙地砖具有强度高、致密坚实、耐磨、吸水率小(吸水率 <10%)、抗冻、耐污染、易清洗、耐腐蚀、耐急冷急热、经久耐用等特点。陶瓷墙地砖品种较多，按其表面是否施釉，可分为彩釉墙地砖和无釉墙地砖。近年来，墙地砖品种创新很快，仿古砖、劈离砖、渗花砖、玻化砖、大颗粒瓷质砖、广场砖等新品种得到了广泛应用。

①彩釉砖。彩釉砖是彩色釉面陶瓷墙地砖的简称，是以陶土为主要原料，配料制浆后，经半干压成型、施釉、高温焙烧制成的饰面陶瓷砖。彩釉砖的常见规格尺寸见表 8-1。平面形状分为正方形和长方形两种。彩釉砖的厚度一般为 8 ~ 12 mm。

表 8-1　彩釉砖的主要规格尺寸　　单位：mm

500×500	600×600	800×800	900×900	1 000×1 000
100×100	150×150	200×200	250×250	300×300
400×400	150×75	200×100	200×150	300×50
300×200	115×65	240×65	130×65	1 200×600
250×150	260×65	其他规格和异形产品由供需双方自定		

彩釉砖结构致密，抗压强度较高，易清洁，装饰效果好，广泛用于各类建筑物的外墙、柱的饰面和地面装饰，由于墙、地两用，又被称为彩色墙地砖。用于不同部位的墙地砖应考虑不同的要求；用于寒冷地区时，应选用吸水率尽可能小（吸水率 <3%），抗冻性能好的墙地砖。

②无釉砖。无釉砖是无釉墙地砖的简称，是以优质瓷土为主要原料的基料喷雾料，加入一种或数种着色喷雾料经混匀、冲压、烧成所得的制品，如图 8-16 所示。这种制品加工后分为抛光和不抛光两种。无釉砖吸水率较低，常分为无釉质砖、无釉炻砖、无釉细炻砖范畴。无釉质抛光砖富丽堂皇，适用于建筑物地面、商场、宾馆、饭店、游乐场、会议厅、展览馆等室内外地面和墙面的装饰。无釉炻砖、无釉细炻砖是专用铺地的耐磨砖。

图 8-16　无釉砖

③仿古砖。仿古砖是釉面瓷砖的一种，其表面一般采用哑光釉或无光釉，产品不磨边，砖面采用凹凸模具，如图 8-17 所示。其胚体一种是直接采用瓷质砖胚体为原料，烧成后的吸水率在 3% 左右，即瓷质仿古砖。另一种是吸水率在 8% 左右，类似一次烧成水晶地板砖，即炻质仿古砖。

仿古砖的优点是强度高、极具耐磨性、又防滑、耐腐蚀。仿古砖的特点是通过古典的独特韵味吸引着人们的目光，营造出怀旧的感觉。

图 8-17　仿古砖

仿古砖主要用于建筑物室内外装饰用，随着使用范围和使用群体的需求不断扩大，对防滑、耐磨、防污自洁、抗菌、抗静电、光变幻等功能提出的不同要求，从而派生出一系列具有特殊功能的仿古砖。如通过干式施釉、施高温干粒、表面改性，开发出防滑性能和耐磨性能十分优异的仿古砖；自洁釉则赋予砖优异的抗污自洁功能；通过施半导体釉和珠光、偏光釉则派生出抗静电功能砖和具有光变幻效应的功能砖。

④劈离砖。劈离砖因成型时两块砖背对背同时挤出，烧成后才“劈离”成单块而得名，如图 8-18 所示。表面形式有细质的或粗质的，有上釉的或无釉的。劈离砖种类多，色彩丰富，耐久性好，密实，抗压强度高，吸水率小，表面硬度大，耐磨防滑。可用于各类建筑物的外墙装饰，也可用于车站、机场、餐厅等室内地面的铺贴；加厚的劈离砖可用于工厂、公园、人行道等露天地面的铺设。

图 8-18　劈离砖

(3)陶瓷锦砖(马赛克)

陶瓷锦砖俗称马赛克，是由多种色彩和不同形状的小块砖，按不同图案铺贴在牛皮纸上形成的装饰砖，也称纸皮砖。所形成的一张张的产品，称为“联”，如图 8-19 所示。联的边长有 284，295，305 和 325 mm 共 4 种。陶瓷锦砖质地坚实、色泽图案多样、吸水率极小、耐酸、耐碱、耐磨、耐水、耐冲击、易清洗和防滑。

陶瓷锦砖分为无釉和有釉两种，目前国内产品多为无釉锦砖，主要用于化学试验室及民用建筑的门厅、走廊、餐厅、厨房、浴室等地面的贴铺，也可用于装饰外墙面，彩色陶瓷锦砖还可镶拼成壁画，集装饰性和艺术性于一体。

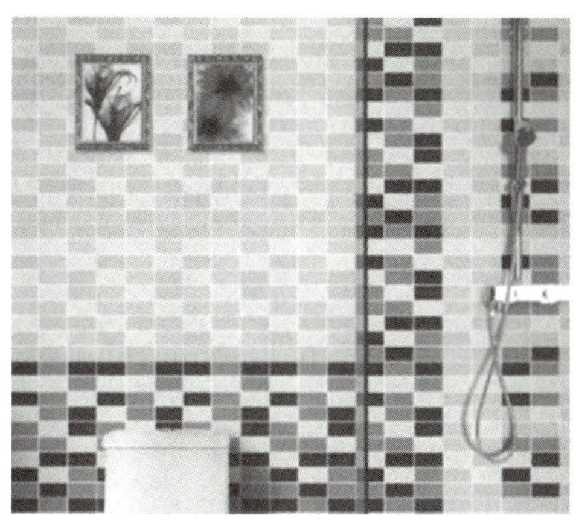
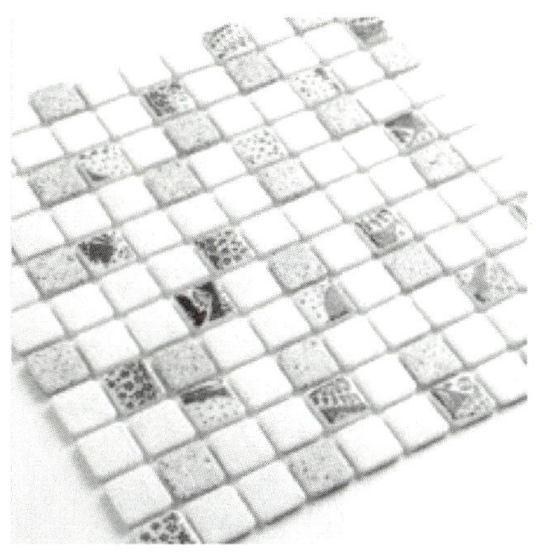

图 8-19　陶瓷锦砖

【课堂思考与讨论 8-3】

(1)查询资料,阐述现在的高层建筑外墙为什么不再贴瓷砖?

(2)假设你现在正在装修房子,请选择适合客厅、厨房、卫生间的瓷砖?

(3)通过上网查询或去建材市场调查,统计出 5 ~ 10 个较大的生产陶瓷墙地砖的品牌。

任务四　装饰木材的认识及选用

【任务背景】　装饰木材从广义上讲,包括装饰木材、竹材以及各种人造板材等,也包括木、竹材以及木、竹材为主要原料加工而成的一类适合于家具和室内装饰装修的材料。

木材具有很多优良性能,如轻质高强,导电、导热性低,有较好的弹性和韧性,能承受冲击和振动,易于加工等。目前,许多新型的结构材料产生,木材已较少用于外部结构材料,但由于它具有其他装饰材料无法与之相比的美观天然纹理,木质饰面给人以一种特殊的优美感,所以,木材在建筑工程尤其是装饰领域中,始终保持着重要的地位。

竹材作为天然生长的材料,与木材的性质和外观类似。竹材的生长周期短,有很高的力学强度,不易折断,富有弹性和韧性,装饰效果好,是理想的节木、代木材料。近几年,竹材在装饰领域崭露头角,是一种新型的建筑装饰材料。

由于林木生长缓慢,我国又是森林资源贫乏的国家,这与我国高速发展的经济建设需用大量木材,形成日益突出的矛盾,因此,在建筑工程中,一定要掌握装饰木材的特点及用途,学会经济合理地使用木材,做到长材不短用,优材不劣用,并加强对木材的防腐、防火处理,以提高木材的耐久性,延长使用年限。同时,应充分利用木材的边角碎料,生产各种人造板材,这是对木材进行综合利用的重要途径。

1. 人造板材

人造板是利用天然木材在加工过程中产生的边角废料、锯屑、混合其他纤维制成的板材总称。

人造板的种类很多,常用的有细木工板、胶合板、刨花板、纤维板、欧松板、澳松板等。

1)细木工板

细木工板又称大芯板(图 8-20),是将原木切割成条拼接成芯,外贴面材加工而成的人造板材。

细木工板可用杨木、桦木、松木、泡桐等树种制成，其中以杨木、桦木为最好，质地密实。木质不软不硬，握钉力强，不易变形。质量好的板材表面平整光滑，不易翘曲变形，是家庭装修中墙体、顶部装修必不可少的木材制品，主要用做家具的面板、门扇窗框的龙骨框架、墙面造型、地板等基材或框架。

图 8-20　细木工板

2)胶合板

胶合板是将原木沿年轮方向旋切成大张单板，经干燥、涂胶后按相邻单板层木纹方向相互垂直的原则组坯、胶合而成的板材(图 8-21)。

胶合板的单板层数为奇数，常见的有三合板、五合板、九合板和十三合板(市场上俗称三厘板、五厘板、九厘板、十三厘板)。最外层的正面单板称为面板，反面称为背板，内层板称为芯板。

胶合板材质比较均匀，强度较高，厚度小，幅面宽，使用较方便，常用作门面、隔断、吊顶等室内高级装修，也可用作家具的旁板、门板、背板等。实际应用中要考虑使用环境和部位选择合适的胶合板。

图 8-21　胶合板

3)刨花板

刨花板是将木材加工过程中的边角料、木屑等切削成一定规格的碎片,经干燥,拌以胶黏剂、硬化剂、防水剂,在一定的温度和压力下压制而成的一种人造板材,如图 8-22 所示。

刨花板具有以下使用性能:

①结构比较均匀,表面平整,纹理逼真,加工性能好,可根据需要加工成大幅面的板材;耐污染、耐老化、美观,可进行油漆或做成各种贴面,是制作不同规格、样式家具的较好原材料。

②制成品刨花板不需要再次干燥,可直接使用,吸音和隔音性能也很好,在建筑装饰装修中主要用作隔断墙、室内墙面装饰板。

但使用中应需注意如下几点:

①刨花板密度较高,用其加工制作的家具质量较大。

②刨花板边缘粗糙,容易吸湿,做家具边缘其暴露部位要采取相应的封边措施处理,以防变形。

③刨花板握螺钉力低于木材。

④使用中通常需要在刨花板表面覆盖塑料贴面,未经贴面的刨花板多用于护墙板的基层板等,只起承托作用。

图 8-22　刨花板

4)纤维板

纤维板是以木材、竹材或其他农作物茎秆等植物纤维作为主要原料,经机械分离成单体纤维,加入添加剂制成板坯,通过热压或胶黏剂组合成的人造板,如图 8-23 所示。

纤维板按原料可分为木质纤维板、非木质纤维板;按处理方式可分为特硬质纤维板、普通硬质纤维板;按重度可分为硬质纤维板(又称高密度纤维板)、半硬质纤维板(又称中密度纤维板)、软质纤维板(又称低密度纤维板)。

纤维板具有以下使用特点:

①结构均匀,完全避免了天然木材节子、腐蚀、虫蛀等缺陷,同时中密度纤维板胀缩性小、变形小、翘曲小。

②便于加工,表面平整,易于粘贴饰面。可用各种花样美观的胶纸薄膜及塑料贴面、单板或轻金属薄板等材料胶贴在纤维板表面。

③吸湿性比木材小,形状稳定性和抗菌性都较好。

④内部结构均匀,有较高的抗弯强度和冲击强度。

⑤容易进行涂饰加工,各种油质、胶质的漆类均可涂饰在纤维板上,使其美观耐用。

⑥它是一种美观的装饰板材，可覆贴在被装饰或需要保温的结构件上。

此外，硬质纤维板是木材的优良代用品，可用于室内地面装饰，也可用于室内墙面装饰、装修，制作硬质纤维板室内隔断墙，用双面包厢的方法达到隔音的目的，经冲制、钻孔，硬质纤维板还可制成吸声板应用于建筑的吊顶工程。

图 8-23　纤维板

5）欧松板

欧松板（图 8-24）是以小径材、间伐材、木芯为原料，通过专用设备加工成长 40 ~ 100 mm、宽 5 ~ 20 mm、厚 0.3 ~ 0.7 mm 的长条刨片，经脱油、干燥、施胶、定向铺装、热压成型等工艺制成的一种定向结构板材，是一种新型高强度承重木质板材。其表层刨片呈纵向排列，芯层刨片呈横向排列，这种纵横交错的排列，重组了木质纹理结构，彻底消除了木材内应力对加工的影响，使之具有非凡的易加工性和防潮性。由于欧松板内部为定向结构，无接头、无缝隙、裂痕，整体均匀性好，内部结合强度极高，所以无论中央还是边缘都具有普通板材无法比拟的超强握钉能力。

欧松板在家具上的应用得到了空前的发展，很多大型家具企业都开始使用欧松板制作家具，其备受消费者喜爱的原因就是甲醛释放较少，且结实耐用，比中密度纤维板（中纤板）、刨花板（又称实木颗粒板、三聚氰胺板）制作的家具质量轻。

欧松板是世界范围内发展最迅速的板材，在北美、欧洲、日本等发达国家及地区已广泛用于建筑、装饰、家具、包装等领域，是细木工板、胶合板的升级换代产品。国产欧松板质量普遍偏低，甲醛含量比国外要高，因此国内欧松板多用于产品外包装。

图 8-24　欧松板

6)澳松板

图 8-25　澳松板

澳松板(图 8-25)是一种进口中密度板,产于澳大利亚,是大芯板的升级产品。其原料是单一的辐射松,具有纤维柔细、色泽浅白的特点,是举世公认的生产密度板的最佳树种。

澳松板具有极好的同质结构、独特的强度与稳定性,表面光滑,易于加工成亮丽的产品;拥有很好的环保性能,已通过澳大利亚、新西兰及日本等国家的联合认证。澳松板具有很高的内部结合强度,使板子易于胶粘、螺钉固定。澳松板不仅具有天然木材的强度和各种优点,同时又避免了天然木材的缺陷,是胶合板的升级换代产品。现在已被广泛使用在一些装饰品和一些家具、装饰、建筑行业。

2. 木质装饰制品

木质装饰制品是指利用各种天然木材及人造板材,进行艺术创造,并经过加工成为建筑装饰中常用的且具有一定规格的成品或半成品。建筑工程中木质装饰制品大致包括木地板、防腐木、木装饰线条、薄木装饰板、木门等。

1)木地板

木地板是由软木材料(如松、杉等)或硬木材料(如水曲柳、榆木、樱桃及柚木等)经加工处理而成的木板面层。木地板是高级的室内地面装饰材料,具有自重轻、弹性好、脚感舒适、导热性小、冬暖夏凉等特性,尤其是它独特的质感和纹理,迎合了人们回归自然,追求质朴的心理,备受消费者的青睐。

木地板从原始的实木地板发展至今,新品纷呈,已由单一的实木地板衍生为众多的木地板品种。目前,常用的木地板主要有实木地板、复合木地板和软木地板 3 种。

(1)实木地板

实木地板是用天然木材不经过任何黏结处理,用机械设备加工而成的。该地板的特点是保持了木材天然的性能。常用的实木地板有拼花木地板和条木地板两种。

①拼花木地板是事先按照一定图案、规格将实木加工成不同的几何单元,在设备良好的车间里拼接成不同图案、一定几何形状(一般呈正方形)的木质地板块,如图 8-26 所示。常采用的几何单元有长方形、正方形、菱形、三角形、正六边形等;常用的图案有正芦席纹、斜芦席纹、人字纹、清水砖墙纹等,如图 8-27 所示。拼花木地板均采用清漆进行油漆,木材表面纹理清晰、自然,拼花形式多样、图案丰富。

拼花木地板冬暖夏凉,作为较高级的室内地面装修材料,适用于宾馆、会议室、办公室、疗养院、托儿所、体育馆、舞厅、酒吧、民用住宅等的地面装饰。同时,拼花木地板防火防蛀,升温快、储能节能、防水防潮、膨胀变形小、环保、防静电,故也常用于地热环境。

拼花木地板施工时,安装简便且幅面大、安装效率高。铺贴中对地面的平整要求较高,产品加工与安装不当时容易产生翘变现象。有些拼花地板背后贴有底胶,可直接贴在混凝土基层地面上。

图 8-26　拼花木地板

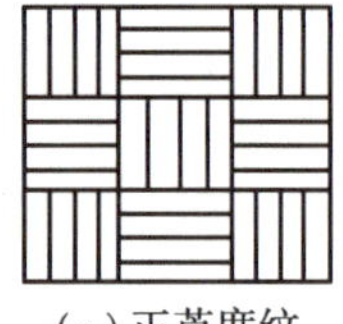
(a)正芦席纹

(b)斜芦席纹

(c)人字纹

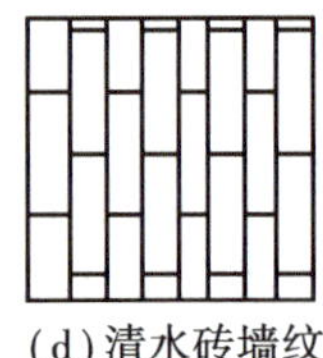
(d)清水砖墙纹

图 8-27　拼花木地板

②条木地板是我国传统的木地板，它是采用径级大、缺陷少的优良树种经干燥处理和设备加工而成的。其均为长短不一的长方形板，宽度一般不大于 120 mm，板厚为 16 ~ 18 mm；端部结构有平口和企口（错口）之分，如图 8-28 所示。平口就是上下、前后、左右方向平齐的长方形木条，四周光滑、直边；企口就是用专用设备将木条的断面（具体几面依要求而定）加工成榫槽状，安装时榫口插接固定。

图 8-28　条木地板端部结构

条木地板所用木材要求不易腐朽、不易变形、不易开裂，主要用于办公室、会议室、会客厅、住宅、幼儿园等场所(8-29)，具有自重小、弹性好、脚感舒适、导热性低、冬暖夏凉、易于清洁等优点。对于素板，在铺设完后再找平，对于地面平整要求不严，木材变形稳定后再进行刨光、清扫及油漆，便于施工铺设。

图 8-29　条木地板

(2)复合木地板

复合木地板分为实木复合木地板和强化复合木地板两类。

①实木复合木地板。由三层不同树种的实木板材交错层压形成,在一定程度上克服了实木地板湿胀干缩的缺点,干缩湿胀率小,具有较好的尺寸稳定性,并保留了实木地板的自然木纹和舒适的脚感,如图 8-30 所示。实木复合木地板分为三层实木复合木地板和多层实木复合木地板、细木工板复合实木地板。目前国内应用较多的是三层实木复合木地板。

实木复合木地板兼具强化地板的稳定性与实木地板的美观性,而且具有环保优势。既有普通木地板的优点,又能有效调整木材之间的内应力,不易翘曲开裂;既适合普通地面铺设,又适合地热采暖地板铺设。面层木纹自然、美观,可避免天然木材的缺陷,安装简便。

实木复合木地板是适用于家庭居室、客厅、办公室、宾馆等不同场所的中高档地面装饰材料。

图 8-30　实木复合木地板

②强化复合木地板。简称强化木地板或浸渍纸层压木质地,由耐磨层、装饰层、高密度基材层、平衡(防潮)层组成,如图 8-31 所示。通常是三层结构:面层是含有耐磨材料的三聚氰胺树脂浸渍木纹图案装饰纸,芯层为高、中密度纤维板或刨花板,底层(防潮层)为浸渍酚醛树脂的平衡纸。由于强化复合木地板的装饰层为木纹图案印刷纸,所以强化复合木地板的花色品种很多,色彩丰富,几乎覆盖了所有的珍贵树种,同时还有色彩丰富、造型别致的拼接图案,使得强化复合木地板能做出许多别具一格的装饰效果。

图 8-31　强化复合木地板

强化复合木地板一般宽为 200 mm;长为 1 200,1 800 mm;厚为 6,7,8 mm 等。强化复合木地板每个边都有榫和槽,易于安装,可直接安装在普通水泥地面或其他地面上,与地面之间不需胶结,直接浮贴在地面上,并无须上漆打蜡。另外,强化复合木地板还具有耐烟烫、耐化学试剂污染、耐磨、易清洁、抗重压、防虫蚁、花纹美丽多样等特点,但弹性不如实木复合地板。

强化复合木地板适用于会议室、办公室、高清洁度实验室等,也可用于中高档宾馆、饭店及民用住宅的地面装修等。强化复合木地板虽然有防潮层,但不宜用于浴室、卫生间等潮湿的场所。

(3)软木地板

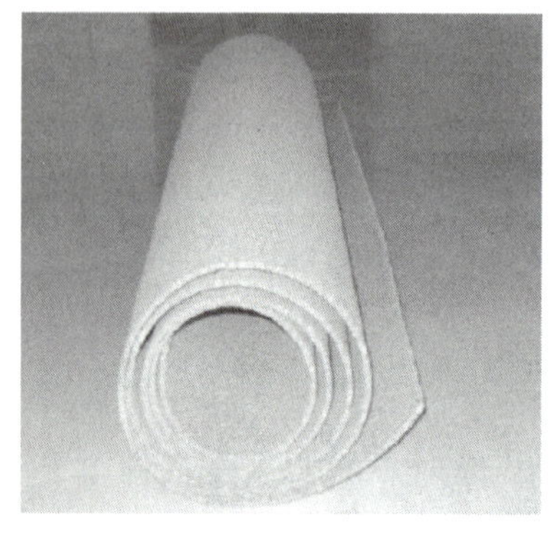

图 8-32 软木地板

软木地板(图 8-32)是以栓皮栎树的树皮为原料,经粉碎、热压而成的板材,再通过机械设备加工成地板。软木地板经过特殊处理后,既保持了原木天然的色泽纹理,又具有特有的弹性和柔韧性,与实木地板相比具有更好的环保性、隔音性和防潮效果,阻燃、抗静电、耐磨、抗变形与开裂也会更好些。软木地板柔软、安静、舒适、耐磨,在带给人极佳脚感的同时,也可提供极大的缓冲作用;其独有的隔音效果和保温性能也非常适合用于卧室、会议室、图书馆、录音棚、播音室、幼儿园等场所的地面装饰。

2)防腐木

防腐木是将普通木材经过人工添加化学防腐剂之后,使其具有防腐蚀、防潮、防真菌、防虫蚁、防霉变以及防水等特性。根据防腐处理工艺的不同,分为防腐剂处理的防腐木和热处理的炭化木,如图 8-33 所示。

经过防腐处理的防腐木,不会受到真菌、昆虫和微生物的侵蚀,性能稳定、密度高、强度大、极具装饰效果,主要用于建筑外墙、景观凉亭、花架、小桥、亲水平台等室外装饰。随着科学技术的发展,防腐木已经非常环保,故经常使用在室内装修、地板及家具中。

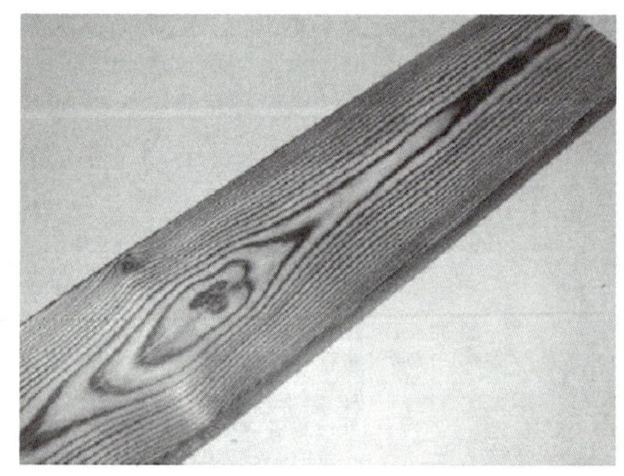

图 8-33 防腐木

炭化木是将天然木材放入一个封闭环境里,经高温处理得到的一种拥有部分炭特性的木材,通过将木材的有效营养成分炭化来达到防腐的目的。炭化后的效果可与一些珍贵木材的纹理相比，提高整体环境的品质。

3）木装饰线条

木装饰线条是选用质硬、木质较细、耐磨、耐腐蚀、不劈裂、切面光滑、加工性好、油漆上色性好、握钉力强的木材，经干燥处理，用机械手工加工而成的材料（图8-34）。

木装饰线条在室内装饰中起着固定、连接、加强装饰面的作用，也是各种平面相接处、分界处、层次处、对接面的衔接口及交接条等的收边封口材料。此外，还可作为室内墙面的墙腰装饰线、墙面洞口装饰线、护墙和踢脚的压条装饰线、门套装饰条、天花板装饰脚线、家具及门窗镶边等，能增加一种高雅的美感。

图8-34　木装饰线条

4）薄木饰面板

薄木饰面板是由各种名贵木材经过一定的处理或加工后，再经精密刨切或旋切，厚度一般为0.8mm的表面装饰材料，常以胶合板、刨花板、密度板为基材，如图8-35所示。其特点是既有名贵木材的天然纹理或仿天然纹理，又能节约原木资源、降低造价，方便裁切和拼花，是室内装饰中广泛应用的饰面材料。

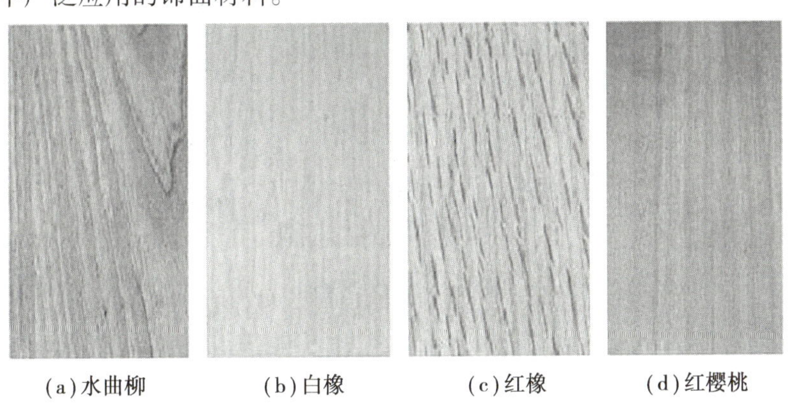

（a）水曲柳　（b）白橡　（c）红橡　（d）红樱桃

图8-35　不同纹理的薄木饰面板

5）木门

木门根据材料不同可分为原木门、实木门、实木复合门、免漆门、模压门等。

原木门是原木大料制成的，直接采用木头破开的板子，选料考究，价格较贵。

实木门是以原木做门芯，干燥处理后，再经多道工序加工而成，所选多为名贵木材，如樱桃木、胡桃木、柚木、红花梨、黄花梨等，加工后的门不易变性，保温、吸音性良好。

实木复合门以松木、杉木或进口填充料黏合而成作为门芯，外层贴密度板和实木木皮，经高温热压后制成，并用实木线条封边。

免漆门与实木复合门相似，主要是用低档木料做龙骨框架，外用中、低密度板表面和免漆PVC贴膜，价格便宜。

模压门是采用人造林的木材，经过去皮、切片、筛选、研磨成干纤维，加入酚醛胶、石蜡高温高压一次模压成型。

3. 竹材

1）竹木地板

竹木地板是竹子经处理后制成的地板，既富有天然材质的自然美感，又具有耐磨耐用的优点，而且防蛀、抗震。竹木地板冬暖夏凉、防潮耐磨、使用方便，尤其是可减少对木材的使用量，起到保护环境的作用。目前市场上的竹质装饰材料主要有竹木胶合板、竹地板等。

（1）竹木胶合板

竹木胶合板是将竹篾、竹材单板或小竹条用胶黏剂粘贴在木质胶合板上制成的一种装饰板材，如图 8-36 所示。竹木胶合板有 2 层、3 层、4 层、5 层和 7 层，厚度为 2.5 ~ 13 mm，幅面规格有 960，1 800，750，1 850，915，1 830，1 000，2 000，1 220，2 440，3 000，1 500 mm。

竹木胶合板质量轻、幅面大、材质坚韧，硬度和强度均高于木材，加工性能好，可进行锯、刨等各种机械加工，也可进行开榫、胶合接长等后续加工，具有风雅、朴实的民族风格，可作为室内墙面、顶棚等部位的装饰板材和家具制作。

图 8-36　竹木胶合板

（2）竹地板

竹地板是采用中上等竹材，经严格选材、漂白、脱水、防虫和防腐等工序加工处理后，再经高温、高压下的热固胶胶合而成，如图 8-37 所示。竹地板按外观形状不同分为条形竹地板和方形竹地板；按涂料不同又分为原色地板和上色地板。

图 8-37　竹地板

竹地板表面光洁,外观呈现自然竹纹,色泽高雅美观,符合人们崇尚回归大自然的心理,竹地板还具有耐磨、耐压、阻燃、弹性好、防潮、经久耐用等优点,能弥补木地板易变形的缺点,是高级宾馆、办公楼及现代家庭地面装饰的新型材料。

【课堂思考与讨论 8-4】

(1)查询资料,了解现在市场上木地板的十大品牌。

(2)分析强化地板与实木地板的优缺点,家装时选择地板应考虑哪些因素?

任务五　建筑石材的认识及选用

【任务背景】　凡是由天然岩石开采而得到的毛料,或经加工而制成的块状或板状岩石,统称为石材。石材是人类建筑史上应用最早的建筑材料。建筑石材包括天然石材和人工石材两类。天然石材主要包括大理石和花岗石两大类,每一类又细分为几百乃至上千个品种。天然石材具有较高的强度、硬度、耐磨、耐久等优良的物理力学性能,天然石材经表面处理后表现出的美丽色彩和纹理,具有极佳的装饰性。与结构和装饰两方面相比,天然石材作为装饰材料的发展前景更好。另外,近年发展起来的人造石材无论在材料加工生产、装饰效果和产品价格等方面都显示了其优越性,也必将成为一种广泛应用的新型建筑装饰材料。

掌握建筑石材的特性及主要用途、应用范围,充分利用其独有的特点进行装饰,让其力学性能及装饰性能在工程中得以全面展现与发挥,是每一位建筑工程设计人员、管理人员应具备的一项技能。

1. 天然石材的来源与特点

岩石按其地质成因的不同,可分为岩浆岩、沉积岩及变质岩三大类。

(1)岩浆岩

岩浆岩又称火成岩,是岩浆在活动过程中,经冷却凝固而成的。岩浆是存在于地下深处的成分复杂的高温硅酸盐熔融体。绝大多数岩浆岩的主要矿物组成有石英、长石、云母、角闪石、辉石及橄榄石 6 种。按形成条件的不同,岩浆岩分为侵入岩和喷出岩。

侵入岩的体积密度大、抗压强度高、吸水率低、抗冻性好。侵入岩包括深成岩和浅成岩。深成岩是指岩浆在地壳深处受上部覆盖层压力的作用,缓慢而均匀地冷却所形成的岩石称为深成岩。其矿物全部结晶,晶粒较粗、块状构造、结构致密。因而具有体积密度、强度高、抗冻性好等优点。工程中常用的深成岩有花岗石、正长岩、闪长岩等。浅成岩是指岩浆在地表浅处冷却结晶成岩,结构致密,由于冷却较快,故晶粒较小,如辉绿岩。

岩浆冲破覆盖层喷出地表冷凝而成的岩石称为喷出岩,如建筑上常用的玄武岩、安山岩等。当岩层形成较薄时,常呈多孔构造,近于火山岩。

当岩浆被喷到空气中,急速冷却而形成的岩石又称火山碎屑。常用作混凝土集料,水泥混合材料,如火山灰、火山渣、浮石等。

(2)沉积岩

在地表常温常压条件下,原岩(岩浆岩、变质岩或已经生成的沉积岩)经风化,剥蚀、搬运沉积和压密胶结而形成的岩石称为沉积岩。

在沉积岩的形成过程中,由于物质是一层一层沉积下来的,所以其构造是层状的;沉积岩的体积密度较小、孔隙率较大、强度较低、耐久性也较差;沉积岩的主要造岩矿物有石英、白云石及方解石等。

工程中常用的沉积岩有石灰岩、砂岩和碎屑岩等。

(3)变质岩

地壳中原有的岩石(岩浆岩、沉积岩及已经生成的变质岩),由于岩浆活动及构造运动的影响(主要是温度和压力),在固体状态下发生再结晶作用,而使它们的矿物成分和结构构造乃至化学成分发生部分或全部改变所形成的新岩石称为变质岩。

工程中常用的变质岩主要包括大理石、石英岩及由花岗石变质而成的片麻岩。

2. 天然装饰石材

天然石材作为装饰石材使用,多用于公共建筑和装饰等级要求高的工程中。常用的天然饰面石材主要有花岗岩和大理石两大类,其中以大理石应用最多。

1)天然花岗石

建筑装饰工程上所指的天然花岗石,是指以花岗岩为代表的一类装饰石材,包括各类以石英、长石为主要的组成矿物,并含有少量云母和暗色矿物的岩浆岩和花岗质的变质岩,如花岗岩、辉绿岩、辉长岩、玄武岩、橄榄岩等。从外观特征看,花岗石常呈整体均粒状结构,称为花岗结构。

(1)花岗石的技术性能

①结构致密。花岗石的体积密度为 2 600 ~2 800 kg/m^3,吸水率小于 1%。

②质地坚硬、强度高。花岗石一般抗压强度可达 120 ~250 MPa,莫氏硬度 6 ~7;耐磨性好;坚硬,开采和加工困难。

③装饰性好(图 8-38)。在加工磨光后,花岗石可形成色泽深浅不同的斑点状花纹,色彩斑斓、华丽庄重。

图 8-38　花岗岩

④耐久性好。花岗石的主要成分是 SiO_2 等酸性物质,属于酸性岩石,耐酸腐蚀性能强,不易风化变质。细粒花岗石使用年限可达 500 ~ 1 000 年之久,粗粒花岗石可达 100 ~ 200 年。

⑤耐火性差。花岗石遇火灾会产生严重开裂而被破坏,这是因为花岗石中含有20%～40%的石英,石英在高温下会发生晶变,体积膨胀而开裂,因此不耐火。

⑥具有放射性。某些花岗岩含有微量放射性元素,应根据花岗石石材的放射性强度水平确定其应用范围。

(2)天然花岗石的分类及应用

①天然花岗石的分类。花岗石属高档建筑装饰材料,加工成的块材或板材,按形状可分为毛光板、普型板、圆弧板和异形板四大类。按其表面加工程度可分为细面板、镜面板、粗面板三大类。

②天然花岗石的应用。天然花岗石板材主要用于大型公共建筑或装饰等级要求较高的室内外装饰工程。天然花岗石因不易风化变质,外观色泽耐久,可保持百年以上,其粗面和细面板材常用于外墙饰面,如用于纪念碑、墓碑、影剧院、纪念馆等建筑的装饰。同时,天然花岗石板材耐酸腐蚀能力强,较大理石坚硬、耐磨,适用于基础、勒脚、柱子、踏步、耐酸工程中,其镜面花岗岩板多用于室内外墙面、地面、柱面、踏步等处的装饰,尤其适宜做大型公共建筑大厅的地面。

2)天然大理石

大理石是由于盛产在我国云南省大理市而得名的,是沉积岩或其变质岩中碳酸盐类岩石的统称,具体包括大理岩、白云岩、石灰岩、页岩和板岩。

(1)大理石的技术性能

①结构致密,强度高。大理石的体积密度为2 700 kg/m^3 左右,吸水率较小,一般不超过1%,抗压强度可达1 000～1 500 MPa。

②硬度相对较小。大理石的莫氏硬度为3～4,较花岗岩小,容易进行锯解、雕琢和打磨抛光等形式的加工,但不适于用作耐磨性能要求高的公共场合的地面材料。

③耐腐蚀能力差。大理石的主要化学成分为 $CaCO_3$,易被酸侵蚀,除汉白玉、艾叶青等质纯、杂质少、比较稳定、耐久的品种可用于室外,绝大多数大理石品种一般不宜用作室外装修。否则会由于酸的腐蚀而失去表面光泽,甚至出现斑点等现象。

④装饰性好。大理石的颜色丰富,纹理多姿。纯大理石为白色,当含有部分其他深色矿物时,产生多种色彩与优美花纹。从色彩上来说,有纯黑、纯白、纯灰、墨绿等数种;纹理有晚霞、云雾、山水、海浪等山水图案、自然景观。可根据装饰效果选用不同色彩、纹理的大理石,装饰效果好。

⑤耐久性次于花岗岩。

(2)天然大理石的分类及应用

①天然大理石的分类。天然大理石板材按形状分为普型板、圆弧板。国际和国内板材的通用厚度为20 mm,也称为厚板。随着石材加工工艺的不断进步,厚度较小的板材也开始应用于装饰工程,常见的有10,8,7,5 mm等,也称为薄板。

②天然大理石的应用。大理石耐酸能力差,在潮湿的空气中易被 CO_2,SO_2 等酸性气体腐蚀,使其表面平整度降低,失去光泽度,故主要用作室内高级饰面材料(汉白玉、艾叶青例外),如用于大型公共建筑(宾馆、商场、机场、车站等)的室内墙面、柱面、地面、栏杆、楼梯踏步等,也可做楼梯栏杆、服务台立面与台面、门套、墙裙、窗台板、卫生间的洗漱台面等,如图

8-39 所示。另外,大理石花色品种多,磨光后的装饰效果更好,可用于制作大理石壁画、工艺品等。

图 8-39 大理石

3. 天然石材的放射性

天然石材的放射性是引起普遍关注的问题。有些人由于对石材放射性认识不清,因此产生了惧怕心理。石材的放射性是指石材中含有镭、钍、铀 3 种放射性元素,其中的镭、钍等放射元素在衰变过程中将产生天然放射性气体氡。氡是一种无色、无味、感官不能觉察的气体,特别易在通风不良的地方聚集,可导致肺、血液、呼吸道发生病变。

经检验证明,绝大多数的天然石材中所含放射物质极微,不会对人体造成任何危害。但部分花岗石产品放射性指标超标,会在长期使用的过程中对环境造成污染,因此有必要给予控制。现行国家标准《建筑材料射性核素限量》中规定,装修材料花岗石中以天然放射性核素(钾-40、镭-226 等)的放射性比活度和外照射指数的限值分为 A,B,C 三大类。A 类产品的产销与使用范围不受限制;B 类产品不可用于Ⅰ类民用建筑的内饰面,但可用于Ⅰ类民用建筑的外饰面及其他一切建筑物的内外饰面;C 类产品只可用于一切建筑物的外饰面。

目前国内使用的众多天然石材产品,大部分是符合 A 类产品要求的,但不排除有少量的 B 类、C 类产品。因此装饰工程中应选用经放射性测试,且发放了放射性产品合格证的产品。此外,在使用过程中,还应经常打开居室门窗,促进室内空气流通,使氡稀释,达到减少污染的目的。只要科学地认识石材,分级分类合理使用石材,加强检测和管理,并采取适当措施加强生产和管理,石材就可以发挥其越来越优良的装饰效果。

4. 人造石材

人造石材简称人造石,是人造大理石和人造花岗岩的总称。人造石材常以大理石碎料、石英砂、石粉等为骨料,以树脂、聚酯等聚合物或水泥为黏结剂,在真空条件下经强力拌和振动、加压成型、打磨抛光以及切割等工序而制成。

1)水泥型人造石材

水泥型人造石材是以白水泥、普通水泥为胶结材料,与破碎的大理石和大理石粉、颜料

等配制拌和成混合料，经浇捣成型、养护等工序制成，如图 8-40 所示。

水泥型人造石材的生产取材方便，价格低廉，但其装饰性较差，水磨石属此类材料。

2）树脂型人造石材

树脂型人造石材是以不饱和聚酯树脂为黏结剂，配以天然大理石或方解石、白云石、硅砂、玻璃粉等无机粉料、适量的催化剂、阻燃剂、固化剂、颜料等，经浇捣成型、固化、脱模、烘干、抛光等加工工序制成，如图 8-41 所示。由于不饱和聚酯树脂具有黏度小，易于成型；光泽好；颜色浅，容易配制成各种明亮的色彩与花纹；固化快，常温下可进行操作；可加工性强，物理、化学性能稳定，适用范围广等特点，因此，以不饱和聚酯树脂为胶结剂而生产的树脂型人造石材成为目前室内装饰工程中使用最广的人造石材。

图 8-40　水泥型人造石材

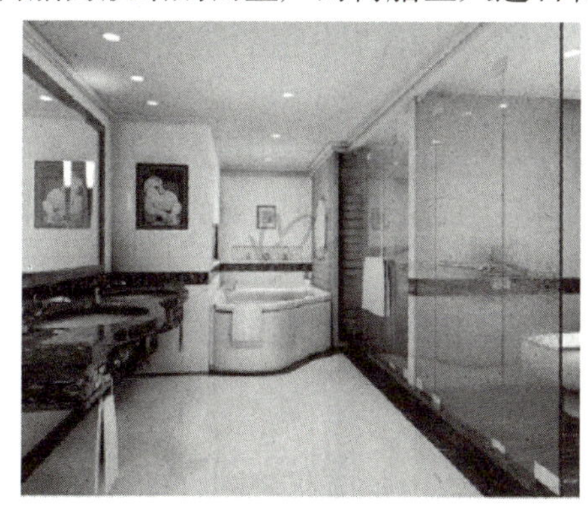

图 8-41　树脂型人造石材

3）复合型人造石材

复合型人造石材是表面使用人理石粉和聚酯，底层使用性能稳定的无机材料，中间部分采用含有有机高分子和无机材料的黏结剂填充、黏结成型的人造石材。其制作工艺：先用水泥、石粉等制成水泥砂浆的坯体，再将坯体浸于有机单体中，使其在一定条件下聚合而成。其所用无机胶结材料可用快硬水泥、白水泥、普通硅酸盐水泥、铝酸盐水泥、粉煤灰水泥等；有机单体可用苯乙烯、甲基丙烯酸甲酯、醋酸乙烯、丙烯腈、丁二烯等，这些单体可单独使用，也可组合使用。复合型人造石材制品的造价较低，具有结构紧实、强度大、抗压耐用、不吸水、干缩小等优点，但它受温差影响后聚酯面易产生剥落或开裂。

4）烧结型人造石材

烧结型人造石材的生产方法与陶瓷工艺相似，是将长石、石英、辉绿石、方解石等粉料和赤铁矿粉，以及一定量的高岭土共同混合而成，一般配比为石粉 60%，黏土 40%。烧结型人造石材采用混浆法制备坯料，用半干压法成型，再在窑炉中以 1 000 ℃左右的高温焙烧而成。烧结型人造石材的装饰性好，性能稳定，但需经高温焙烧，因而能耗大、造价高。

5）建筑装饰石材的选用原则

建筑装饰石材在选用时，应从以下几个方面进行考虑、选择。

(1)技术质量指标

装饰石材的技术质量指标包括强度、吸水率、耐磨性、耐蚀性、使用年限等指标,使用时要根据建筑本身使用要求及所处环境选用,以保证建筑物使用的耐久性。

(2)质量等级标准

石材的质量根据规格允许公差、角度偏差、平度偏差、棱角缺陷、表面色彩和光泽度、色差、色斑等标准划分相应的等级,应考虑工程的设计表现效果并综合造价投资大小,选择合适质量等级的石材。

(3)经济性

尽量就地选材,降低工程成本。

【课堂思考与讨论 8-5】

(1)为什么说大理石不宜作建筑外饰面材料?

(2)查询资料,简述怎样鉴别市场上人造石材的优劣?

任务六 其他建筑装饰材料认识

【任务背景】 金属材料在建筑上的应用有着悠久的历史,在现代建筑中,金属材料更是以它独特的性能——耐腐、轻盈、高雅赢得了建筑师的青睐。从高层建筑的金属铝门窗到围墙、栅栏、阳台、入口、柱面等,金属材料无所不在。

塑料集金属的坚硬性、木材的轻便性、玻璃的透明性、陶瓷的耐腐蚀性、橡胶的弹性和韧性于一身,被广泛应用于生产、生活的各个领域,在现代建筑装饰工程中,塑料可用于替代钢材、木材等传统建筑装饰材料,其应用和发展前景十分可观。

了解金属材料、塑料的特性及使用条件,有利于在装饰工程中正确地选择适合工程需求的装饰材料。

1. 金属装饰材料

在现代建筑中,金属材料品种繁多,尤其是钢、铁、铝、铜及其合金材料,它们耐久、轻盈,易加工、表现力强,这些特质是其他材料所无法比拟的。金属材料还具有精美、高雅、高科技并成为一种新型的所谓"机器美学"的象征。因此,在现代建筑装饰中被广泛采用,如柱子外包不锈钢板或铜板,墙面和顶棚镶贴铝合金板,楼梯扶手采用不锈钢管或铜管,隔墙、幕墙用不锈钢板等。

金属装饰材料分为黑色金属和有色金属两大类。黑色金属包括铸铁、钢材,其中的钢材主要是作房屋、桥梁等的结构材料,只有钢材的不锈钢用作装饰使用。有色金属包括铝及铝合金、铜及铜合金、金、银等,它们被广泛地用于建筑装饰装修中。

现代金属装饰材料用于建筑物中更是多种多样、丰富多彩。这是因为金属装饰材料具有独特的光泽和颜色作为建筑装饰材料,金属庄重华贵,经久耐用均优于其他各类建筑装饰材料。

1)铝合金材料及制品

铝是有色金属中的轻金属,铝为银白色,但是纯铝的强度较低,为了提高铝的实用价值,在铝中加入镁、锰、铜、锌、硅等元素即可制成铝合金。目前,随着炼铝技术的提高,铝合金已成为一种被广泛应用的金属装饰材料。

铝合金质轻（铝合金门窗每平方米铝型材耗量为 4.5 ~ 5.5 kg，而钢门窗耗量为 15 ~ 20 kg），抗腐蚀性强、防火、防潮、塑性好，色泽美观（可以镀成银白色、古铜色、蓝色、绿色等与建筑外观相匹配），各类制品被广泛地用于建筑外部装饰中，而铝合金型材目前更是制作门窗及幕墙龙骨不可替代的主要材料。

（1）铝镁锰板

铝镁锰板是将铝元素、镁元素、锰元素三者按一定比例通过热轧而成的一种合金材料，是一种极具性价比的屋面、外墙材料。

铝镁锰板具有质量轻、强度高、耐腐蚀，表面处理多样、美观，导电性能良好，安装方便，环保等特点，广泛应用于机场航站楼、飞机维修库、车站及大型交通枢纽、会议及展览中心、体育场馆（图 8-42）、展示厅、大型公共娱乐设施、公共服务建筑、大型购物中心、商业设施、民用住宅等建筑屋面与墙面系统。

（a）重庆垫江体育馆铝镁锰板

（b）重庆开州体育馆铝镁锰板

图 8-42　铝镁锰板的应用

（2）铝天花板

铝天花板也称为铝扣板，是对装饰室内屋顶的铝制材料的总称。铝天花板主要以 1001H24，3003H24 国际标准铝材热轧优质铝合金板材为基材，面板均采用专业的平整拉伸和模压成形等加工工艺处理成型，具有加工精度高，外形稳定，表面平整度高等特点。

铝天花板的表面处理工艺主要有覆膜、滚涂、阳极氧化 3 种，这几种工艺的实施手法以及优点各不相同：

①覆膜是一种物理工艺，一层膜一层铝板经过高温高压压合而成。覆膜工艺的优点是抗油烟，清洗方便；耐磨损、防潮湿、耐久性强、触感好，表面有一层膜，触摸平滑；花色多，有多种色彩可供选择；价位适中，性价比好。

②滚涂是采用国际标准铝材热扎优质铝合金板为基材，通过三涂三烘滚涂加工工艺压合而成；滚涂的优点是健康环保，抗刮、耐腐蚀、防油污、耐衰变、色彩持久不易变色，耐酸碱、耐粉化。

③阳极氧化是将金属或合金的制件作为阳极，采用电解的方法使其表面形成氧化物薄膜。阳极氧化工艺的优点是：健康环保，无铬、汞、镉等有害金属元素；耐刮耐磨，可达到蓝宝石级硬度；防指纹；防腐蚀；自洁，抗静电，不易吸附灰尘，易清理；色彩绚丽，经多次阳极氧化

处理,颜色丰富,色彩逼真。

不同外形规格尺寸的铝天花板,可采用不同的吊顶形式,主要有方形吊顶、条形吊顶、垂片吊顶、格栅吊顶,如图 8-43 所示。其中以方形吊顶最为常见。方形吊顶产品外形规整,尺寸标准精确,安装后浑然一体,整体装饰效果非常美观。方形吊顶从外观上可分为平面板和冲孔板。冲孔板不但具有独特的装饰效果,还能通过对金属板面冲孔孔径和冲孔率的控制,获得不同的吸声效果。

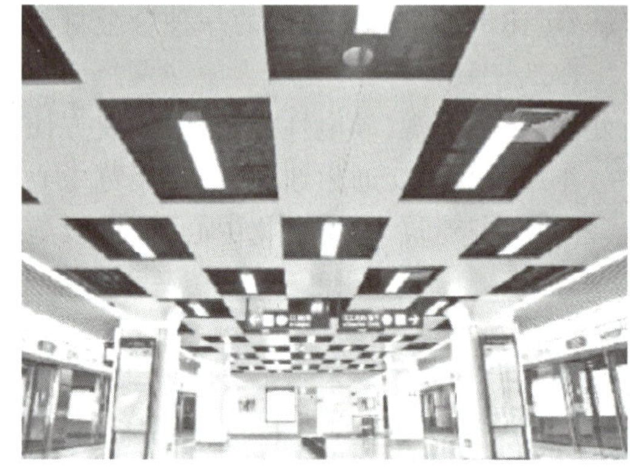

(a)方形吊顶

(b)条形吊顶

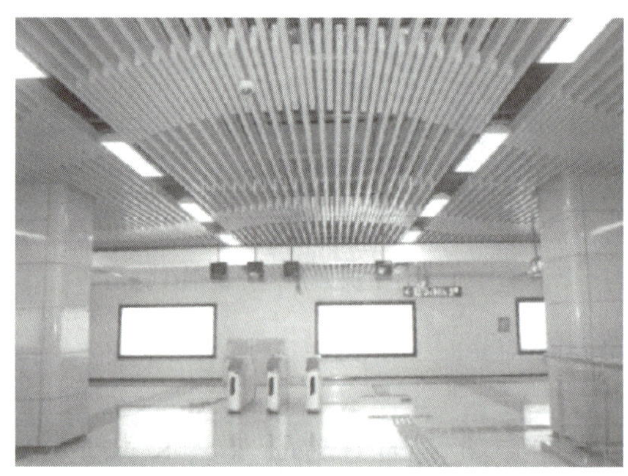

(c)垂片吊顶

(d)格栅吊顶

图 8-43 铝天花板吊顶

(3)铝塑板

铝塑板的全称为铝塑复合板,是指以塑料为芯层,两面为铝材的 3 层复合板材,并在产品表面覆以装饰性和保护性的涂层或薄膜(若无特别注明则通称为涂层)作为产品的装饰面。一般是先将用作正、背面的铝板进行涂装,然后再与塑料芯材复合。正面板一般涂覆装饰性涂层,背面板一般涂覆保护性涂层。它既保留了原组成材料(铝合金板、非金属聚乙烯塑料)的主要特性,又克服了原组成材料的不足,进而获得了众多优异的材料性质。

铝塑板的主要特点是质量轻、刚性好、颜色丰富、装饰性强,表面平整度高,耐久性好,加工性好,防火性能好,成本特性好,环境协调性好(废弃的铝塑板中的铝和塑料芯材均可 100% 再生使用,环境负荷低),耐久性好,日常保养费用低。

铝塑板性价比高,用途广,除可用于幕墙、内外墙、门厅、饭店、商店、会议室等的装饰外(图 8-44),还可用于旧建筑的改建,用作柜台、家具的面层、车辆的内外壁等。

图 8-44　铝塑板外墙装饰效果图

(4)金属保温装饰一体板

金属保温装饰一体板由保温层、无机树脂板、强力复合胶、饰面涂层组成,其被称为金属保温装饰一体板的原因主要在于其饰面层采用了金属漆;而金属保温装饰一体板采用的金属漆主要是氟碳金属漆即在氟碳涂料中加入金属粉,如图 8-45 所示。

图 8-45　金属保温装饰一体板

金属保温装饰一体板具有如下性能:

①保温隔热、降耗节能。金属保温板具有优异的保温隔热特性,有极佳的耐寒隔热性能。产品性价比高,在外墙保温装饰材料产品中显现出绝对的优势。

②安装便捷、节省成本。金属保温板质量轻、体积小,搬运和安装省时省力,安装方式简单、快捷,并不受季节气候和地理环境限制,全年皆宜。金属保温板在达到装饰和保温隔热效果的同时,最大限度地降低了外墙负荷,对空间及土地的可利用性增强。

③轻质省地,耐震防裂。金属保温板质量轻、强度高、耐冲击性能好。其质轻的优点不仅降低了建筑本身的负担,并且在很大程度上降低了地震对建筑物的影响。该板材安装在轻钢结构的建筑上,整体性强,抗震防裂,坚固安全。

④良好的阻燃性能。金属保温板芯材经过特殊处理,具有良好的防火阻燃性能,安全无忧。

⑤隔音降噪,安静舒适。金属保温板中间的芯材通常为高密度聚氨酯发泡构成的保温隔音层,其内部为独立的密闭式气泡结构,具有良好的隔音效果。适用于噪声区附近的公寓、医院、学校等建筑,有效降低室外噪声进入室内,保持室内环境安静舒适。

⑥绿色环保,经久耐用。金属保温板具有稳定的化学和物理结构,不会分解霉变、无辐射、无污染,绿色环保。该板材同样能够被灵活拆卸后重新利用安装在其他建筑上,施工剩余的边角料也能够加以回收再利用,在施工过程中很大程度地减少了建筑垃圾,是高品质、高性能的环保产品。金属保温板易清洁、经久耐用,使用寿命长。

⑦装饰性强,更多选择。为了提供给客户更大的选择空间,金属保温板提供了更多浮雕花纹和色彩的搭配组合,给予建筑设计更大的发挥空间。

金属保温板广泛用于市政建设、公寓住宅、办公会馆、别墅、园林景点、旧楼改造、门卫岗亭等诸多工程领域。该建材既适用于新建的砖混结构、框架结构、钢结构、轻体房等类型的建筑,也适用于既有建筑的装饰节能改造,以及室内外装饰。

2)合金钢材料及其制品

合金钢是在普通碳素钢的基础上添加适量的一种或多种合金元素而构成的铁碳合金。根据添加元素的不同,并采取适当的加工工艺,可获得高强度、高韧性、耐磨、耐腐蚀、耐低温、耐高温、无磁性等特殊性能的不同制品。

(1)普通不锈钢

不锈钢是指耐空气、蒸汽、水等弱腐蚀介质或具有不锈性的钢种。不锈钢是通过在钢中加入以铬为主的合金元素而制成的,由于制备中加入的合金元素含量及品种的不同,导致不锈钢的耐蚀性有较大的差异。不锈钢可分为不锈耐酸钢和不锈钢两种,能抵抗大气腐蚀的钢称为不锈钢,而在一些化学介质(如酸、碱、盐类)中能抵抗腐蚀的钢称为耐酸钢,通常将这两种钢统称为不锈钢。

普通不锈钢具有较好的力学性能和耐腐蚀性能,用于装饰上的普通不锈钢主要是板材。普通不锈钢板是借助于不锈钢板的表面特征来达到装饰目的,如表面的平滑性和光泽性等。还可通过表面着色处理,可得到多重颜色,具有良好的装饰性。装饰用不锈钢以其特有的光泽、质感和现代化的气息,既可作为装饰材料,也可作为承重构件,被广泛用于室内外墙柱装饰面、幕墙、电梯间护壁、门口包镶及室内外楼梯扶手、护栏等处的装饰,如图 8-46 所示。

图 8-46　不锈钢栏杆

(2)彩色不锈钢板

彩色不锈钢板是在不锈钢板上再进行技术和艺术加工,使其成为各种色彩绚丽的装饰板，其颜色有蓝色、灰色、紫色、红色、青色、绿色、金黄色、茶色等。彩色不锈钢板不仅具有良好的抗腐蚀性，耐磨、耐刻画、耐高温（能耐 200 ℃的温度）等特点，而且当弯曲 90°时，彩色层仍不会损坏，常用做厅堂墙板、顶棚、电梯厢板、外墙饰面等。常见的彩色不锈钢板品种有彩色不锈钢镜面板、彩色不锈钢拉丝板、彩色不锈钢喷砂板、彩色不锈钢蚀刻板等制品。

①彩色不锈钢镜面板。简称镜面板，如图 8-47 所示，是用研磨液通过抛光设备在不锈钢板面上进行抛光，使板面光度像镜子一样清晰，然后电镀上色制成。

图 8-47　彩色不锈钢镜面板

②彩色不锈钢拉丝板。其表面仔细看有一丝一丝的纹路，但摸不出来，表面纹理呈亚光，像头发细长而直，故也称为发丝纹。彩色不锈钢拉丝板表面比一般亮面不锈钢耐磨，更显档次，如图 8-48 所示。

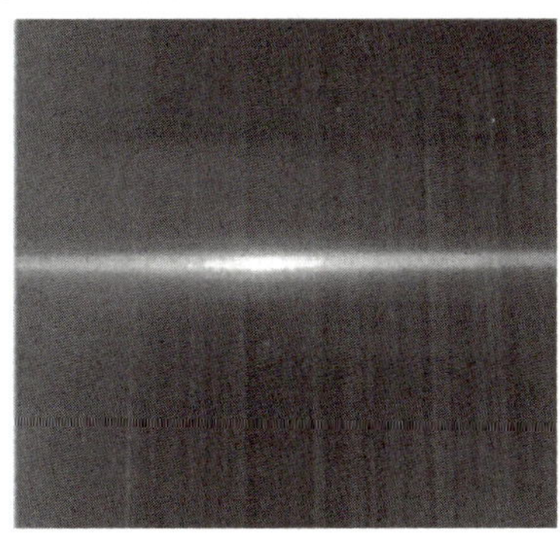

图 8-48　彩色不锈钢拉丝板

③彩色不锈钢喷砂板。用锆珠粒通过机械设备在不锈钢板面进行加工，使板面呈现细微珠粒状砂面，形成独特的装饰效果，然后电镀着色制成（图 8-49）。

图 8-48　彩色不锈钢喷砂板

④彩色不锈钢蚀刻板。以镜面板、拉丝板、喷砂板为底板，其表面通过化学的方法，腐蚀出各种花纹图案后进行深加工；通过对蚀刻板局部进行和纹、拉丝、嵌金、钛金等各式复杂工艺处理，最终实现图案明暗相间、色彩绚丽的效果，如图8-50所示。

图8-50　彩色不锈钢蚀刻板

(3)彩色涂层钢板

彩色涂层钢板以冷轧钢板、电镀锌钢板、热镀锌钢板或镀铝锌钢板为基板经过表面脱脂、磷化、铬酸盐处理后，涂上有机涂料经烘烤而制成的具有颜色和花纹的钢板。彩色涂层钢板耐污染性强，热稳定性好，涂层附着力强，色泽持久，并具有良好的耐污染性能、耐高低温性能和耐沸水浸泡性能，可进行切断、弯曲、钻孔、铆接、卷边等工艺操作。彩色涂层钢板可用作建筑外墙板、屋面板、护壁板、拱覆系统等，如作商业亭、候车亭的瓦楞板，工业厂房大型车间的壁板与屋顶等。另外，还可用作防水，常用作外墙板、壁板、屋面板等装饰。

(4)搪瓷钢板

搪瓷钢板是一种将无机玻璃质材料通过熔融凝于基体钢板上并与钢板牢固结合在一起的新型复合材料。

搪瓷钢板以其特有的瓷玉质感、靓丽色彩、不燃烧、防潮、耐酸碱、装卸简便、安全、经久耐用和维护成本低等优点，已成为地下空间内饰景观设计首选材料，是目前新型功能性搪瓷材料中发展最为成熟的部分。不仅完全适合地下空间物理环境恶劣和人流密集的环境，而且瓷玉质感、色彩靓丽的彩色搪瓷钢板和搪瓷钢板艺术画也使地铁站点、城市隧道变得流光溢彩，充满时代和文化气息，如图8-51所示。

图8-51　搪瓷钢板及应用案例

3）铜材

铜材与不锈钢类似，属于价格较高的高级装饰材料。

铜及铜合金华丽、高雅、坚固耐用，被用于宫廷、寺庙、纪念性建筑以及商店的铜字招牌等的装饰，如图8-52所示，也可用于外墙板、门把手、水龙头、门锁、纱窗（紫铜纱窗）等。铜合金还用作铜粉，俗称“金粉”，是一种铜合金制成的金黄色颜料，主要成分为铜及少量的锌、铝、锡等金属，常用于调制装饰涂料，代替“贴金”。

图8-52 铜材应用案例——波兰弗罗茨瓦夫国家戏剧学院

2. 建筑塑料装饰制品

1）塑料分类

塑料是指由高分子聚合物加入（或不加）填料、增塑剂及其他添加剂，经加工形成的塑性材料或固化交联形成的刚性材料。塑料的种类很多，其分类方法也较多，按其受热后的形态性能表现的不同可分为热塑性塑料和热固性塑料。

（1）热塑性塑料

热塑性塑料可在特定的温度范围内反复加热软化、冷却固化，在软化、熔融状态下可进行各种成型加工，成型加工中几乎没有化学变化，即对其性能没有影响，如聚乙烯、聚氯乙烯、聚苯乙烯等属于热塑性塑料。其优点是加工成型简便，有较高的机械性能，其制品丧失使用性能后可再生利用；缺点是耐热性、刚性差。

（2）热固性塑料

热固性塑料在加热时易转变成黏稠状态，并发生分解，再继续加热则固化，不能再恢复到可塑状态，难以再生利用，如酚醛树脂、脲醛树脂、环氧树脂等属于热固性塑料。其特点是耐热性较好，不易变形，但机械性能较差。

2）塑料的特性

（1）密度小

塑料的密度一般为1 000～2 000 kg/m^3，为天然石材密度的1/3～1/2、混凝土密度的1/2～2/3、钢材密度的1/9～1/4。

（2）导热性低

密实塑料的导热系数一般为0.12～0.80 W/（m·K），是热的不良导体或绝热体，如泡沫塑料的热导率与静止的空气相当。因此，在建筑工程中，塑料常被用作保温绝热材料。

（3）比强度高

比强度是指强度除以密度的比值。塑料及制品的比强度高，其比强度远远超过水泥、混凝土，接近或超过钢材，是一种优良的轻质高强材料。

(4)加工性能好

塑料可用各种方法加工成具有各种断面形状的通用材或异型材，如塑料薄膜、薄板、管材、门窗型材和扶手等，生产效率高。

(5)装饰性优异

塑料的表面可以着色，并可制成各种色彩和图案，能取得大理石、花岗岩和木材表面的装饰效果，还可用烫金或电镀的方法对其表面进行处理。

(6)电绝缘性好

塑料的导电性低，又因热导率低，是良好的电绝缘材料。

(7)易老化

塑料制品在阳光、空气、热及环境介质中的酸、碱、盐等作用下，机械性能变差，易发生硬脆、破坏等现象，这种现象称为“老化”，但经改进的塑料制品的使用寿命可大大延长。

3)常见的塑料制品

(1)PVC 地板

PVC 地板(图 8-53)是指以聚氯乙烯及其共聚树脂为主要原料，加入填料、增塑剂、稳定剂、着色剂等辅料，在片状连续基材上，经涂敷工艺或经压延、挤出或挤压工艺生产而成。PVC 地板的优点主要有：

①绿色环保。PVC 地板的原材料是聚氯乙烯，聚氯乙烯是一种环保无毒的可再生资源，所以更加绿色环保。

②超轻超薄。PVC 地板厚度只有 1.6 ~ 9 mm，每平方米的质量只有 2 ~ 7 kg，能够更好地承重楼体和节约空间。

③超强耐磨。PVC 地板有着超强的耐磨性能，其表面有一层特殊的经过高科技加工过的透明耐磨层，能够保证它的耐磨性。

④高弹性和超强抗。PVC 地板的弹性很好，因为它的质地比较柔软，即使在重物冲击下也能很好地恢复弹性。PVC 地板也有着很好的抗冲击性，对重物冲击破坏也有着很好的弹性恢复。

⑤超强防滑。PVC 地板表层的耐磨层有着特殊的防滑性。

⑥防火阻燃。质量合格的 PVC 地板防火性能可以达到防火性非常好的 B1 级。

⑦防水防潮导热保暖。PVC 地板不怕水，不长期浸泡就不会受到损坏，不会因为湿度大发生霉变。导热性能好，很适合家庭铺装。

⑧抗菌耐腐蚀性能。PVC 地板表面经过特殊的抗菌处理，增加了抗菌剂，能够一定程度地杀菌和抑菌；还有着很强的耐酸碱腐蚀性能。

⑨接缝小和无缝焊接。PVC 地材采用热熔焊接处理，形成无缝连接，不会因缝多受到污染，容易清洁。

⑩花色多，拼接容易。PVC 地板有着很多花色，比如地毯纹、石纹、木地板等，还有可以实现个性化定制，可以用美工刀任意裁剪拼接，组合不同花色。

⑪安装施工快捷。PVC 地板安装施工方便，不需要水泥砂浆，用专用环保黏结剂黏合，24 h 后即可使用。

⑫保养方便。地面脏了用抹布擦拭即可。

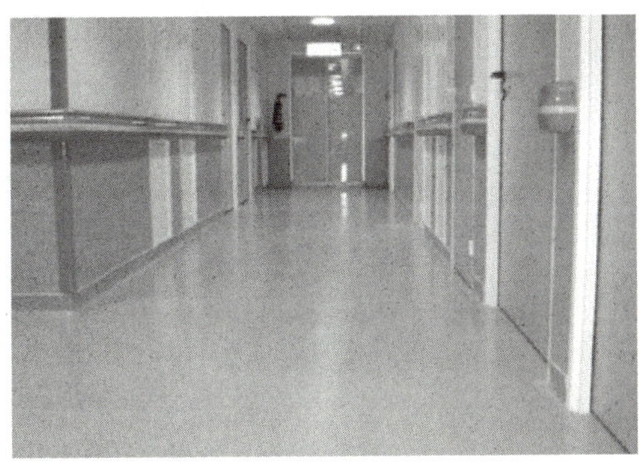

图 8-53　PVC 地板

(2)塑料壁纸

塑料壁纸是目前国内外使用广泛的一种室内墙面装饰材料,也可用于顶棚、梁柱等处的贴画装饰。塑料壁纸是以一定的材料为基材,表面进行涂塑后,再经过压延、涂布及印刷、轧花、发泡等工艺而制成的一种墙面装饰材料。

①塑料壁纸的特点:

a.装饰效果好。塑料壁纸表面可进行印花、压花、发泡处理,能仿天然石材、木纹及锦缎,可印制适合各种环境的花纹图案,色彩也可任意调配,装饰效果自然流畅、清淡高雅。

b.性能优越。根据需要可将塑料壁纸加工成具有难燃、隔热、吸声、防霉性,且不易结露,不怕水洗,不易受机械损伤的产品。

c.粘贴方便。塑料壁纸的湿纸状态强度仍较好,耐拉耐拽,易于粘贴,可用 107 胶或白乳胶粘贴,且透气性能好,可在尚未完全干燥的墙面粘贴,而不致造成起鼓、剥落,施工简单,陈旧后易于更换。

d.使用寿命长,易维修保养。其表面可清洗,对酸碱有较强的抵抗能力,易于保持墙面的清洁。

②塑料壁纸的类型:

a.普通塑料壁纸。普通塑料壁纸是以 80 g/cm^2 的纸为基材,涂以 100 g/cm^2 左右的聚氯乙烯糊状树脂,经印花、压花等工序制成的,包括单色压花壁纸、印花压花壁纸、有光印花壁纸和平光印花壁纸。

单色压花壁纸是经凸版轮转热轧花机加工而成的,可制成仿丝绸、织锦缎等多种花色。

印花压花壁纸是经多套色凹版轮转印刷机印花后再轧花而成的,可制成各种色彩的图案,并压有布纹、隐条凹凸花纹等双重花纹,故称作艺术装饰壁纸。

有光印花壁纸是在抛光辊轧的面上印花,表面光洁明亮;平光印花壁纸是在消光辊轧的面上印花,表面平整柔和,以满足用户的不同需求。

b.发泡塑料壁纸。以 100 g/cm^2 的纸为基材,涂塑上 300 ~ 400 g/cm^2 掺有发泡剂的聚氯乙烯糊状料,经印花后加热发泡而成(图 8-54)。这类壁纸有高发泡印花、低发泡印花、低发泡印花压花等品种。

图 8-54 发泡塑料壁纸

高发泡印花壁纸发泡较大，表面富有弹性凹凸花纹，具有一定的吸声功能，常用于影剧院和住房天花板等的装饰。低发泡印花壁纸是在发泡平面上印有图案的壁纸品种，使表面形成具有不同色彩的凹凸花纹图案，因此也称为化学浮雕。该品种还有仿木纹、拼花、仿瓷砖等花色，图样逼真，立体感强，装饰效果好，并有弹性，适用于室内墙裙、客厅和内走廊的装饰。

c. 特种塑料壁纸：品种繁多，常用的有耐水壁纸、防火壁纸、彩色砂粒壁纸、风景壁画壁纸等。

耐水壁纸以玻璃纤维毡为基材，适用于卫生间、浴室等墙面的装饰。

图 8-55 彩色砂粒壁纸

防火壁纸是以 100 ~ 200 g/cm^2 的石棉纸为基材，并在材料中掺加阻燃剂，使其具有一定的阻燃、防火性能，适用于防火要求较高的建筑和木板面的装饰。

彩色砂粒壁纸（图 8-55）是在基材上散布彩色砂粒，再喷涂黏结剂，使表面具有砂粒毛面，一般用于门厅、接头、走廊等的局部装饰。

（3）塑料门窗

以聚氯乙烯（PVC）树脂为主要原料，按适当的配合比加入适量添加剂（如抗老化剂）等物质，经挤出形成各种型材，型材经过加工、拼装便可组成所需塑料门窗。

目前塑料门窗主要采用改性聚氯乙烯，并加入适量的添加剂，经混炼、挤出等工序而制成塑料门窗异型材，再将异型材经机械加工成不同规格的门窗构件，组合拼装成相应的门窗制品。

为了增强塑料门窗的刚性，提高门窗的抗风压能力，生产中在门窗框内部嵌入铝合金型材或钢型材，塑料门窗与钢木门窗和铝合金门窗相比有以下特点：

①保温隔热性好。塑料的导热系数小，塑料门窗的保温、隔热性比钢、铝、木质门窗都好，对具有冷暖空调设备系统的建筑，可防止冷暖气逸散，节约能源。在同样面积的条件下，使用塑钢门窗比使用金属门窗节约 30% 以上的能源，如选用双层玻璃或中空玻璃，则节能效率更高。

②密封性好。塑料门窗所用的中空异型材，挤压成型，尺寸准确，而且型材侧面带有嵌固弹性密封条的凹槽，采用密封条等密封措施，使塑料门窗具有良好的水密性、气密性、隔音性。试验表明，塑料门窗的隔音效果优于普通门窗，塑料门窗隔音达 30 dB，而普通门窗隔音只有 25 dB。

③装饰性好。塑料门窗可根据需要设计出各种颜色和样式，一次成型，尺寸准确，使用过程不需粉刷油漆，维修保养方便，装饰效果好。

④耐腐蚀、耐老化、耐久。塑料门窗具有优良的耐腐蚀性，可广泛用于多雨、潮湿的地区，以及有腐蚀性介质（食品、酿酒、造纸、制药、化工等）的工业建筑中。同时，因在原料中加入了适当的抗老化剂和防紫外线制剂，使其抗老化性得到保证，具有较好的耐老化性能。

【课堂思考与讨论 8-6】

（1）分析竹地板、实木地板、强化地板、瓷砖地板、PVC 地板的优缺点？

（2）进行市场调查，简述塑钢门窗和铝合金门窗的价格。

课后作业

一、填空题

1. 建筑涂料按其在建筑物中使用部位的不同可以分为________、________、________、________、________等。

2. 建筑工程中的饰面石材，按其基本属性主要有________和________两大类。

3. 由于大理石的耐磨性相对较差，故在________不宜作为地面装饰材料。大理石也常加工成栏杆、浮雕等装饰部件，但一般不宜用于________。

4. 建筑工程中木质装饰制品大致包括________、________、________、________、________等。

二、单项单选题

1. 下列涂料中（　　）只宜用于室内使用。

A. 苯-丙涂料　　B. 聚乙烯醇系涂料

C. 过氯乙烯涂料　　D. 乙-丙涂料

2. 采用下列何种玻璃，夏天可能减少太阳能辐射，阻挡热能进入室内，减少空调费用（　　）。

A. 热反射玻璃　　B. 浮法玻璃

C. 中空玻璃　　D. 夹层玻璃

3. 用于卫生间门窗，从一面看到另一面模糊不清，即透光不透视的玻璃有（　　）。

A. 钢化玻璃　　B. 浮法玻璃

C. 磨砂玻璃　　D. 中空玻璃

4. 下列各优点中，不属于中空玻璃优点的是（　　）。

A. 绝热性好　　B. 隔音性能好

C. 寒冷冬天不结霜　　D. 透过率高于普通玻璃

5. 工厂室外装修不可选用的陶瓷制品是(　　)。

A. 釉面砖　　B. 马赛克

C. 施釉墙地砖　　D. 不施釉墙地砖

6. 釉面砖镶贴前,应浸水时间为(　　)。

A. 1.0 h 以上　　B. 2.0 h 以上

C. 4.0 h 以上　　D. 8.0 h 以上

7. 下面的陶瓷制品中,一般来说,吸水率较小的是(　　)。

A. 外墙面砖　　B. 釉面砖

C. 地面砖　　D. 马赛克

8. 天然大理石装饰板宜使用在(　　)。

A. 室内墙、地面　　B. 室外墙、地面

C. 屋面　　D. 各建筑部位皆可

9. 下列不属于人造木板的是(　　)。

A. 细木工板　　B. 实木地板

C. 纤维板　　D. 胶合板

10. “干千年,湿千年,干干湿湿两三年”描述的是(　　)材料的特性。

A. 石材　　B. 木材

C. 陶瓷　　D. 玻璃

11. 与钢、木门窗相比,塑料门窗具有很多优点,但它与钢、木门窗相比较不足的是(　　)。

A. 耐水、耐腐蚀　　B. 隔热性好

C. 隔声性差　　D. 气密性、水密性好

三、问答题

1. 使用竹木地板时要注意哪些问题?

2. 建筑工程中常见的铝合金材料、钢合金材料有哪些? 主要应用在哪些地方?

3. PVC 地板有哪些种类? 各有什么特点?

参考文献

[1] 向积波,黎万凤,刚宪水.建筑工程材料[M].北京:北京大学出版社,2018.

[2] 孙耀乾,张峰,刘涛.建筑材料[M].武汉:华中科技大学出版社,2016.

[3] 邓荣榜.建筑材料[M].广州:华南理工大学出版社,2014.

[4] 陈锡宝,杜国城.装配式混凝土建筑概论[M].上海:上海交通大学出版社,2018.

[5] 沈春林.新型建筑防水材料手册[M].北京:中国建材工业出版社,2015.

[6] 刘美英.室内装饰材料与构造[M].武汉:华中科技大学出版社,2016.

[7] 陈志华.钢结构[M].北京:机械工业出版社,2019.

[8] 东南大学,同济大学,郑州大学.砌体结构[M].北京:中国建筑工业出版社,2018.

[9] 湖南大学,天津大学,同济大学,等.土木工程材料[M].北京:中国建筑工业出版社,2011.

[10] 中华人民共和国国家质量监督检验检疫总局,中国国家标准化管理委员会.水泥标准稠度用水量、凝结时间、安定性检验方法:GB/T 1346—2011[S].北京:中国标准出版社,2012.

[11] 中华人民共和国住房和城乡建设部.混凝土结构工程施工质量验收规范:GB 50204—2015[S].北京:中国建筑工业出版社,2015.

[12] 中华人民共和国国家质量监督检验检疫总局,中国国家标准化管理委员会.通用硅酸盐水泥:GB 175—2007[S].北京:中国标准出版社,2007.

[13] 中华人民共和国建设部.普通混凝土用砂、石质量及检验方法标准:JGJ 52—2006[S].北京:中国建筑工业出版社,2007.

[14] 中华人民共和国国家质量监督检验检疫总局,中国国家标准化管理委员会.金属材料 拉伸试验 第1部分:室温试验方法:GB/T 228.1—2010[S].北京:中国标准出版社,2010.

[15] 中华人民共和国国家质量监督检验检疫总局,中国国家标准化管理委员会.钢筋混凝土用钢 第1部分:热轧光圆钢筋:GB/T 1499.1—2017[S].北京:中国标准出版社,2017.

[16] 中华人民共和国国家质量监督检验检疫总局,中国国家标准化管理委员会. 钢筋混凝土用钢 第 2 部分:热轧带肋钢筋:GB/T 1499.2—2018[S]. 北京:中国标准出版社,2018.

[17] 中华人民共和国国家质量监督检验检疫总局,中国国家标准化管理委员会. 钢筋混凝土用钢材试验方法:GB/T 28900—2012[S]. 北京:中国标准出版社,2013.

[18] 中华人民共和国住房和城乡建设部. 普通混凝土配合比设计规程:JGJ 55—2011[S]. 北京:中国建筑工业出版社,2011.

[19] 中华人民共和国住房和城乡建设部. 普通混凝土拌合物性能试验方法标准:GB/T 50080—2016[S]. 北京:中国建筑工业出版社,2016.

[20] 国家质量技术监督局. 水泥胶砂强度检验方法(ISO 法):GB/T 17671—1999[S]. 北京:中国标准出版社,1999.

[21] 中华人民共和国国家质量监督检验检疫总局. 建筑用砂:GB/T 14684—2011[S]. 北京:中国标准出版社,2011.

[22] 中华人民共和国国家质量监督检验检疫总局. 建筑用卵石、碎石:GB/T 14685—2011[S]. 北京:中国标准出版社,2011.

[23] 中华人民共和国住房和城乡建设部. 普通混凝土配合比设计规程:JGJ 55—2011[S]. 北京:中国建筑工业出版社,2011.

[24] 中华人民共和国国家质量监督检验检疫总局. 碳素结构钢:GB/T 700—2006[S]. 北京:中国标准出版社,2007.

[25] 国家市场监督管理总局. 中国国家标准化管理委员会. 低合金高强度结构钢:GB/T 1591—2018[S]. 北京:中国标准出版社,2018.